高等职业教育药品类专业规划教材

U0331681

无机及分析化学

董会钰 主编

化学工业出版社

·北京·

内 容 简 介

《无机及分析化学》是面向药学类、药品制造类、食品药品管理类、食品类等专业的一门专业基础课教材。全书共分十三章，包括绪论、溶液、化学反应速率和化学平衡、物质结构基础、定量分析概论、酸碱平衡与酸碱滴定法、氧化还原平衡与氧化还原滴定法、配位平衡与配位滴定法、沉淀溶解平衡与沉淀滴定法、电化学分析法、紫外-可见分光光度法、高效液相色谱法、气相色谱法。

教材编写体现高等职业教育的属性，以职业能力培养为根本，充分体现工学结合的高职教育特色，以必需、够用为原则，对课程内容进行较大程度的优化与整合，力求实用、管用、够用。为教学和学习方便，扫描书中二维码，可获取教学课件和目标测试解答。

本教材主要供全国高职高专药品类和食品类专业教学使用。也可用作其他相关专业或分析检验工作者的参考用书。

图书在版编目（CIP）数据

无机及分析化学/董会钰主编 . —北京：化学
工业出版社，2021.4（2024.8 重印）
高等职业教育药品类专业规划教材
ISBN 978-7-122-38418-8

Ⅰ.①无⋯　Ⅱ.①董⋯　Ⅲ.①无机化学-高等职业
教育-教材②分析化学-高等职业教育-教材　Ⅳ.①O61
②O65

中国版本图书馆 CIP 数据核字（2021）第 017199 号

责任编辑：旷英姿　王　芳　　　　文字编辑：陈小滔　刘　璐
责任校对：王　静　　　　　　　　装帧设计：李子姮

出版发行：化学工业出版社（北京市东城区青年湖南街 13 号　邮政编码 100011）
印　　刷：北京云浩印刷有限责任公司
装　　订：三河市振勇印装有限公司
787mm×1092mm　1/16　印张 15¾　彩插 1　字数 426 千字　2024 年 8 月北京第 1 版第 5 次印刷

购书咨询：010-64518888　　　　　　　　售后服务：010-64518899
网　　址：http://www.cip.com.cn

定　价：48.00 元

《无机及分析化学》编写人员名单

主　　编　董会钰

副 主 编　杨彩英　王艳红　王广珠　谭新旺

编写人员（按姓氏笔画为序）

王　静　王广珠　王艳红　李振兴　杨彩英

邱召法　邹小丽　张任男　勇飞飞　董会钰

蒋雨来　谭新旺　潘立新　穆　林

前言

近年来，《国务院关于加快发展现代职业教育的决定》《现代职业教育体系建设规划（2014—2020年）》和教育部《高等职业教育创新发展行动计划（2015—2018年）》等高职教育文件相继颁布和实施，高职教育进入了一个新的发展时期。大力培养创新型技能人才，适应国家新型工业化发展，成为今后我国高职教育改革和发展的根本方向。本教材就是在此背景下编写而成的。

无机及分析化学是药学类、药品制造类、食品药品管理类、食品类专业的一门重要专业基础课，是阐述无机化学和分析化学基本理论和技能的一门学科。教材重点传授无机及分析化学的基本理论、基本知识、基本方法和基本技能，以及各种分析方法的应用。为学生学好后期的专业课程如化学检验技术、药物化学、药物分析、食品化学、食品理化检验技术等奠定必需的实验操作基础。

教材的编写基于医药和食品行业工作岗位用人情况的调研，结合多所高职高专院校药学类、药品制造类、食品药品管理类、食品类专业人才培养方案中对课程的知识要求和技能要求而编写的，本教材具有以下特色。

1. 体现高等职业教育的属性，以职业能力培养为根本，以增强学生就业、创业能力为核心，以培养学生应用能力和创新能力为主线。

2. 充分考虑高职学生的知识基础及生源的多样性，以必需、够用为原则，对课程内容进行较大程度的优化与整合，力求实用、管用、够用。

3. 充分体现工学结合的特色，坚持理论实践一体化，知识目标和能力目标与专业课程对接，与实际岗位工作要求的化学知识和技能零距离对接。

4. 栏目设置多样化。教材中以"案例"导入新知识，并设计了"提纲挈领""课堂互动""知识拓展""深度解析""达标自测"等栏目，满足教学互动需求，提升教材的可读性、趣味性、信息量，以提高学生的学习兴趣和积极性。

5. 通过扫描书中二维码可获得教学资源包括教学PPT和目标测试解答。

本教材共分十四章，包括第一章绪论（董会钰编写）、第二章溶液（王广珠编写）、第三章化学反应速率和化学平衡（谭新旺编写）、第四章物质结构基础（潘立新编写）、第五章定量分析概论（王静、李振兴编写）、第六章酸碱平衡与酸碱滴定法（勇飞飞编写）、第七章氧化还原平衡与氧化还原滴定法（杨彩英编写）、第八章配位平衡与配位滴定法（蒋雨来编写）、第九章沉淀溶解平衡与沉淀滴定法（穆林编写）、第十章电化学分析法（邹小丽编写）、第十一章紫外-可见分光光度法（王艳红编写）、第十二章高效液相色谱法（张任男编写）、第十三章气相色谱法（邱召法编写）。

本教材主要供全国高职高专药品类和食品类专业教学使用，也可作其他相关专业或分析检验工作者的参考用书。

由于编者水平有限，书中难免存在不足之处，敬请各位读者和同仁给予批评指正。

编　者

2020 年 11 月

目录

附　录 ——————————————————————————————— 236

参考文献 ——————————————————————————————— 242

第一章　绪论

知识目标

1. 掌握分析化学的概念、分析化学的任务。
2. 熟悉无机及分析化学的研究对象。
3. 了解化学发展史及分析化学发展趋势。

扫码看课件

能力目标

掌握无机及分析化学的学习方法。

化学是在分子和原子水平上研究物质的组成、结构、性质及其变化规律的科学，是人们认识和改造物质世界的重要方法和手段之一，在人类进化史和经济社会发展中起着极为重要的作用。

案例

水 的 硬 度

在生活中我们会发现一个现象，长期使用的水壶，内壁会附着一层厚厚的白色固体，俗称"水垢"。"水垢"的产生与水的硬度有关。

讨论　这些水垢的成分是什么？如何测定其中有关物质的含量？水垢现象对我们的生活和工农业生产有何影响？怎样消除这些影响？

该案例包含了许多化学知识，特别是无机化学和分析化学的知识，学习了无机及分析化学之后，上述问题我们就会找到答案。

一、无机及分析化学的研究对象和任务

自从有了人类，化学便与人类结下了不解之缘。从远古时期人类利用火烘烤食物开始，到逐步学会制陶、冶炼、从谷物酿造出酒、给丝麻等织物染上颜色等，人类便开启了对化学的使用与研究。公元前 1500 年到公元 1650 年，炼丹（金）士们开始了最早的化学实验，在实验过程中发明了火药，发现了若干元素，并制造出某些合金和化合物，建立了"元素"的概念，有关化学书籍中，有了"化学"这个名词。1650 年到 1775 年，贝歇尔和施塔尔提出了"燃素说"，尽管这一学说是错误的，但是反映了化学工作者们对化学的探究精神。1661 年玻意耳提出"化学的对象和任务是寻找和认识物质的组成和性质"，明确提出化学是一门认识自然的科学。这一时期，不仅从科学实践上，还从思想上为近代化学的发展做了准备。

从 1775 年到 1900 年，是近代化学发展的重要时期。拉瓦锡用定量化学实验阐述了燃烧的氧化学说，开创了定量化学时期。19 世纪初，英国化学家道尔顿提出近代原子学说，意大利科学家阿伏伽德罗提出分子概念，俄国化学家门捷列夫发现元素周期律，德国化学家李比希和维勒发展了有机结构理论，许多化学基本定律在这一时期相继建立。经过许多化学工作者不懈的探索和努力，时至今日，化学已经成为一门系统的科学，并形成了无机化学、有

机化学、分析化学、物理化学等重要的分支学科。

无机化学是化学科学中发展最早的一个分支学科，它的研究对象是元素和非碳氢结构的化合物。无机化学的主要任务是研究无机物质的组成、结构、性质及其变化规律。其研究范围较为广泛，它所涉及的一些理论和普遍规律是其他化学分支学科研究的基础。

分析化学是化学科学的一个重要分支，它是研究物质组成的分析方法、有关理论和技术的一门学科。它的研究对象不仅包括无机物，也包括有机物。分析化学的任务包括三个方面，即：定性分析、定量分析和结构分析。定性分析的任务是鉴定物质的化学组成；定量分析的任务是测定样品中有关组分的含量；结构分析则是确定物质的分子结构或晶体结构。

无机及分析化学所涉及的研究与应用十分广泛，它常常作为一种手段而广泛应用在化学科学本身的发展以及与化学有关的各学科领域中。在国民经济建设中，无机及分析化学具有更重要的实用意义，无论在工农业生产的原料选择、生产过程的控制与管理、成品质量检验，还是新技术的探索应用、新产品的开发研究等，都要以分析结果作为重要参考依据。在医药卫生、环境保护、国防公安等方面也都离不开分析检验。

科学研究需要进行大量准确的分析测试工作，分析化学是科学探索和发现的眼睛。居里夫人从仅含镭千万分之三、含钋小于亿分之一的沥青铀矿中，经过 45 个月的提纯分离，得到 100mg 的氧化物，历经 5000 次分析测试，完成划时代的伟大发现。1969 年阿波罗登月计划完成，宇航员采回月球土壤，经过人们的分析检测，其分析结果显示月球存在 100 多种矿物，有 5 种地球是没有的。其中，氦-3 是一种安全、高效、清洁的新型核聚变燃料，存储量巨大，可满足人类一万年以上的发电需求。目前，分析化学家研制的各种光谱遥感测量仪器，已经安装到了各种航天探测器上。

二、化学与药学、食品学的关系

药学科学是生命科学的重要组成部分，承担着研制预防和治疗疾病、促进人类身体健康、提高生存质量的药物，并揭示药物与人体及病原体相互作用规律的重要任务。化学与药学的关系十分密切，利用药物治疗疾病是化学对医学和人类文明的重要贡献之一。

1800 年，英国化学家 H. Davy 发现了一氧化二氮的麻醉作用，后来又发现了更加有效的麻醉药物，如乙醚、盐酸普鲁卡因等，使无痛外科手术成为可能。1932 年，德国科学家 G. Domagk 发现了一种偶氮磺胺染料，使一位患细菌性败血症的儿童得以康复。此后，化学家先后研究出数千种抗生素、抗病毒药物及抗肿瘤药物，使许多长期危害人类健康和生命的疾病得到控制，挽救了无数生命，充分显示出化学在医学和人类文明进步中的巨大作用。

医学研究的目的是预防和治疗疾病，而疾病的预防和治疗则需要广泛地使用药物。药物的主要作用是调整因疾病而引起的机体的种种异常变化，抑制或杀死病原微生物，帮助机体战胜感染。药物的药理作用和疗效是与其化学结构及性质相关的。例如碳酸氢钠、乳酸钠等药物，因为在水溶液中呈碱性，所以是临床上常用的抗酸药，主要用于治疗糖尿病及肾炎等引起的代谢性酸中毒；药物多巴分子中有一个手性中心，存在一对对映体——右旋多巴和左旋多巴，右旋多巴对人无生理效应，而左旋多巴却被广泛用于治疗帕金森病；钙是人体必需的元素，钙缺乏会造成骨骼畸形、手足抽搐、骨质疏松等许多疾病，老人与儿童常需要服用葡萄糖酸钙、乳酸钙等药物以防止钙的缺乏。柠檬酸钠能通过将体内的铅转变为稳定的无毒的 $[Pb(C_6H_5O_7)]^-$ 配离子，使之经肾脏排出体外，以治疗铅中毒。顺式二氯二氨合铂（Ⅱ）是第一代抗癌药物，能破坏癌细胞 DNA 的复制能力，抑制癌细胞的生长，从而达到治疗的目的。由于药物在防病和治病方面的重要作用，越来越多的科学家、医学家为开发利用新的药物而进行不懈的探索和试验，而药物的研制、生产、鉴定、保存及新药的合成等，都依赖于丰富的化学知识。

食品是人们赖以生存的物质基础，而在营养膳食、食品加工、食品营养与检测等各个方面都离不开化学。

三、无机及分析化学的学习方法

无机及分析化学，特别是分析化学，是一门典型的实践和应用学科，是药学类、食品类以及卫生类专业的重要专业基础课。学习无机及分析化学除了要掌握其基本理论、分析方法外，还要掌握相关的分析化学操作技术，坚持理论联系实际，树立正确的"量"的概念，培养严谨认真、实事求是的科学态度，培养应用所学知识和技能解决实际问题的能力。

1. 树立信心，超越自我

进入大学，面对新的学习环境，首先要有积极学习的态度，求知的欲望，乐此不疲地去学习知识，追求知识，将学习当成一种乐事、一种必需，形成一种学习的良性循环。其次，营造一个突出自我的环境，学会超越自己，挑战自己，奖励自己，遇到难题不气馁，虚心求教，保持一种自信和乐学的良好心态。无机及分析化学作为理工学科内容之一，理论知识抽象难以理解，学习难免乏味枯燥，要求学生学会逻辑思维和推理判断。

2. 注重提高学习效率

分析化学概念、理论、知识点、技能点众多。要学好分析化学，必须养成良好学习习惯，课前做好预习，上课认真听讲，做好笔记，积极参与课堂练习和讨论。多想、多问、多看、多记、多练，都是必要的。课后及时复习，整理课堂笔记，独立完成作业。

3. 善于归纳总结

分析方法种类繁多，有些分析方法"共性"和"个性"比较分明，因此，学完一种或一类分析方法，要将有关知识点、技能点，通过类比、归纳、总结，形成知识和技能网络体系。这是知识和技能的提高过程，也是理性认识到综合应用的准备过程。

4. 注重实验技能训练与提高

分析化学实验是理论联系实际的重要教学环节，对于培养学生职业能力、创新创业能力和科学素质具有重要意义。在进行实验前，必须仔细阅读实验有关知识和技能内容，明确实验目的、原理、步骤、结果计算以及实验中的误差来源，写好预习提纲，方可进入实验室做实验。在实验过程中，要严格遵守实验室安全守则和操作规程，仔细观察实验现象，实事求是地记录实验数据，对实验现象和实验结果做理性分析和讨论，寻找产生误差的原因，以便在以后实验中减免误差。

5. 树立"量"的概念

"量"是分析化学的核心。"量"的概念是指关系到测量数据的准确性、实验操作规范严谨、计算结果的正确性等方面的理论知识、操作技能和科学态度。"量"的概念主要体现在：分析化学基本操作，如仪器洗涤、物质称量、液体量取、滴定液配制、滴定操作和终点控制等；分析过程，如取样及试样贮存、分解和制备方法等；分析方法的质量参数，如灵敏度、准确性、选择性等；数据表达，如有效数字记录、修约、运算等。树立正确的"量"的概念是学习分析化学的基础，需要在学习过程中对基本知识和基本技能深化认识，对分析检验过程质量把控。

6. 充分利用信息技术

在"互联网＋教育"时代下，合理使用互联网已成为学习分析化学知识和技能、解决分析化学问题的重要手段之一。基于云存储技术的分析化学教学资源库为大学生课外自主学习、终身学习提供信息化平台。在网络化学习模式下，学习内容不再是枯燥的文字，而是图片、语音、视频、虚拟实验等；学习资源的发放、作业的布置与提交，无需面对面进行，而是可以通过"手机扫码"的形式进行，提高教学效果。

四、分析化学发展趋势

分析化学是化学学科中最早发展起来的分支之一。分析化学作为一门独立成熟的化学学科，其发展大致经历了三个阶段：第一个阶段大约是在 20 世纪初期。这一时期，人们利用溶液平衡理论、动力学理论和各种实验方法等，深入研究了一些基本的理论问题。主要的成就有沉淀的生成和共沉淀现象的研究，提出了均匀沉淀法。合成了大量酸碱指示剂、氧化还原指示剂及吸附指示剂，对指示剂作用原理、滴定曲线和终点误差等理论进行了深入研究。滴定分析法也迅猛发展并逐步取代了重量分析法。20 世纪中期，分析化学又经历了第二个重要的历史发展阶段。以物质的物理性质或物理化学性质为基础的仪器分析方法开始出现，其理论体系也随之建立，改变了分析化学以化学分析为单一手段的局面，仪器分析得到了空前迅速的发展和应用。自 20 世纪 80 年代以来，面对材料科学、环境科学、宇宙科学、生命科学以及其他科学和生产实际提出的、新的、复杂的任务和要求，产生了以与数学、生物学和计算机科学等学科相结合为特征的第三次变革，分析化学迎来一个新的发展时期。分析化学已不再局限于仅仅测定物质的组成及含量，同时，还要求能够对物质进行形态分析、结构分析、活性分析、微区分析等，还可以进行瞬时跟踪、无损检测、在线监测等过程控制技术。另一方面，生物技术、通信技术和计算机技术的引入，为分析化学向着更快速、灵敏、准确、自动及智能方向发展提供了技术的支持。

现代科学技术的飞速发展给分析化学提出了越来越高的要求，同时由于各学科向分析化学渗透提供了新的理论、方法和手段，分析化学的发展呈现许多时代特点，主要表现在分析仪器的智能化程度越来越高；多种仪器分析技术相互结合联用将是仪器分析发展的重要方向；分析化学正在形成一门综合多学科的边缘科学，"分析化学正朝着微型化、芯片化、仿生化、在线化、实时化、原位化、一体化、智能化、信息化、高灵敏化、高选择化、单原子化和单分子化方向发展，它将成为最富有活力的多学科综合性科学（分析科学），必将继续为科技发展和人类进步做出卓越贡献。"

总之，分析化学的发展趋势是：力求提高分析方法的准确度，减少误差；提高分析的灵敏度，使微量杂质也能够被检测；分析自动化，提高分析速度和效率；与其他学科相互交叉融合，使分析化学的应用领域更为广泛。

 提纲挈领

1. 无机化学的主要任务是研究无机物质的组成、结构、性质及其变化规律。它所涉及的一些理论和普遍规律是其他化学分支学科研究的基础。

2. 分析化学是化学科学的一个重要分支，它是研究物质组成的分析方法、有关理论和技术的一门学科。

3. 分析化学的任务包括三个方面，即定性分析、定量分析和结构分析。

4. 分析化学的发展趋势是准确、快速、灵敏、自动化。

 达标自测

1. 什么是分析化学？

2. 分析化学的任务有哪些？
3. 简述无机及分析化学的作用以及与药学、食品学的关系。
4. 简述分析化学的发展趋势。

（本章编写　董会钰）

扫码看解答

第二章 溶液

 知识目标

1. 掌握溶液浓度的表示方法；渗透压；渗透压与溶液浓度、温度的关系。
2. 熟悉分散系分类；渗透现象。
3. 了解渗透浓度；胶体的性质。

扫码看课件

 能力目标

1. 熟练掌握溶液的计算方法。
2. 学会溶液的配制和稀释方法。

溶液是一种常见的分散体系，它是由溶质和溶剂组成。在日常生活和工农业生产中，溶液与我们密切相关，无论是医药、化工企业生产过程，还是生命过程中，其物质的反应、生命体新陈代谢都必须在溶液中进行。因此，掌握溶液的有关知识对于后续课程的学习和研究有非常重要的意义。

 案例

生活常识，在 101.325kPa，100℃ 时，纯水开始沸腾，海水没有沸腾；而在101.325kPa，0℃ 时，纯水开始结冰，海里没有结冰。海里的鱼类不能生活在淡水里，同样淡水鱼也不能生活在海水里。

分析 为什么在 101.325kPa 下，纯水在 100℃ 时沸腾，而海水却在高于 100℃ 才沸腾？纯水在 0℃ 时结冰，而海水却在低于 0℃ 时才结冰？生活在海洋里的鱼类却不能在淡水里生存？这些现象产生的原因是什么？本章内容就会给出确切的答案。

第一节 分散系

一、分散系的概念

化学上常把作为研究对象的那一部分物质或空间称为体系。例如，锌粒和稀硫酸在试管中反应时，这支试管中的锌粒和稀硫酸就是一个体系。体系中性质完全相同而与其他部分有明显界面的均匀部分称为相。只含一个相的体系称为单相体系（或均相体系）。例如，溶液属于单相体系。含有两个或两个以上相的体系称为多相体系。例如金属和酸溶液反应时所组成的体系属于多相体系。

一种或几种物质以细小的颗粒分散在另一种物质里所得到的体系叫做分散系。其中，被分散的物质叫做分散相或分散质，容纳分散质的物质叫做分散介质或分散剂。例如，在注射用的葡萄糖溶液、豆浆中，葡萄糖、大豆蛋白为分散质，水为分散剂。

二、分散系的分类

按照分散相颗粒大小的不同，把分散系分为粗分散系、胶体分散系和分子（离子）分散系，如表 2-1 所示。

表 2-1　分散系的分类

分类		颗粒直径	特性			实例
粗分散系	悬浊液	>100nm	一般显微镜下可以分辨	不能透过滤纸	不扩散	多相体系	泥浆
	乳浊液					牛奶
胶体分散系	溶胶	1～100nm	超显微镜下可以分辨	能透过滤纸，不能透过半透膜	扩散慢		$Fe(OH)_3$ 溶胶
	高分子溶液					单相体系	鸡蛋清
分子、离子或原子分散系（真溶液）		<1nm	电子显微镜下不可分辨	能透过滤纸，也能透过半透膜	扩散快		生理盐水、95%乙醇

 提纲挈领

1. 分散系是指一种或几种物质以细小的颗粒分散在另一种物质里所得到的体系，包括分散相和分散介质。

2. 分散系根据分散相颗粒的大小可分为粗分散系、胶体分散系和分子（离子）分散系。

第二节　溶液

一、溶液及其浓度表示方法

1. 溶液浓度的表示方法

溶液是物质以分子、原子或离子形式分散于另一物质中所组成的均匀、透明、稳定的分散系。溶质为分散质，溶剂为分散剂，一般常说的分散剂为水。

溶液的浓度是指一定量的溶液（或溶剂）中所含溶质的量。浓度的表示方法通常有以下几种。

（1）物质的量浓度　物质的量浓度是指溶液的体积 V 所含溶质 B 的物质的量。常用 c_B 表示。

$$c_B = \frac{n_B}{V} \tag{2-1}$$

物质的量浓度 c_B 的 SI 单位是"摩尔每立方米"，符号为 $mol \cdot m^{-3}$。在医药和化学上常用 $mol \cdot L^{-1}$、$mmol \cdot L^{-1}$ 等表示。

【例题 2-1】　250mL 的血清中含有 25mmol 葡萄糖（$C_6H_{12}O_6$），试求血清中葡萄糖的物质的量浓度。

解
$$c_{C_6H_{12}O_6} = \frac{n_{C_6H_{12}O_6}}{V} = \frac{0.025}{0.25} = 0.1(mol \cdot L^{-1})$$

（2）质量浓度　质量浓度是指溶液的体积 V 所含溶质 B 的质量。常用 ρ_B 表示。

$$\rho_B = \frac{m_B}{V} \tag{2-2}$$

质量浓度 ρ_B 的 SI 单位是"千克每立方米",符号为 $kg \cdot m^{-3}$;在医药和化学上常用 $g \cdot L^{-1}$、$mg \cdot L^{-1}$ 表示。

【例题 2-2】 配制注射用的生理盐水 500mL,生理盐水中含有食盐 4.5g,那么生理盐水的质量浓度是多少?

解
$$\rho_{NaCl} = \frac{m_{NaCl}}{V} = \frac{4.5}{0.5} = 9.0(g \cdot L^{-1})$$

 知识拓展

质量浓度和密度的关系

质量浓度同密度表示符号相同,但是本质不同,密度是指溶液一定体积中含有溶液的质量,化学上常用的单位是"$kg \cdot L^{-1}$、$g \cdot mL^{-1}$"表示,这一点在实际工作中要特别注意。例如:市售浓硫酸的质量浓度 $\rho_B = 1770 g \cdot L^{-1}$,密度 $\rho = 1.84 kg \cdot L^{-1}$,分别表示每升硫酸溶液中含有纯硫酸 1770g 和硫酸溶液 1.84kg,两者含义不同,不可混淆。

(3) 质量摩尔浓度 质量摩尔浓度是指溶剂质量 m_A 含有溶质 B 的物质的量,常用 b_B 表示。

$$b_B = \frac{n_B}{m_A} \tag{2-3}$$

质量摩尔浓度 b_B 的 SI 单位为"摩尔每千克",符号为 $mol \cdot kg^{-1}$;在医药和化学上常用 $mol \cdot g^{-1}$、$mmol \cdot kg^{-1}$ 表示。

【例题 2-3】 500g 氯化钠盐水里含有 0.625mol 的 NaCl,试求 NaCl 溶液质量摩尔浓度。

解
$$b_{NaCl} = \frac{n_{NaCl}}{m_{H_2O}} = \frac{0.625}{0.5} = 1.25(mol \cdot kg^{-1})$$

(4) 质量分数 质量分数是指溶液的质量 m 含有溶质 B 的质量,用 w_B 表示。

$$w_B = \frac{m_B}{m} \tag{2-4}$$

质量分数没有量纲,质量分数可以用小数表示,也可以用百分数表示。

【例题 2-4】 市售浓硫酸每 100g 浓硫酸溶液中含有 H_2SO_4 98g,试问该浓硫酸溶液的质量分数是多少?

解
$$w_{H_2SO_4} = \frac{m_{H_2SO_4}}{m} = \frac{98}{100} = 0.98(或 98\%)$$

(5) 体积分数 体积分数是指溶液的体积 V 含有溶质 B 的体积,用 φ_B 表示。

$$\varphi_B = \frac{V_B}{V} \tag{2-5}$$

体积分数也没有量纲,体积分数也可以用小数或百分数表示。

【例题 2-5】 在 200mL 医用消毒酒精中含纯酒精 150mL,医用酒精的体积分数是多少?

解
$$\varphi_{C_2H_5OH} = \frac{V_{C_2H_5OH}}{V} = \frac{150}{200} = 0.75(或 75\%)$$

2. 溶液浓度的换算

溶液浓度的表示方法可分为两大类:一类为体积类浓度,包括物质的量浓度 c_B、质量

浓度 ρ_B、体积分数 φ_B 等。一类为质量类浓度，包括质量摩尔浓度 b_B、质量分数 w_B 等。在实际工作中，同一种溶液可以用不同的浓度方法来表示，而同一种溶液的不同浓度表示方法之间是可以相互换算的。

（1）物质的量的浓度与质量分数的换算　换算的依据为：

$$c_B = \frac{n_B}{V} \qquad \rho = \frac{m}{V} \qquad w_B = \frac{m_B}{m} \qquad n_B = \frac{m_B}{M_B}$$

在换算过程中因为溶质的量不变。所以：

$$c_B = \frac{1000\rho w_B}{M_B} \tag{2-6}$$

式中，c_B 的单位为 $mol \cdot L^{-1}$；M_B 的单位为 $g \cdot mol^{-1}$；ρ 的单位为 $g \cdot mL^{-1}$。

【例题 2-6】　市售浓硫酸的密度 ρ 为 $1.84 g \cdot mL^{-1}$，质量分数为 98%，求其物质的量浓度 c_B。

解　根据式（2-6）知：

$$c_{H_2SO_4} = \frac{1000\rho w_{H_2SO_4}}{M_{H_2SO_4}} = \frac{1000 \times 1.84 \times 98\%}{98} = 18.4 (mol \cdot L^{-1})$$

（2）物质的量浓度与质量浓度的换算　换算的依据为：

$$c_B = \frac{n_B}{V} \qquad \rho_B = \frac{m_B}{V} \qquad n_B = \frac{m_B}{M_B}$$

在换算过程中因为溶质的量不变。所以：

$$c_B = \frac{\rho_B}{M_B} \tag{2-7}$$

式中，c_B 的单位为 $mol \cdot L^{-1}$；M_B 的单位为 $g \cdot mol^{-1}$；ρ_B 的单位为 $g \cdot L^{-1}$。

【例题 2-7】　已知生理盐水的质量浓度为 $9g \cdot L^{-1}$，试问生理盐水的物质的量浓度是多少？

解　根据式（2-7）知：

$$c_{NaCl} = \frac{\rho_{NaCl}}{M_{NaCl}} = \frac{9}{58.5} = 0.154 (mol \cdot L^{-1})$$

二、溶液的稀释与配制

在医药、化学工作中，我们所需浓度的溶液并不一定能在市场上都能买到，因此我们需要对不同浓度的溶液进行必要的处理，比如稀释、配制等。溶液的稀释、配制是从事化学、医药生产的工作者必备的基本操作技能。例如浓酸、浓碱的稀释，各种消毒液、注射液、生物制品的配制等。无论是溶液的稀释还是配制，其依据均是在稀释或配制前后溶质的总量不变。

1. 溶液的稀释

溶液的稀释是指在浓溶液中加入一定量的溶剂使溶液的浓度变小的过程。在稀释过程中溶液的总量增加了，溶质的量不变，这是溶液稀释的显著特点。

稀释前溶液中溶质的量＝稀释后溶液中溶质的量

假设稀释前溶液的浓度为 c_1，体积为 V_1；稀释后溶液的浓度为 c_2，体积为 V_2。则：

$$c_1 V_1 = c_2 V_2 \tag{2-8}$$

式（2-8）为稀释公式，在使用该公式时，要注意两边单位保持一致。如果溶液的浓度采取其他浓度，同样也存在稀释公式。例如，如果浓度为体积分数，则存在：

$$\varphi_1 V_1 = \varphi_2 V_2 \tag{2-9}$$

【例题 2-8】 某诊所要配制 1000mL 体积分数为 0.75 的消毒酒精，需要体积分数 0.95 的酒精多少？

解 已知　　　　　　　$\varphi_1 = 0.95$　　$\varphi_2 = 0.75$　　$V_2 = 1000\text{mL}$

根据：　　　　　　　　　　　$\varphi_1 V_1 = \varphi_2 V_2$

$$V_1 = \frac{\varphi_2 V_2}{\varphi_1} = \frac{0.75 \times 1000}{0.95} = 789.5(\text{mL})$$

2. 溶液的配制

溶液的配制包括一定质量溶液的配制和一定体积溶液的配制。一般质量分数、质量摩尔浓度属于一定质量溶液的配制；物质的量浓度、质量浓度、体积分数则属于一定体积溶液的配制方法。溶液的配制一般包括计算、称量（量取）、溶解、转移、定容等操作步骤。

溶液的配制方法包括两种。一种是粗略配制：这种方法使用台秤称量固态物质，用量筒或量杯量取液态物质，在量筒（或量杯）里进行配制；另一种是精确配制：这种方法使用分析天平称量固态物质，用移液管或吸量管量取液态物质，用容量瓶配制。在实际操作中，不论哪种配制方法，都要尽量减少因溶质丢失而造成的浓度误差。

【例题 2-9】 10％的甘油护肤液，护肤效果很好。如何配制这样的护肤液 500mL 呢？

解 配制方法：

① 先计算出配制 500mL 10％甘油护肤液需要甘油的体积；

依据公式：　　　　　　　　　　$\varphi_B = \dfrac{V_B}{V}$

所以：　　　　$V_{C_3H_8O_3} = \varphi_{C_3H_8O_3} V = 10\% \times 500 = 50(\text{mL})$

② 量取：用量筒量 50mL 甘油，放入 100mL 的小烧杯中；

③ 溶解：向盛有甘油的小烧杯中加入适量的蒸馏水，用玻璃棒搅拌，使其溶解；

④ 转移：将溶解好的甘油溶液倒入 50mL 的量筒里；

⑤ 定容：向大量筒里加入水直至刻度。

 想一想

注射需用 1000mL 0.05g·L^{-1} 葡萄糖注射液，请问如何设计？

 知识拓展

十字交叉法

十字交叉法是进行两组混合物平均量与组分计算的一种简便方法。可用于溶液配制的有关计算，如溶液的稀释或混合等。在不要求浓度十分精确时使用此法，会使解题过程简便、快速。运用十字交叉法进行计算时要注意，斜找差数，横看结果。其表达式为：

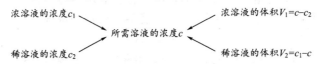

$V_1 + V_2$ 为所需浓度溶液的体积（近似），或者说将浓溶液与稀溶液的体积按 $V_1 : V_2$ 混

合，就可得到任意体积分数的所需浓度的溶液。

如果我们用十字交叉法，计算例题 1-8：

可知：$V_1 : V_2 = 0.75 : 0.20 = 7.5 : 2$，因此配制 $\varphi_B = 0.75$ 的消毒医用酒精 1000mL 时：

需 $\varphi_B = 0.95$ 的酒精体积为 $V_1 = 1000 \times 7.5 \div 9.5 = 789.5$(mL)

需 $\varphi_B = 0.00$ 的酒精即水的体积为 $V_2 = 1000 \times 2 \div 9.5 = 210.5$(mL)

 提纲挈领

1. 溶液浓度的表示方法：

① 物质的量的浓度 $c_B = \dfrac{n_B}{V}$（mol·L^{-1}）;

② 质量浓度 $\rho_B = \dfrac{m_B}{V}$（g·L^{-1}）;

③ 质量摩尔浓度 $b_B = \dfrac{n_B}{m_A}$（mol·g^{-1}）;

④ 质量分数 $w_B = \dfrac{m_B}{m}$；体积分数 $\varphi_B = \dfrac{V_B}{V}$。

2. 溶液浓度的换算：

① 物质的量浓度与质量分数的换算 $c_B = \dfrac{1000\rho w_B}{M_B}$;

② 物质的量浓度与质量浓度的换算 $c_B = \dfrac{\rho_B}{M_B}$。

3. 溶液的稀释：稀释前后溶液中溶质的量不变。

4. 溶液的配制分为粗配和精配。

第三节　稀溶液的依数性

通常情况下，溶液的性质取决于溶质的性质，如溶液的 pH、密度、颜色等。但是溶液的某些性质却与溶质的本性无关，如溶液蒸气压、沸点、凝固点和渗透压，这些性质与溶液中所含溶质粒子数目的多少有关，与溶质本性无关的性质称为溶液的依数性。溶液的依数性只有在稀溶液时才有规律，并且溶液的浓度越稀，依数性规律性越强。

一、稀溶液的蒸气压下降

在一定温度下，密闭容器中液体蒸发的速率和凝聚的速率相等时，气液两相处于平衡状态，蒸气的密度不再改变，此时的蒸气称为饱和蒸气，饱和蒸气所产生的压力称为饱和蒸气压，简称蒸气压。用符号 p 表示，SI 单位是 Pa，有时也用 kPa。

溶剂的蒸气压与温度有关，温度一定，液体的蒸气压是一个定值；温度越高，其蒸气压越大；溶剂不同，液体的蒸气压也不相同。表 2-2 列出了水在不同温度下的蒸气压数据。

表 2-2　水在不同温度下的蒸气压

温度/℃	0	20	40	60	80	100
蒸气压/$\times 10^3$Pa	0.61129	2.3388	7.3814	19.932	47.373	101.32

当难挥发性非电解质（如蔗糖等）溶解在溶剂中，溶剂部分表面被溶质占据，气液达到平衡时，溶液表面上单位体积溶剂分子的数目比纯溶剂少，蒸气分子对容器产生的压强就低于纯溶剂所产生的压强，如图 2-1 所示。

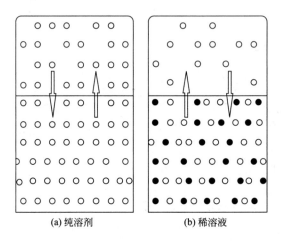

(a) 纯溶剂　　　　(b) 稀溶液

图 2-1　纯溶剂和难挥发性稀溶液蒸发-凝聚示意图

 课堂互动

密闭容器中的纯水和糖水长时间放置后会出现什么情况？

分析　水分子不断从纯水面上蒸发，并在糖水表面凝聚，对于纯水来说又成了不饱和蒸汽，蒸发和凝聚平衡被破坏，蒸发速率大于凝聚速率，从而促使更多的水分子蒸发，并在糖水表面凝聚，这种转移速率会逐渐减慢，理论上直到完全转移为止，即纯水变成空杯，糖水满后逸出。

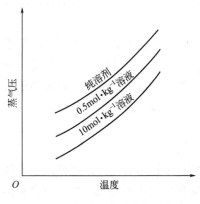

图 2-2　纯溶剂和溶液蒸气压曲线

实验证明，在同一温度下，含有难挥发性溶质的稀溶液的蒸气压总是低于纯溶剂的蒸气压，这种现象称为稀溶液蒸气压下降。稀溶液蒸气压下降同组成溶液中溶质的多少有关，一般来说，稀溶液含有难挥发非电解质的粒子越多，其蒸气压下降的就越大。如图 2-2 所示。

法国物理学家拉乌尔（M-F·Raoult）在 1887 年根据实验结果总结出以下结论：在一定温度下，难挥发非电解质稀溶液蒸气压下降与溶质的组成成正比，而与溶质的本性无关，这一规律称为拉乌尔定律。

知识拓展

拉乌尔定律

拉乌尔定律适合稀溶液，实验证明稀溶液蒸气压下降与溶液中难挥发非电解质质量浓度的关系如下：

$$\Delta p = K b_B \tag{2-10}$$

式中，Δp 为蒸气压降低值；b_B 为质量摩尔浓度，$mol \cdot kg^{-1}$；K 为蒸气压降低常数，取决于溶剂的性质。

只有稀溶液（$b_B \leq 0.2 mol \cdot kg^{-1}$）才比较准确地符合拉乌尔定律。溶液的浓度变大时，溶质对溶剂分子之间的作用有明显的影响，溶液蒸气压下降的规律就会出现较大的误差。

像 $CaCl_2$、P_2O_5 等固体物质，在空气中容易吸收水分发生潮解，也是溶液蒸气压下降引起的，正是因为这一性质，这些易潮解的固体物质在化工行业中常用作干燥剂。

二、稀溶液的沸点升高

当液体的蒸气压和外界大气压相等时，大量的溶剂汽化从液面逸出，液体处于沸腾状态，此时的温度就称为液体在该压强下的沸点。同一溶剂，在一定的压力下具有恒定的沸点，例如：在 101.3kPa 下水的沸点是 100℃，乙醇的沸点是 78.5℃。液体的沸点与外界大气压有很大关系，随外界压力的改变而改变。外界大气压越大，液体的沸点就越高，否则越低。例如：在 101.3kPa 下，水的沸点为 100℃；在 47.34kPa 下，水的沸点为 80℃。

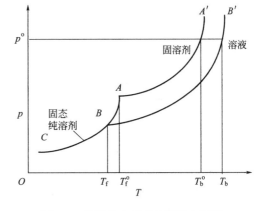

当难挥发非电解质溶解在溶剂中，由于蒸气压下降，气液平衡时的压力就小于外界大气压，要想使气液平衡的压力等于外界大气压，必须升高温度。这一现象称为稀溶液的沸点升高，如图 2-3 所示。

图 2-3　溶液沸点升高和凝固点下降

在 T_b^o 时溶液的蒸气压与外界的大气压（101.32kPa）并不相等，只有在大于 T_b^o 的某一温度 T_b 时才能相等，所以稀溶液的沸点比纯溶剂的沸点高。稀溶液沸点升高也与溶质的组成成正比，而与溶质的本性无关。

 课堂互动

你能够分析出海水的沸点高于 100℃ 的原因吗？

三、稀溶液的凝固点下降

凝固点是指在一定的外压下，固体纯溶剂的蒸气压和它的液相蒸气压相等时，纯溶剂的液相和固相共存，液体的凝固和固体的熔化处于平衡状态，此时的温度就称为该物质的凝固点。例如，在标准大气压（101.32kPa）下，0℃是水的凝固点，又称为冰点。

当难挥发非电解质溶解在溶剂（如水）中，由于蒸气压下降，而冰的蒸气压不变，这样水溶液的蒸气压就低于冰的蒸气压，此时溶液和冰就不能共存，冰会不断融化成水，溶液则不会结冰。如果要使溶液中的冰水共存，就必须降低温度，才能使溶液中的蒸气压和冰的蒸气压相等。如图2-3所示，当温度在 T_f° 时水溶液并没有凝固成冰，只有温度由 T_f° 下降到 T_f' 时，水溶液的蒸气压才等于冰的蒸气压，水溶液才凝固成冰，这一现象就称为难挥发非电解质溶液凝固点下降。稀溶液凝固点下降与溶质的组成成正比，而与溶质的本性无关。

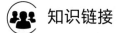 知识链接

　　在日常生活中，溶液的凝固点降低的性质被广泛应用。如食盐与冰的混合物常用作冷冻剂，最低温度可达到—22.4℃，而氯化钙与冰的混合物，最低温度可达到—55℃，这些冷冻剂被广泛用在食品贮藏和运输上。再如汽车散热器的冷却水中常加入适量的乙二醇或甘油等物质，既可以防止冬天水结冰，又可以防止夏天水沸腾。

四、稀溶液的渗透压

1. 渗透现象

　　（1）扩散现象　将一滴蓝墨水滴在一杯清水中，不久整杯水都会变蓝；而将一杯清水小心倒入浓度较大的蔗糖溶液中，静置一段时间整杯水都会变甜。其原因是分子由于热运动，使得蓝墨水（或蔗糖）分子向水中运动，水分子向蓝墨水（或蔗糖）溶液运动，最终形成一个均匀的溶液，这一过程就是扩散。扩散是双向的，是溶液中溶质和溶剂相互运动的结果。在任何溶液之间，只要两种溶液的浓度不同，都存在扩散现象。

　　在自然界中还存在着一种特殊的扩散现象，即渗透现象。渗透现象在动植物的生活、生命过程中起着非常重要的作用。

　　（2）渗透现象　半透膜是一种只允许溶剂分子自由通过，而溶质分子很难通过的多孔性薄膜。例如动物的细胞膜、膀胱膜以及人工制造的火棉胶膜、羊皮纸等都是半透膜。

 课堂互动

　　取一支特制的中间隔有半透膜的U形管，左边倒入纯水，右面倒入蔗糖溶液，如图2-4所示，开始使得浓溶液和稀溶液液面处于同一水平线上，如图2-4(a)所示。放置一段时间，观察到浓溶液一侧液面逐渐上升，稀溶液一侧液面逐渐下降。当液面上升到一定高度后，玻璃管内的液面高度维持恒定，如图2-4(b)所示。为什么？

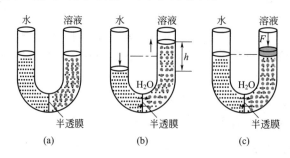

图 2-4　渗透现象和渗透压示意图

　　在上述实验中，水分子可以从两个相反方向自由通过半透膜，但是由于膜两侧溶液的浓度不同，单位体积内水分子个数不同，因而膜两侧水分子通过的速率不同，水分子从纯水向蔗糖溶液通过的速率大于反向的速率，从而导致蔗糖一侧液面升高。

　　这种溶剂分子通过半透膜从稀溶液（或纯溶剂）进入浓溶液（或溶液）的现象，称为渗

透现象。渗透现象的产生必须具备两个条件：一是要有半透膜存在；二是半透膜两侧溶液的浓度不同。

 知识拓展

反渗透法制备注射用水原理

反渗透法制备注射用水常用的膜有乙酸纤维膜（如三乙酸纤维膜）和聚酰胺膜。以盐水处理为例，常采用选择性吸附-毛细管流动方法。其原理是氯化钠和其他盐类是表面惰性物质，能增加水表面张力，产生负吸附，在表面形成一个纯水层。在反渗透装置中，若将上述多孔性膜与盐水溶液相接触，则膜表面选择性地吸附水分子而排斥溶质，在膜-溶液界面上将形成纯水层，其厚度视界面上性质而异，或为单分子层，或为双分子层。在施加压力情况下，界面上纯水层的纯水便不断通过膜内毛细管而渗出。纯水从盐水中分离。通常一级反渗透装置能除去90%一价离子，同时能除去微生物和病毒，二级反渗透装置能够较彻底地除去氯离子。

2. 渗透压

（1）渗透压的概念　如图 2-4（b）所示，随着渗透现象的进行，溶液一端液面缓缓上升，开始产生静水压力，这种压力逐渐增大，它阻止溶剂向溶液中渗透，也使溶液中水分子的渗透能力增加。当液面上升到一定高度时，就会出现溶剂分子出入半透膜的速率相等的动态平衡，于是液面停止上升。欲使膜两侧液面的高度相等并维持渗透平衡，保持水分子扩散速率不变，则需在液面上施加一个额外压力［图 2-4（c）］。这种施加于溶液液面上恰好能阻止渗透现象继续发生而达到动态平衡的压力称为渗透压。若用半透膜隔开的是两种不同浓度的溶液，为阻止渗透现象发生，应在浓溶液液面上施加一个额外压力，这一压力是两溶液渗透压之差。渗透压用符号 π 表示，单位是 Pa 或 kPa。

（2）渗透压与浓度、温度的关系　1886 年荷兰化学家范特霍夫（Van't Hoff，1852—1911），根据上述实验结果总结出非电解质溶液的渗透压与浓度、温度的关系式为：

$$\pi V = nRT \qquad 或 \qquad \pi = cRT \tag{2-11}$$

式中，π 为溶液的渗透压，Pa；V 为溶液的体积，L；n 为非电解质的物质的量，mol；R 为摩尔气体常数，数值为 $8.314\,\mathrm{Pa \cdot L \cdot mol^{-1} \cdot K^{-1}}$；$T$ 为热力学温度，K。

范特霍夫定律表明，在一定温度下，难挥发非电解质稀溶液的渗透压只取决于单位体积溶液中所含溶质的"物质的量"（或粒子数），而与溶质的本性无关。

【例题 2-10】　在人体正常体温 37℃ 时，测得人的血浆的渗透浓度为 302.6mol·L^{-1}，试求在该温度下血浆的渗透压。

解　根据公式 $\pi V = nRT$ 得：

$$\pi = cRT = 302.6 \times 8.314 \times (273 + 37) = 779903(\mathrm{Pa}) = 779.9(\mathrm{kPa})$$

如果稀溶液为难挥发电解质溶液，由于电解质在溶液中能够发生解离，稀溶液所含溶质粒子的数目就会成倍增多，稀溶液中粒子的总浓度也会成倍增加。因此，在计算其渗透压时，必须在计算公式中引入一个校正因子 i。即：

$$\pi = icRT \tag{2-12}$$

强电解质能够完全解离，因此 i 等于该电解质所能解离出的离子的总数。例如 1 分子 NaOH 能够解离出 1 个 Na$^+$ 和 1 个 OH$^-$，则 i 等于 2；再如 1 分子 MgCl$_2$ 能够解离出 1 个 Mg^{2+} 和 2 个 Cl$^-$，则 i 等于 3。

3. 渗透压在医药化工方面的应用

渗透压与医药之间存在十分密切的关系，因为人体的许多膜（如眼球玻璃体、肠膜、细胞膜等）都具有半透膜的性质，所以人体的细胞液、血浆、细胞间液等体液的渗透压对维持机体的正常生理功能、健康状况起着重要的调节作用。临床上的注射液、滴眼液以及水盐平衡失调、水肿等患者的治疗都必须要考虑溶液的渗透压，所以渗透压对注射液、滴眼液等剂型具有重要意义。

渗透压在化工方面应用也很广泛，比如反渗透是一项高新膜分离技术，其孔径很小，大都小于等于 10×10^{-10} m(10Å)，它能去除滤液中离子范围和分子量很小的有机物，如细菌、病毒、热源等。它已广泛用于海水或苦咸水淡化，电子、医药用纯水，饮用蒸馏水，太空水的生产，还应用于生物、医学工程。

（1）等渗、低渗和高渗溶液　在一定条件下，渗透压相等的两种溶液称为等渗溶液。对于渗透压不相等的溶液，渗透压高的称为高渗溶液，渗透压低的称为低渗溶液。

医学上常用血浆的总渗透浓度（或渗透压）来判断渗透浓度的高低。正常人血浆的渗透浓度为 $280 \sim 320$ mmol·L^{-1}（$720 \sim 800$kPa），因此规定在临床上渗透浓度在 $280 \sim 320$ mmol·L^{-1} 范围内的溶液都为等渗溶液；凡是低于 280 mmol·L^{-1} 的溶液都是低渗溶液，凡是高于 320 mmol·L^{-1} 的溶液都是高渗溶液。眼药水、静脉注射液一般都是等渗溶液，如生理盐水 50.0 g·L^{-1} 的葡萄糖溶液、9.0 g·L^{-1} 的氯化钠溶液、19 g·L^{-1} 的乳酸钠溶液等都是等渗溶液。假如静脉注射高渗溶液，即将红细胞置于高渗溶液，红细胞内的水分就会通过细胞膜向红细胞外渗透，红细胞逐渐皱缩出现胞浆分离现象；若静脉注射低渗溶液，即将红细胞置于低渗溶液中，红细胞外的水分就会通过细胞膜向红细胞内渗透，这样红细胞逐渐膨胀最后破裂出现溶血现象。

 课堂互动

为什么人在海水里长时间游泳会感觉眼睛发涩，而在淡水里眼睛会红胀，会感觉疼痛？

（2）晶体渗透压和胶体渗透压　在人体血浆中既有像 NaCl、NaHCO$_3$、KCl 等的无机盐，又有像葡萄糖、乳糖、氨基酸等的小分子有机化合物，还有像蛋白质、多糖、脂类、核酸等的高分子化合物。医学上常把无机盐和有机小分子有机化合物称为晶体物质，该物质所产生的渗透压称为晶体渗透压。把高分子有机化合物称为胶体物质，该物质所产生的渗透压称为胶体渗透压。这两种渗透压的总和就构成了血浆渗透压，其中晶体渗透压占总渗透压的 99.5%。比如，33℃时血浆的总渗透压为 769.9kPa，其中胶体渗透压为 $2.9 \sim 4.0$kPa。

 拓展阅读

晶体渗透压对调节细胞内、外水盐相对平衡及维持细胞的正常形态和功能起着重要的作用，晶体渗透压则对调节毛细血管内、外水盐相对平衡及维持细胞的正常形态和功能起着重要的作用。例如，水中毒是因为大量饮水或输入过多的葡萄糖溶液，使细胞外液晶体渗透压降低，从而引起细胞外液的水分子向细胞内渗透，致使细胞膨胀。水肿则是因为某些原因（如慢性肾炎或肝功能障碍等）造成血液中蛋白质含量明显减少，使胶体渗透压过低，过量的水分子从毛细血管壁进入组织间液而引起的。临床上对大面积烧伤或由于失血造成血容量降低的患者进行补液时，除补生理盐水外，同时是需要输入血浆或右旋糖酐等代血浆，以恢复晶体渗透压和增加血容量。所以这就需要在生产中根据患者需要，制备相应的注射液。

 提纲挈领

1. 稀溶液依数性只与溶液中溶质粒子数目相关，而与溶质本性无关。

2. 稀溶液的依数性包括蒸气压下降、沸点升高、凝固点降低和渗透压四个方面，其中蒸气压下降在稀溶液依数性中起到决定性作用。

3. 渗透压可分为等渗、低渗和高渗溶液。

第四节　胶体溶液

胶体溶液（溶胶）是一种高度分散的分散系。胶体颗粒直径大小在 1～100nm 范围内，介于溶液和粗分散系之间，胶体可以是一些小分子、原子或离子的聚集体，也可以是单个有机高分子化合物，属于高度分散的多相系统，具有聚结不稳定性。胶体与人类生活有着密不可分的关系，胶体是构成有机体组织和细胞的基础物质，在医药、化工行业应用广泛，胶体的形成、稳定和破坏与医学、药学都有着密切的关系。只有熟悉胶体的特性，才能有效控制胶体的稳定性和聚沉，为医药生产服务。

一、胶体溶液的性质

胶体溶液是难溶性固体分散在分散介质中所形成的分散系，分散相和分散介质之间存在明显的界面，具有较大的表面能，因此在光学、动力学和电学方面具有特殊的性质。

1. 溶胶的光学性质

将一束光线通过胶体溶液，从光线的垂直方向可看到一条明亮的光柱，这种现象是1869 年由英国物理学家丁达尔（Tyndall）经过大量实验发现的，所以称为丁达尔效应，如图 2-5 所示。

丁达尔效应的产生与分散相粒子的大小及投射光线的波长有关。根据光学理论，当分散相粒子的直径大于入射光的波长时，光投射在粒子上起反射作用，光束无法透过，只观察到反射现象，从光线垂直方向观察分散系是浑浊、不透明的。当分散粒子直径略小于入射光的波长时，则发生散射现象，每个分散相粒子就像一个个的小光源，绕过粒子而向各个方向散射出光线，发生明显的散射作用而产生丁达尔现象。

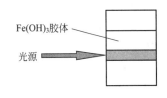

图 2-5　丁达尔效应

如果分散系为真溶液，由于溶质的直径太小，对光的散射极弱，大部分光直接透射，从光线垂直方向观察分散系是透明的。

2. 溶胶的动力学性质

（1）布朗运动　在显微镜下观察悬浮在水中的藤黄粉，可以看到这些藤黄粉在水面上做无规则的运动，这种运动就称为布朗运动。布朗运动是由苏格兰植物学家布朗（R. Brown）于1827 年用显微镜观察悬浮在水面上的花粉发现的。不只是花粉和小炭粒，对于液体中各种不同的悬浮微粒，都可以观察到布朗运动。

布朗运动是由于悬浮在液面上的粒子的热运动和粒子受到周围介质分子碰撞合力综合而成。悬浮在液面上的粒子受到周围介质分子无规则的、从各个方向撞击而引起所受合力方向不断改变从而产生无序的运动状态，如图 2-6 所示。通过实验证明，温度越高，溶胶粒子越小，介质的黏度越低，布朗运动越剧烈。

布朗运动是溶胶动力稳定性的重要原因，由于布朗运动的存在，胶粒从周围分子不断获得能量，从而抗衡引力和重力作用而不发生聚沉，致使溶胶具有相对稳定性。

（2）扩散　溶胶粒子通过布朗运动（或热运动），自动从浓度高的区域移动到浓度低

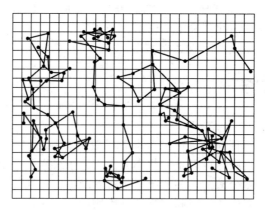

图 2-6　布朗运动

的区域，最终达到浓度一致的过程称为扩散。浓度差越大，扩散速率越快。扩散作用在生物体的运输或物质的分子跨细胞膜运动中起着重要作用。利用溶胶粒子扩散而又不能通过半透膜的性质，可以除去溶胶中小分子杂质净化溶胶，该方法在医学上称为透析或渗析。

（3）沉降和沉降平衡　在重力作用下，溶胶粒子逐渐下沉而与介质分离的过程称为沉降。当沉降速度与扩散速度相等时，系统就达到了平衡状态，这种现象称为沉降平衡。溶胶达到沉降平衡时，溶胶中的粒子的浓度越往下浓度越高，越往上浓度越低。这种现象同大气层中空气分布相似。实际上溶胶粒子的扩散速度一般较大，而沉降速度较小，在重力场中很难达到沉降平衡，只有在很高的离心力作用下，这种平衡才有实际意义。因此利用溶剂的沉降平衡，可以研究、测定溶胶或生物大分子的分子量，也可以分离、纯化蛋白质等生物大分子。

3. 溶胶的电学性质

溶胶粒子有自动聚结变大的趋势，是因为它具有较高的表面能，是热力学不稳定系统。而事实上大多溶胶在相当长的时间内保持稳定存在而不聚沉，与胶体粒子带电有直接关系。溶胶粒子带电是溶胶稳定的一个重要原因。

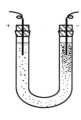

图 2-7　电泳装置

（1）电泳　在外电场影响下，胶体粒子在分散介质中定向移动的现象称为电泳。如在 U 形管内装入红棕色的 $Fe(OH)_3$ 溶胶，其上加入无色的 NaCl 溶液，要求两液间有清楚的分界面，通电一段时间后，就能看到正极一端红棕色颜色变浅，而负极一端红棕色颜色变深。如图 2-7 所示，证明 $Fe(OH)_3$ 溶胶粒子带正电荷，是正溶胶。

根据电泳时胶粒移动的方向可以判断其所带的电荷，向负极移动的胶粒带正电，该溶胶称为正溶胶。如 $Fe(OH)_3$ 溶胶，大多数氢氧化物溶胶都是正溶胶；向正极移动的胶粒带负电，该溶胶称为负溶胶。如 As_2S_3 溶胶，大多数金属硫化物、硅胶、金、银形成的化合物的溶胶都是负溶胶。

研究电泳不仅有一定的理论意义，而且具有重要的实际价值。例如，医学上常利用电泳法分离各种蛋白质、病毒等。

 拓展阅读

生物高分子的分离、测定

生物体内含有很多起重要作用的生物高分子，如蛋白质和核酸等，这些高分子也是两性电解质，它们在水溶液中能解离出带电的离子，而其带电情况往往与溶液的 pH 值有关。不同的生物高分子在不同 pH 的溶液中所带电荷的性质、数目及分子大小、形状均不同，通过电泳，它们移动的方向和速率也不同。带电多、分子小的移动速率快，反之，则移动速率慢。因此利用电泳技术就可以将生物高分子进行分离和鉴定。如用乙酸纤维薄膜电泳可将血清蛋白质分离为清蛋白、α_1 球蛋白、α_2 球蛋白、β 球蛋白和 γ 球蛋白等五种物质。若进行定量测定，则是作为判断肝脏等器官疾病的生化指标。

（2）电渗　在外加电场作用下，溶胶粒子固定不动，液体介质定向移动的现象称为电渗，电渗与电泳现象相反。如果在具有多孔性的物质（比如多孔性凝胶）中充满溶胶，多孔性物质通过吸附使胶体粒子固定下来，用电渗仪在多孔性物质两侧施加电压之后，可以观察到电渗现象。如果胶粒带正电而液体介质带负电，则液体向正极所在一侧移动。观察侧面的刻度即毛细管中液面的升或降，就可清楚地分辨出液体移动的方向。工程上利用电渗使泥土脱水。

溶胶的电泳和电渗统称为电动现象，电泳和电渗现象是胶粒带电的最好证明。溶胶粒子带电是溶胶能保持长期稳定的重要因素之一。

二、胶体结构

溶胶粒子所带的电荷是由结构决定的。溶胶是分子、原子和离子的聚集体，具有双电层结构。以 AgI 溶胶为例，阐述胶体的结构。

AgI 溶胶是由 $AgNO_3$ 溶液和 KI 溶液混合制成的。AgI 溶胶粒子由 m 个 AgI 分子所构成，它是溶胶分散系粒子的核心，即胶核。其中 m 约为 1000，胶核的直径在 $1\sim100nm$。由于胶核的比表面积较大，具有很强的吸附性，优先吸附与其相同的离子。如果 $AgNO_3$ 溶液过量，完成反应后，分散体系内除了 AgI 溶胶粒子外，还存在 Ag^+、K^+、NO_3^-，AgI 溶胶粒子表面选择性吸附 n 个与它组成相同的 Ag^+，因此胶核带正电。在静电作用下，溶液中一部分阴离子如 NO_3^- 进入紧密层。相反，如果 KI 溶液过量，它的表面就吸附 I^-，得到带负电的 AgI 胶体粒子。这两种情况的胶团结构如图 2-8 所示。

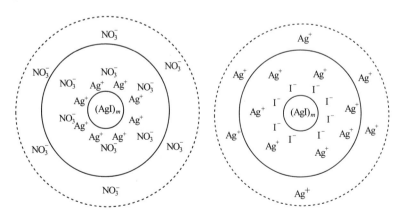

图 2-8　AgI 溶胶胶团的结构

图中的最小圆表示胶核，第二个圆表示由核和吸附层所组成的粒子，最外面的虚线圆表示扩散层的范围与整个胶团。m 是一个不确定的数值，即同一种溶胶的胶核也有不同的大小。胶核、吸附层的离子和能在电场中被带着一起移动的紧密层，组成胶粒。胶粒和扩散层就构成胶团，整个胶团不带电荷。例如硝酸银过量时 AgI 胶团可表示为：

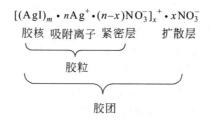

$$[(AgI)_m \cdot nAg^+ \cdot (n-x)NO_3^-]_x^+ \cdot xNO_3^-$$

胶核　吸附离子　紧密层　　扩散层

胶粒

胶团

三、溶胶的稳定性和聚沉作用

1. 溶胶的稳定性

溶胶是一种多相、不均匀、不稳定的分散系。溶胶粒子之间有相互聚结成大颗粒而发生沉淀的趋势，但是纯化的溶胶却能相当长时间地保持稳定状态。除了溶胶粒子的布朗运动起到稳定作用外，溶胶稳定的原因可归纳为：

（1）胶粒带电　同种溶胶粒子都带有相同电荷，由于同种电荷之间的排斥作用，可阻止胶粒相互碰撞而聚结成大颗粒沉淀。这是溶胶稳定性的根本原因，溶胶的稳定性与所带电荷有关，胶粒所带的电荷愈多，溶胶愈稳定。

（2）胶粒水化膜　由于胶核吸附的离子溶剂化能力很强，对水分子有较强的吸引力，使胶粒外面包围着一层牢固的水化薄膜，阻止胶粒相互接触，从而防止了溶胶的聚结而保持稳定。溶胶的稳定性取决于水化膜的厚度，水化膜越厚，溶胶越稳定。

2. 溶胶的聚沉

溶胶的聚沉是指溶胶粒子相互聚结，颗粒变大，最后从分散介质中沉淀下来的过程。

溶胶的稳定性是相对的，只要除去维持溶胶稳定性的两个因素，溶胶粒子相互聚结，当颗粒聚结到足够大并达到粗分散状态时，在重力的作用下，就会从分散介质中沉降下来，即发生聚沉。

能使溶胶聚沉的因素很多，常见的方法主要有以下几种：

（1）加入电解质　在溶胶中加入强电解质，强电解质解离出来的离子就会中和溶胶粒子所带的电荷，使溶胶粒子失去相互排斥的静电保护作用，同时由于强电解质的加入，溶剂化程度增加，也会破坏溶胶粒子表面的水化膜，使溶胶粒子失去水化膜的保护作用，当溶胶粒子相互碰撞时就会聚结成较大的颗粒而聚沉。例如，在 $Fe(OH)_3$ 溶胶中加入少量的硫酸钾溶液，溶胶发生聚沉，生成红棕色 $Fe(OH)_3$ 沉淀。

 课堂互动

江河入海口处的三角洲是怎样形成的？

（2）加热　多数溶胶通过加热都能发生聚沉。其原因是加热能够增加溶胶粒子的运动速率和碰撞机会，同时降低了溶胶粒子对离子的吸附能力，减弱了水化膜，使溶胶粒子在碰撞时聚结成大颗粒发生聚沉。例如，将三硫化二砷溶胶加热至沸，就会析出黄色 As_2S_3 沉淀。

（3）加带相反电荷的溶胶　将两种带相反电荷的溶胶相互混合，由于溶胶粒子带的电荷相反，彼此相互吸引而发生电荷中和，使得溶胶彼此失去电荷，从而发生聚沉。例如黄河水的净化就是采用的加相反电荷的溶胶。将 $KAl(SO_4)_2$（明矾）加入黄河水中，由于明矾水解产生的 $Al(OH)_3$ 溶胶带正电，水中的悬浮物（如泥土等）胶粒带负电，相互中和电荷发生聚沉而使水净化。

四、高分子溶液

高分子溶液与动植物的生命活动密切相关，根据来源其主要分为天然高分子溶液和化学合成高分子溶液，如表 2-3 所示。高分子化合物具有较大的摩尔质量，一般不低于 $10000\text{g}\cdot\text{mol}^{-1}$。

表 2-3　高分子溶液的分类

分类		实例
天然高分子溶液	多糖 球状蛋白质 核糖 聚戊二烯 脂类	淀粉 血红蛋白 DNA 天然橡胶 磷脂
化学合成高分子溶液	加聚聚合物 缩聚聚合物	有机玻璃 尼龙

高分子溶液属于胶体溶液，但是它同溶胶相比，又具有其自身的特点，如表 2-4 所示。

表 2-4　高分子溶液和溶胶性质的比较

分类	共同性	特性
溶胶	(1)分散相粒子大小都在 1～100nm (2)分散相不能透过半透膜 (3)分散相扩散慢	(1)溶胶粒子由许多分子、原子或离子聚结而成 (2)分散相和分散介质之间无亲和力(不溶解) (3)分散相和分散介质间有界面，是非均相体系，丁达尔现象强 (4)黏度小 (5)稳定体系，加少量电解质聚沉
高分子溶液		(1)高分子溶液是单个高分子化合物 (2)分散相和分散介质有亲和力(能溶解) (3)分散相和分散介质间无界面，是均相体系，丁达尔现象弱 (4)黏度大 (5)稳定体系，加大量电解质聚沉

 拓展阅读

高分子溶液稳定的原因

高分子溶液之所以比较稳定，是因为高分子化合物的分子中有很多强的亲水基团，如羟基（—OH）、羧基（—COOH）、氨基（—NH_2）等，这些基团的溶剂化能力很强，一方面这些基团与水结合，产生溶剂化作用，在高分子表面形成很厚的水化膜，阻止高分子之间的聚结；另一方面，这些基团在水中发生解离而带电，也进一步阻止高分子之间的聚结，从而使高分子溶液更稳定，需要大量的电解质才能使高分子溶液聚沉。比如利用盐析法分离纯化草药的有效成分，在草药的水提取液中加入电解质达到一定浓度或饱和溶液时，使药物的某些成分在水中的溶解度降低而沉淀析出，从而与水溶性大的杂质分离。例如向"三七"的水提取液中加 $MgSO_4$ 至饱和状态，三七皂苷即可沉淀析出；另外从黄藤中提取掌叶防己碱，从三颗针中提取小檗碱，也会用到 $MgSO_4$ 或 NaCl 盐析法。由于某些药物的有效成分（如原白头翁素、麻黄碱、苦参碱等）水溶性较大，在提取时，也往往先在水提取液中加入一定量的氯化钠，再用有机溶剂萃取。

1. 高分子化合物溶液的特性

（1）稳定性高　高分子化合物溶液的稳定性与真溶液相似。在无菌、溶剂不挥发的条件下，无需加稳定剂，可以长期放置而不会发生沉降。

（2）黏度较大　高分子化合物溶液的黏度比一般溶胶和溶液大得多，这与高分子化合物具有链状或分枝状结构有关，当它运动时，必然过多地受到介质分子的阻碍，呈现出高黏度。由于黏度与颗粒的形状、大小和溶剂化程度有直接关系，因此可以通过测定蛋白质溶液的黏度来推测蛋白质分子的形状和大小。

2. 高分子化合物溶液对溶胶的保护作用

在溶胶中加入适量高分子化合物溶液，能使溶胶的稳定性大大提高，这种作用叫做高分子化合物溶液对溶胶的保护作用。高分子对溶胶的保护作用，通常认为高分子很容易吸附在胶粒的表面上，这样卷曲后的高分子将整个溶胶粒子包裹起来；另外，高分子的高度溶剂化作用，在溶胶粒子的外面形成了很厚的保护层，阻碍了胶粒间因相互碰撞而发生的凝聚，提高了溶胶的稳定性。

五、凝胶

凝胶在有机体组成上占有重要地位，细胞膜、皮肤、脑髓、肌肉以及毛发、软骨、指甲都是凝胶。人体中约三分之二的水基本上都保存在凝胶中，凝胶具有一定的弹性和强度，同时又是进行物质交换的场所，所以对生命活动具有十分重要的意义。

1. 凝胶的形成

在一定条件下，高分子溶液和某些溶胶混合在一起，黏度增大到一定程度，整个体系呈现外观均匀、具有弹性、不能流动的半固体状态，这种现象称为胶凝。所形成的弹性半固体叫做凝胶。琼脂、明胶、动物胶等物质溶于热水中，冷却后形成凝胶；人体的肌肉、毛发、指甲等组织都可以看成是凝胶。液体含量较高的凝胶叫做冻胶，如血块、肉冻等；液体含量较少的凝胶叫做干胶，如明胶、半透胶等。

凝胶的形成，首先取决于胶体粒子的本性，其次与浓度和温度有关。高分子溶液中多半是线型或分支型大分子，能形成凝胶是绝大多数高分子溶液的普遍性质。非线型分子若能转换成线型分子，或球形粒子能够连接成线型结构，也可以形成凝胶。如硅胶、氧化铝等就有这种作用，浓度越大，温度越低越容易形成凝胶。例如 5% 的动物胶溶液在 18℃ 即能形成凝胶，而 15% 的动物胶溶液则在 23℃ 时才能形成凝胶。如果浓度过小，温度过高，则不能形成凝胶。

2. 凝胶的性质

（1）弹性　各种凝胶在冻态时，弹性大致相同，但干燥后就会显示出较大的差别。有的凝胶在烘干后体积缩小很多，但仍保持弹性，这类凝胶称为弹性凝胶，皮肤、细胞膜、肌肉、脑髓、血管壁以及组成植物细胞壁的纤维素属于弹性凝胶。而有的凝胶烘干后体积缩小不多而失去弹性，并容易磨碎，这类凝胶称为脆性凝胶，硅胶和氧化铝等溶胶形成的凝胶就属于脆性凝胶。

（2）溶胀　干燥的弹性凝胶和适当的液体接触，便自动吸收液体而膨胀，体积增大，整个过程称为溶胀或膨润。有的弹性凝胶溶胀到一定的程度，体积就不再增大，称为有限溶胀，例如木材在水中的溶胀，就是有限溶胀。有的弹性凝胶能无限地吸收溶剂，最后形成溶液，称为无限溶胀，例如牛皮胶在水中的溶胀，就是无限溶胀。

在生理过程中，溶胀起相当重要的作用。植物种子只有在溶胀后才能发芽生长，药用植物经过溶胀后才能将其有效成分提取出来。有机体愈年轻，溶胀能力愈强；随着有机体的逐渐衰老，溶胀能力也逐渐减退。皱纹是老年人的特殊标志，它与有机体的溶胀能力减退有关。老年人血管硬化，原因是多方面的，但其中一个重要的原因是构成血管壁的凝胶溶胀能力减弱。

（3）离浆　新制备的凝胶放置一段时间后，一部分液体可以自动地从凝胶中分离出来，凝胶本身体积缩小，这种现象称为离浆或脱水收缩。例如腺体分泌、新鲜血块放置后分离出血清、淀粉糊放置后分离出液体等都是凝胶的离浆现象。

离浆的实质是高分子之间继续交联作用使其中部分网状结构变得更粗、更牢固，从而导致网架越来越紧凑，而将液体从网状结构中挤出造成的。

离浆的特点是：体积虽然变小了，但保持原来的几何形状。离浆制品在医药上应用广泛，如干硅胶是实验室常用的干燥剂，在医药生产和科研中，电泳和色谱法常用凝胶作支撑介质，如琼脂糖凝胶电泳用于血清蛋白和 DNA 的分离鉴别。

（4）触变　某些凝胶受到振摇或搅拌等外力作用，网状结构被拆散变成有较大流动性的液体状态（称为稀化），去掉外力静置后又恢复到原有的半固体状态（称为重新稠化）。这种现象称为触变现象。触变现象的发生主要是因为这些凝胶的网状结构是通过范德瓦耳斯力形成的不稳定、不牢固的网络，振摇或搅拌即能破坏网络，释放液体，去掉外力并静置后由于范德瓦耳斯力的作用又形成网络，包着液体而形成凝胶。触变现象在药剂中普遍存在，这类药物使用时只需振摇数次，就会成为均匀的溶液。触变药剂的特点是：稳定、便于贮藏。

 ## 提纲挈领

1. 溶胶具有丁达尔现象、布朗运动和电泳现象，丁达尔现象可以作为溶胶和溶液的鉴别，利用电泳现象可以分离纯化溶胶。

2. 溶胶整体为电中性的，溶胶由胶粒和扩散层组成，胶粒带电荷。

3. 溶胶的稳定性包括两个方面：一是胶粒带电荷，二是胶粒带有一层水化膜。

4. 高分子溶液属于胶体溶液，其稳定性强于溶胶。

 ## 达标自测

一、选择题

1. 下列为胶体分散系的是（　　　）。

A. 泥浆　　　　　　　B. 牛奶　　　　　　　C. 鸡蛋清　　　　　　D. 75%酒精

2. 下列溶液浓度与体积无关的是（　　　）。

A. c_B　　　　　　　B. ρ_B　　　　　　　C. φ_B　　　　　　　D. b_B

3. 配制 500mL 0.1mol·L^{-1}NaCl 溶液需要 NaCl（　　　）g。

A. 20.00　　　　　　B. 2.925　　　　　　C. 10.25　　　　　　D. 5.85

4. 500mL ρ_B＝50g·L^{-1} 的葡萄糖注射液中含有葡萄糖（　　　）g。

A. 25　　　　　　　　B. 50　　　　　　　　C. 250　　　　　　　　D. 500

5. 精确配制溶液不需要的仪器为（　　　）。

A. 台秤　　　　　　　B. 分析天平　　　　　C. 移液管　　　　　　D. 容量瓶

6. 下列溶液中，Cl$^-$个数最多的是（　　　）。

A. 0.1mol·L^{-1} NaCl 20mL　　　　　　B. 0.1mol·L^{-1} CaCl$_2$ 20mL

C. 0.1mol·L^{-1} AlCl$_3$ 20mL　　　　　　D. 0.2mol·L^{-1} NaCl 20mL

7. 浓溶液稀释时，（　　　）量不变。

　　A. 溶液　　　　　　　B. 溶质　　　　　　　C. 溶剂　　　　　　　D. 不确定

　　8. $0.2mol \cdot L^{-1}$ 的 $MgCl_2$ 50mL 和 $0.1mol \cdot L^{-1}$ 的 $FeCl_3$ 50mL 混合后，Cl^- 的浓度是（　　）$mol \cdot L^{-1}$。

　　A. 0.25　　　　　　B. 0.35　　　　　　C. 0.45　　　　　　D. 0.55

　　9. 200mL $0.2mol \cdot L^{-1}$ 的 HCl 溶液与 100mL $0.1mol \cdot L^{-1}$ 的 NaOH 溶液混合后，H^+ 的浓度是（　　）$mol \cdot L^{-1}$。

　　A. 0.025　　　　　　B. 0.1　　　　　　C. 0.15　　　　　　D. 0.05

　　10. 稀溶液依数性中，起决定性的是（　　）。

　　A. 蒸气压下降　　　B. 沸点升高　　　C. 凝固点降低　　　D. 渗透压

　　11. 下列有关溶液的叙述中，正确的是（　　）。

　　A. 溶液一定是混合物　　　　　　　B. 溶液都是无色透明的

　　C. 溶液中一定含有水　　　　　　　D. 凡是均一、稳定的液体一定是溶液

　　12. 一密闭容器中放一杯生理盐水 a 和一杯纯水 b，放置足够长时间后发现（　　）。

　　A. a 杯水减少，b 杯水满后不再变化　　B. a 杯变成空杯，b 杯水满后溢出

　　C. b 杯水减少，a 杯水满后不再变化　　D. b 杯变成空杯，a 杯水满后溢出

　　13. 下列与胶体分散系的特征不相符的是（　　）。

　　A. 相对稳定体系　　　　　　　　　B. 不均匀体系

　　C. 分散相粒子能透过半透膜　　　　D. 外观透明

　　14. 用质量相同的下列化合物作防冻剂，防冻效果最好的是（　　）。

　　A. 蔗糖（$C_{12}H_{22}O_{11}$）　　　　　　B. 乙二醇（$C_2H_6O_2$）

　　C. 葡萄糖（$C_6H_{12}O_6$）　　　　　　D. 甘油（$C_3H_8O_3$）

　　15. 胶体溶液区别于其他溶液的实验现象是（　　）。

　　A. 丁达尔现象　　　B. 布朗运动　　　C. 电泳现象　　　D. 胶粒能通过滤纸

　　二、填空题

　　1. 溶液是由_____和_____组成，碘酒、生理盐水中_____是溶质，_____是溶剂。

　　2. 物质的量浓度的表达式为_____，国际单位是_____，常用单位是_____。

　　3. 溶液的配制通常包括_____、_____、_____、_____和_____五个步骤。

　　4. 难挥发非电解质稀溶液的依数性包括_____、_____、_____、_____，其中本质为_____。

　　5. 产生渗透现象的条件是_____和_____。

　　6. 某患者需补 5.0×10^{-2} mol Na^+，应补生理盐水_____mL。

　　7. 胶体一般具有_____、_____和_____三种特性。

　　8. 医学上常采用_____方法分离不同蛋白质分子。

　　9. 在一定条件下，渗透压相等的两种溶液称为_____。对于渗透压不相等的溶液，渗透压高的称为_____，渗透压低的称为_____。

　　10. 胶体稳定的原因是_____和_____。

　　三、简答题

　　1. 根据分散相粒子大小进行分类，分散系分为哪几类？各具有什么特点？

　　2. 为什么临床上用 $9g \cdot L^{-1}$ 的生理盐水溶液和 $50g \cdot L^{-1}$ 的葡萄糖溶液？

　　3. 请你利用渗透压原理分析血液透析的基本原理。

　　4. 为什么在长江、珠江等河流入海口处有三角洲存在？

5. 利用所学的有关胶体溶液知识，设计一个做豆腐的实验。

6. 举例说明高分子溶液对溶胶的保护作用。

7. 下面的溶液用半透膜隔开，用箭头标明渗透的方向：

（1）$0.5 mol \cdot L^{-1}$ NaCl / $0.5 mol \cdot L^{-1}$ 蔗糖

（2）$0.2 mol \cdot L^{-1}$ KCl / $0.2 mol \cdot L^{-1}$ $CaCl_2$

（3）$0.6 mol \cdot L^{-1}$ 葡萄糖 / $0.6 mol \cdot L^{-1}$ 蔗糖

（4）$50 g \cdot L^{-1}$ 葡萄糖 / $50 g \cdot L^{-1}$ 蔗糖

四、计算题

1. 常温下，100mL 密度为 $1.84 g \cdot mL^{-1}$，质量分数为 98% 的 H_2SO_4 溶液，求 H_2SO_4 的物质的量浓度、质量浓度。（H_2SO_4 的摩尔质量为 $98.09 g \cdot mol^{-1}$）

2. 临床上用针剂 NH_4Cl 来治疗碱中毒，其规格为 20mL 一支，每支含 $0.16 g$ NH_4Cl，计算该针剂的物质的量浓度及每支针剂中含 NH_4Cl 的物质的量。（NH_4Cl 的摩尔质量为 $53.5 g \cdot mol^{-1}$）

3. 配制 1000mL 49% 的稀硫酸溶液需要 98% 的浓硫酸多少，加水多少？

4. 11.7g 氯化钠溶于水配成 1000mL 溶液，计算溶液钠离子和氯离子的物质的量浓度和溶液的渗透浓度。（NaCl 的摩尔质量为 $58.44 g \cdot mol^{-1}$）

（本章编写　王广珠）

扫码看解答

第三章 化学反应速率和化学平衡

 知识目标

1. 掌握化学反应速率的表示方法及相关计算。
2. 掌握化学平衡的特点，化学平衡常数及相关计算。
3. 理解影响化学反应速率的因素和影响化学平衡的因素。

扫码看课件

 能力目标

1. 能根据实际反应计算化学反应的速率。
2. 能根据实际需要，利用浓度、温度和催化剂等因素加快或减慢化学反应速率。
3. 能正确书写化学平衡常数，并进行相关计算。
4. 能根据条件判断化学平衡移动方向，并采取有利的工艺条件，充分利用原料，提高产量，提高反应速率，降低成本。

不同的化学反应，反应快慢和反应所需的条件不尽相同。有的反应速率快，有的反应速率慢，有的在室温就可以发生反应，有的则需加热、加压或催化剂。为什么一个反应的发生需要这样或那样的条件呢？这主要涉及两方面的基本问题：一是反应进行的快慢，即化学反应速率的问题，二是化学反应进行的程度，即化学反应平衡的问题。人们总希望有利于生产的反应进行得快些、完全些，对于不希望发生的反应采取某些措施抑制甚至阻止其发生。这就必须研究化学反应速率和化学平衡，以掌握化学反应的规律，通过改变或控制外界条件，使其以一定的反应速率达到反应的最大限度。本章重点讨论化学反应速率和化学平衡，为学习后续章节中的四大化学平衡奠定理论基础，同时也为后续课程的学习奠定基础。

 案例

在喜庆的节日中，我们总会燃放烟花，绚烂的烟花瞬间呈现在我们面前；夏天，我们从超市买的水果几天就会腐烂，但是放在冰箱中就可以保存时间长一些。

分析 为什么绚丽的烟花会瞬间出现在我们面前？为什么夏天从超市买的水果腐烂得快？这些现象产生的原因是什么？本章内容就会给出确切的答案。

第一节 化学反应速率

一、化学反应速率及表示方法

化学反应速率是指在给定条件下，反应物转变为生成物的快慢，通过实验测定某反应物或某生成物浓度的变化来确定。检测物质浓度的变化可以采用适宜的化学分析法或仪器分析法。反应速率有平均速率和瞬时速率两种。

1. 平均速率

平均反应速率用单位时间内反应物浓度的减少或生成物浓度的增加来表示，称为平均速率 $\overline{v}$。

$$\overline{v} = \left| \frac{\Delta c}{\Delta t} \right| \tag{3-1}$$

式中，$\overline{v}$ 为平均速率，$mol \cdot L^{-1} \cdot min^{-1}$ 或 $mol \cdot L^{-1} \cdot h^{-1}$；$\Delta c$ 为浓度变化值，$mol \cdot L^{-1}$；Δt 为反应时间变化值，s，min 或 h。

【例题 3-1】 298K 时，消毒水中过氧化氢（H_2O_2）发生缓慢的分解反应，其中各种物质浓度的变化如下：

$$2H_2O_2(aq) == 2H_2O(l) + O_2(g)$$

起始的浓度/$mol \cdot L^{-1}$ 2.32   0   0
400s 时的浓度/$mol \cdot L^{-1}$ 1.72   0.6   0.3

求 400s 时反应的平均速率。

解 0～400s 时 H_2O_2 反应的平均速率为：

$$\overline{v}_{H_2O_2} = \left| \frac{\Delta c_{H_2O_2}}{\Delta t} \right| = \left| \frac{2.32 - 1.72}{400} \right| = 15 \times 10^{-4} (mol \cdot L^{-1} \cdot s^{-1})$$

在一定时间下，消毒水中过氧化氢的分解反应速率列于表 3-1，从表中可以看出 H_2O_2 的分解反应速率随时间的增加而逐渐减小。

表 3-1   消毒水中过氧化氢的分解反应速率实验数据（298K）

t/s	$c_{H_2O_2}/mol \cdot L^{-1}$	$\frac{\Delta \overline{c}_{H_2O_2}}{\Delta t}/mol \cdot L^{-1} \cdot s^{-1}$
0	2.32	—
400	1.72	15×10^{-4}
800	1.30	10.5×10^{-4}
1200	0.98	8.0×10^{-4}
1600	0.73	6.3×10^{-4}
2000	0.54	4.8×10^{-4}

同时发现，过氧化氢的分解反应中，其他物质的反应速率也不相同。例如：

$$\overline{v}_{H_2O} = \left| \frac{\Delta c_{H_2O}}{\Delta t} \right| = \frac{0.6 - 0}{400} = 15 \times 10^{-4} (mol \cdot L^{-1} \cdot s^{-1})$$

$$\overline{v}_{O_2} = \left| \frac{\Delta c_{O_2}}{\Delta t} \right| = \frac{0.3 - 0}{400} = 7.5 \times 10^{-4} (mol \cdot L^{-1} \cdot s^{-1})$$

但它们代表的都是同一反应速率，而且它们之间有一定的数量关系，与化学反应方程式相应物质前的系数比值都相等。

$$\overline{v}_{H_2O_2} : \overline{v}_{H_2O} : \overline{v}_{O_2} = 2 : 2 : 1$$

对于任一个化学反应：$aA + bB == cC + dD$，各物质的反应速率之间存在着下列关系：

$$\overline{v}_A : \overline{v}_B : \overline{v}_C : \overline{v}_D = a : b : c : d \tag{3-2}$$

因此，表示反应速率时，必须注明是用哪一种物质浓度的变化来表示的，通常反应速率是指 Δt 时间内的平均速率。

对于大多数反应，反应开始后，各种物质的浓度在不停地发生变化，化学反应速率随时间不断改变，平均反应速率不能准确地反映反应速率的变化，所以要用瞬时速率来确切地表明化学反应在某一时刻的速率情况。

 课堂互动

今有合成氨的反应，其中各种物质浓度变化如下：

$$N_2 + 3H_2 \Longleftrightarrow 2NH_3$$

起始浓度/mol·L^{-1}　　　　1.0　3.0　　　　0

2s 时浓度/mol·L^{-1}　　　　0.8　2.4　　　0.4

请你计算该反应中氢气、氮气和氨气的反应速率。

2. 瞬时速率

化学反应的瞬时速率是指某一时刻反应的真实速率，它等于时间间隔 $\Delta t \rightarrow 0$ 时的平均速率的极限值。

$$v = \lim_{\Delta t \rightarrow 0} \left| \frac{\Delta c}{\Delta t} \right| = \left| \frac{d_c}{d_t} \right| \tag{3-3}$$

通常可以用作图法来求得瞬时速率。以浓度为纵坐标，以时间为横坐标，作 $c\text{-}t$ 曲线。在曲线上某点作切线，根据切线的斜率就可求出该点对应坐标 t 时的瞬时速率。

二、影响化学反应速率的因素

 课堂互动

我们从超市买回来的水果通常放在冰箱里，煮米饭时一般使用压力锅，烧柴时需要扇风，蒸馒头发面时需要加入酵母粉，烧煤前需要把煤块敲碎，这是为什么呢？

分析　根据生活常识填写表格。

生活常见现象	结果
水果通常放在冰箱里	
煮米饭使用压力锅	
烧柴时扇风	
发面加入酵母粉	
敲碎煤块	

反应速率的大小首先取决于参加反应的物质的本性，其次是外界条件，如反应物的浓度、温度和催化剂等。

1. 浓度对反应速率的影响

（1）基元反应和非基元反应　反应方程式只能表示反应物与生成物之间的数量关系，并不能表明反应进行的实际过程。实验证明，大多数化学反应并不是简单地一步完成的，而是分步进行的。一步就能完成的反应称为基元反应。例如：

$$2NO_2(g) \longrightarrow 2NO(g) + O_2(g)$$

分几步进行的反应称为非基元反应。例如：

$$H_2(g) + I_2(g) \longrightarrow 2HI(g)$$

实际反应是分两步进行的：

第一步　　　　　　　　　　　$$I_2(g) \longrightarrow 2I(g)$$

第二步 $\qquad$ $H_2(g)+2I(g)\longrightarrow 2HI(g)$

每一步为一个基元反应，总反应为两步反应的加和。

（2）经验速率的方程式 一定温度下，增大反应物的浓度可加快反应速率。例如：物质在纯氧中燃烧比在空气中燃烧更为剧烈。显然，反应物浓度越大，反应速率越快。化学家在大量实验的基础上总结出：在一定温度下，化学反应速率与各反应物浓度幂（幂次等于反应方程式中的物质化学式前的系数）的乘积成正比，这一规律称为质量作用定律。例如：

$$2NO_2(g)\longrightarrow 2NO(g)+O_2(g)\qquad v\propto c_{NO_2}^2 \qquad v=kc_{NO_2}^2$$

$$NO_2+CO\longrightarrow NO+CO_2 \qquad v\propto c_{NO_2}c_{CO} \qquad v=kc_{NO_2}c_{CO}$$

在一定温度下，对一般简单反应：

$$aA+bB=\!=gG+hH$$
$$v\propto c_A^a c_B^b \tag{3-4a}$$

或
$$v=kc_A^a c_B^b \tag{3-4b}$$

式（3-4b）即为经验速率方程式。比例系数 k 称为速率常数。显然，一定温度下，当 $c_A=c_B=1mol\cdot L^{-1}$ 时，$v=k$。因此，速率常数 k 的物理意义是单位浓度时的反应速率。k 是化学反应在一定温度下的特征常数，其数值的大小，取决于反应的本质，一定温度下，不同反应速率常数不同。k 值越大，反应速率越快。对于同一反应，k 值随温度的改变而改变，一般情况下，温度升高，k 值增大。

必须指出，质量作用定律只适用于基元反应和非基元反应中的每一步基元反应，对于非基元反应的总反应，则不能由反应方程式直接写出其反应速率方程式。

此外，在书写反应速率方程式时，反应物的浓度是指气态物质或溶液的浓度。固态或纯液体的浓度是常数，可以并入速率常数内，因此在质量作用定律表达式中不包括固体或纯液体物质的浓度。如：

$$C(s)+O_2(g)=\!=CO_2(g)\qquad v=kc_{O_2}$$

对有固体物质参加的反应，由于反应只在固体表面进行，因此反应速率仅与固体表面积的大小和扩散速率有关，可以通过增大固体物质的表面积，即通过粉碎固体物质来加快反应速率。

对于有气态物质参加的反应，压力会影响反应速率。在一定温度时，增大压力，气态反应物的浓度增大，反应速率加快；相反，降低压力，气态反应物的浓度减小，反应速率减慢。例如：

$$N_2(g)+O_2(g)=\!=2NO(g)$$

当压力增大一倍时，反应速率增大至原来的四倍。

对于没有气体参加的反应，由于压力对反应物的浓度影响很小，所以当只改变压力，其他条件不变时，对反应速率影响不大。

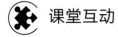 **课堂互动**

请用碰撞理论解释浓度（压强）对化学反应速率的影响。

2. 温度对反应速率的影响

温度对化学反应速率的影响特别显著。不同的化学反应，其反应速率与温度的关系比较复杂，一般情况下，大多数化学反应速率随着温度的升高而加快。荷兰物理化学家范特霍夫（J. H Van't Hoff）根据事实归纳出一条经验规律：一般化学反应，在一定温度范围内，温度每升高 $10\,℃$，反应速率或反应速率常数一般增大 $2\sim 4$ 倍。例如，氢气和氧气化合生成水的反应：

$$2H_2 + O_2 \rightleftharpoons 2H_2O$$

在室温下，反应慢到难以察觉。如果温度升至 500℃ 时，只需 2h 就可以完全反应，而 600℃ 以上则以爆炸的形式完成。

日常生活中温度对化学反应速率的影响随处可见。夏天，由于气温高，食物容易变质，把食物放在冰箱中，由于温度低，反应速率慢，可延长食物的保存期。用高压锅可以缩短煮饭的时间，是因为高压锅内可以达到高于 100℃ 的温度。

 课堂互动

请用碰撞理论解释温度对化学反应速率的影响。

3. 催化剂对反应速率的影响

催化剂是一种能改变化学反应速率，而其自身在反应前后的质量、组成和化学性质均不改变的物质。催化剂能改变反应速率的作用称为催化作用。

能加快反应速率的催化剂，叫正催化剂。能减慢反应速率的催化剂，叫负催化剂。如为防止塑料、橡胶老化及药物变质，常添加某种物质以减慢反应速率，这些被添加的物质就是负催化剂。通常我们所说的催化剂是指正催化剂。催化剂具有以下基本特征：①反应前后其质量、组成及化学性质不变；②量小但对反应速率影响大；③有一定的选择性，一种催化剂只催化一种或少数几种反应；④催化剂既催化正反应，也催化逆反应。

上面我们讨论了反应物的浓度、温度、催化剂对化学反应速率的影响，此外，光波、电磁场、溶剂等也能影响反应速率。

 知识拓展

酶催化作用

在生命过程中，生物体内的催化剂——酶，起着重要的作用。据估计，人体内约有三万多种酶，它们分别是各种反应的有效催化剂。这些反应包括食物消化，糖类、蛋白质、脂肪的合成和分解，释放生命活动等所需的能量。体内某些酶的缺乏或过剩，都会引起代谢功能失调或紊乱，引起疾病。酶催化作用除了一般的催化和催化特殊性外，还具有催化效率高、选择性专一、反应条件温和等特点。随着生命科学、仿生学的发展，有可能用模拟酶代替普通催化剂。若能如此，将会引发意义深远的技术革新。

 深度解析

过渡状态理论简介

为什么不同的化学反应有不同的速率？决定反应速率的因素是什么？为了解决这一问题，化学家们做了大量的研究，提出了多种学说。其中较重要的是有效碰撞理论和过渡状态理论。在中学已经学习了有效碰撞理论，这里只简单介绍过渡状态理论。

有效碰撞理论可以解释简单的气体分子间的化学反应，但在处理比较复杂的分子间的反应时却遇到了困难，这是因为碰撞理论没有考虑分子具有复杂的结构。过渡状态理论用量子力学的方法，计算反应物分子在相互作用过程中的势能变化。过渡状态理论认为，化学反应是旧键断裂和新键形成的过程，这中间要经历反应物分子彼此靠近——→反应物内部结构改变——→形成高能量的中间活化配合物——→变为生成物，是一个复杂过程。如反应 A+B—C——→ A—B+C，其反应历程可表示为：

$$A + B—C \longrightarrow [A\cdots B\cdots C] \longrightarrow A—B + C$$

　　式中，[A…B…C] 即为 A 和 B—C 处于过渡状态时，所形成的一种类似配合物结构的物质，称为活化配合物。这时原有的化学键（B—C 键）被削弱但未完全断裂，新化学键（A—B 键）开始形成但尚未完全形成。由此可知，活化能实际上是指在化学反应中，破坏旧键所需的最低能量，见图 3-1。过渡状态理论吸收了有效碰撞理论中合理的内容，给出活化分子比较理想的模型，而且与破坏旧键所需的能量联系起来，使人们对活化能的本质有了进一步了解。由于不同的物质其化学键不同，所以在各种化学反应中所需的活化能也不相同。反应的活化能越大，活化分子越少，反应速率就越慢。故活化能是决定化学反应速率的内在因素。

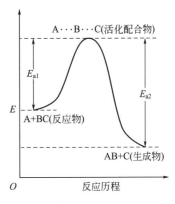

图 3-1　反应历程

 提纲挈领

　　1. 化学反应速率是用来衡量化学反应进行快慢程度的物理量，对于反应体系体积不变的化学反应，通常用单位时间内反应物或生成物的物质的量浓度的变化值表示。

　　2. 化学反应速率的表示方法和计算都是有规律的。

　　3. 参加反应的物质的性质和反应的历程，是决定化学反应速率的主要因素。

　　4. 当物质确定时（即内因固定），在同一反应中，影响反应速率的因素是外因，即外界条件，主要有浓度、压强、温度、催化剂等。

第二节　化学平衡

一、可逆反应的化学平衡

　　在同一条件下，既能向正反应方向进行又能向逆反应方向进行的反应称为可逆反应。通常可逆反应用双箭头表示，如：

$$A+B \rightleftharpoons D+E$$

绝大多数的化学反应具有一定的可逆性。如在一密闭容器中，将氮气和氢气按 $1:3$ 混合，它们将发生反应：

$$N_2 + 3H_2 \rightleftharpoons 2NH_3$$

　　在一定条件下，反应刚开始时，正反应速率较大，逆反应的速率几乎为零，随着反应的进行，反应物 N_2 和 H_2 浓度逐渐减小，正反应速率逐渐减小，生成物 NH_3 浓度逐渐增大，逆反应速率逐渐增大。当正反应速率等于逆反应速率时，体系中反应物和产物的浓度均不再随时间改变而变化，体系所处的状态称为化学平衡。如图 3-2 所示。

　　如果条件不改变，这种状态可以维持下去。从外表看，反应似乎已经停止，实际上，正、逆反应仍在进行，只不过是它们的速率相等，方向相反，使整个体系处于

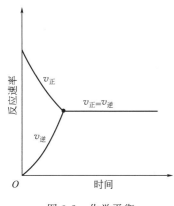

图 3-2　化学平衡

动态平衡。

化学平衡有以下特点：

① 达到化学平衡时，正、逆反应速率相等（$v_{正} = v_{逆}$）。外界条件不变，平衡会一直维持下去。

② 化学平衡是动态平衡。达到平衡后，反应并没有停止，因为 $v_{正} = v_{逆}$，所以体系中各物质浓度保持不变。

③ 化学平衡是有条件的。当外界条件改变时，正、逆反应速率发生变化，原有的平衡将被破坏，反应继续进行，直到建立新的动态平衡。

④ 由于反应是可逆的，因而化学平衡既可以由反应物开始达到平衡，也可以由产物开始达到平衡。如 $N_2 + 3H_2 \rightleftharpoons 2NH_3$ 平衡既可以从 N_2 和 H_2 反应开始达到平衡，也可从 NH_3 分解开始达到平衡。

 课堂互动

可逆反应达到化学平衡时，反应就停止了，是否正确？

二、化学平衡常数

1. 平衡浓度及平衡常数

化学反应处于平衡状态时各物质的浓度称为平衡浓度。对于可逆反应：

$$aA + bB \rightleftharpoons gG + hH$$

在一定温度下达到平衡时，各生成物浓度幂的乘积与反应物浓度幂的乘积之比为一常数，称为该反应的浓度平衡常数，用 K_c 表示，其表达式为：

$$K_c = \frac{[G]^g [H]^h}{[A]^a [B]^b} \tag{3-5}$$

式中，[G]、[H]、[A]、[B] 分别表示生成物 G、H 和反应物 A、B 的平衡浓度。

若为气体反应，由于气体的分压与浓度成正比，因此平衡常数可用各气体相应的平衡分压表示，称为压力平衡常数，用 K_p 表示：

$$K_p = \frac{p_G^g p_H^h}{p_A^a p_B^b} \tag{3-6}$$

式中，p_G、p_H、p_A、p_B 分别表示各物质的平衡分压，MPa。

例如：

$$N_2(g) + 3H_2(g) \rightleftharpoons 2NH_3(g)$$

其压力平衡常数和浓度平衡常数可分别表示为：

$$K_p = \frac{p_{NH_3}^2}{p_{N_2} p_{H_2}^3} \qquad K_c = \frac{c_{NH_3}^2}{c_{N_2} c_{H_2}^3}$$

对于理想气体混合物，各气体物质的分压 p_i 等于其摩尔分数 x_i 与总压 p 的乘积（道尔顿分压定律）。

$$p_i = x_i p \tag{3-7}$$

可逆反应：

$$CO(g) + H_2O(g) \rightleftharpoons CO_2(g) + H_2(g)$$

平衡常数：

$$K_p = \frac{p_{CO_2} p_{H_2}}{p_{CO} p_{H_2O}} = \frac{x_{CO_2} p \cdot x_{H_2} p}{x_{CO_2} p \cdot x_{H_2O} p}$$

总压一定时，各气体比等于分压比等于摩尔分数比等于物质的量之比。

K_c、K_p 的值可通过实验测定或质量作用定律推导得到，常用于生产工艺研究和设计中，所以又称经验平衡常数，其单位取决于 Δn，分别为（$mol \cdot L^{-1}$）$^{\Delta n}$、（MPa）$^{\Delta n}$，Δn 为生成物化学计量数与反应物化学计量数之差，即 $\Delta n = (g+h) - (a+b)$，通常 K_c、K_p 只给出数值而不标出单位。

K_c 与 K_p 的关系如下：

$$K_c = K_p (RT)^{-\Delta n}$$

 课堂互动

根据理想气体状态方程和道尔顿分压定律，经推导可得 K_c 与 K_p 之间的关系为 $K_c = K_p (RT)^{-\Delta n}$ 或 $K_p = K_c (RT)^{\Delta n}$。由此可以看出：参与反应的物质所采用的物理量不同，经验平衡常数具有不同的数值。显然，对于 $\Delta n = 0$ 的反应，$K_c = K_p$，此时 K_c、K_p 均是量纲1。

深度解析

在平衡常数 K_p 中，要应用理想气体状态方程和道尔顿分压定律的相关知识，现做如下解析：

（1）理想气体　忽略气体分子的自身体积，将分子看成是有质量的几何点（即质点）；假设分子间没有相互吸引和排斥，分子之间及分子与器壁之间发生的碰撞是完全弹性的，不造成动能损失，这种气体称为理想气体。

（2）理想气体状态方程　理想气体状态方程一般是指克拉伯龙方程 $pV = nRT$，其中 p 为压强，V 为体积，n 为物质的量，R 为普适气体常量，T 为热力学温度（T 的单位为开尔文，用字母 K 表示，数值为摄氏温度加 273.15，如 0℃ 即为 273.15K，当 P，V，n，T 的单位分别采用 Pa，m^3，mol，K 时，R 的数值为 8.314J·$mol^{-1} \cdot K^{-1}$）。该方程严格意义上来说只适用于理想气体，但近似可用于非极端情况（高温低压）的真实气体（包括常温常压）。

（3）道尔顿分压定律　1801 年约翰·道尔顿观察到，在任何容器中的气体混合物，如果各组分之间不发生化学反应，则每一种气体都均匀分布在整个容器内，它所产生的压强和它单独占有整个容器时所产生的压强相同。也就是说，一定量的气体在一定容积的容器中的压强仅与温度有关。例如，0℃ 时，1mol O_2 在 22.4L 体积内的压强是 101.3kPa。如果向容器内加入 1mol N_2 并保持容器体积不变，则 O_2 的压强还是 101.3kPa，但容器内压强为原来的 2 倍。道尔顿总结了这些实验事实，得出下列结论：某一气体在气体混合物中产生的分压等于在相同温度下它单独占有整个容器时所产生的压力，而气体混合物的总压强等于其中各气体分压之和，这就是气体分压定律。

即对于理想气体混合物，各气体物质的分压 p_i 等于其摩尔分数 x_i 与总压 p 的乘积，这就是著名的道尔顿分压定律。

$$p_i = x_i p$$

2. 书写平衡常数表达式的规则

① 对于有纯固体、纯液体和水参加反应的平衡体系，其中纯固体、纯液体和水无浓度可言，不要写入表达式中。例如：

$$CaCO_3(s) \Longrightarrow CaO(s) + CO_2(g)$$

$$K = p_{CO_2}$$

$$Cr_2O_7^{2-}(aq) + H_2O(L) \rightleftharpoons 2CrO_4^{2-}(aq) + 2H^+(aq)$$

$$K = \frac{[CrO_4^{2-}]^2[H^+]^2}{[Cr_2O_7^{2-}]}$$

② 平衡常数的表达式及其数值随化学反应方程式的写法不同而不同，但其实际含义却是相同的。

例如：

$$N_2O_4(g) \rightleftharpoons 2NO_2(g) \qquad K_1 = \frac{[NO_2]^2}{[N_2O_4]}$$

$$\frac{1}{2}N_2O_4(g) \rightleftharpoons NO_2(g) \qquad K_2 = \frac{[NO_2]}{[N_2O_4]^{1/2}}$$

$$2NO_2(g) \rightleftharpoons N_2O_4(g) \qquad K_3 = \frac{[N_2O_4]}{[NO_2]^2}$$

以上三个平衡常数表达式都描述了同一平衡体系，但 $K_1 \neq K_2 \neq K_3$。因此，使用时，平衡常数表达式必须与反应方程式相对应。

③ 多重平衡规则。当几个反应相加（或相减）得一总反应时，则总反应的平衡常数等于各式相加（或相减）反应的平衡常数之积（或商）。

例如，某温度下，已知反应：

$$2NO_2(g) \rightleftharpoons N_2O_4(g) \qquad K_1 = a$$
$$2NO(g) + O_2(g) \rightleftharpoons 2NO_2(g) \qquad K_2 = b$$

若两式相加得到反应：

$$2NO(g) + O_2(g) \rightleftharpoons N_2O_4(g)$$

则该反应的平衡常数为： $\qquad K = K_1K_2 = ab$

同理可推得，当两式相减得到第三式时，其平衡常数则为 $K_1/K_2 = a/b$。

3. 平衡常数的意义

平衡常数是可逆反应的特征常数，它的大小表明了在一定条件下反应进行的程度。对同一类反应，在给定条件下，K 值越大，表明正反应进行的程度越大，即进行的越完全。

平衡常数与反应体系的浓度（或分压）无关，与温度有关。对同一反应，温度不同，K 值不同，因此，使用时必须注明反应的温度。

三、有关化学平衡的计算

1. 由平衡浓度计算平衡常数

【例题 3-2】 合成氨反应 $N_2 + 3H_2 \rightleftharpoons 2NH_3$ 在某温度下达到平衡时，N_2、H_2、NH_3 的浓度分别是 $3mol \cdot L^{-1}$、$9mol \cdot L^{-1}$、$4mol \cdot L^{-1}$，求该温度时的平衡常数。

解 已知平衡浓度，代入平衡常数表达式，得：

$$K = \frac{[NH_3]^2}{[N_2][H_2]^3} = \frac{4^2}{3 \times 9^3} = 7.32 \times 10^{-3}$$

该温度下的平衡常数为 7.32×10^{-3}。

【例题 3-3】 在 973K 时，下列反应达平衡状态：

$$2SO_2(g) + O_2(g) \rightleftharpoons 2SO_3(g)$$

若反应在 2.0L 的容器中进行，开始时，SO_2 为 1.0mol，O_2 为 0.5mol，平衡时生成

$0.6 \mathrm{molSO_3}$，计算该条件下的 K_c、K_p。

解
$$2SO_2(g) + O_2(g) \Longrightarrow 2SO_3(g)$$

起始时物质的量/mol　　　1.0　　　　0.5　　　　0

转化的物质的量/mol　　　0.6　　　　0.3　　　　0.6

平衡时物质的量/mol　　　0.4　　　　0.2　　　　0.6

平衡时浓度/mol·L^{-1}　　$0.4/2=0.2$　　$0.2/2=0.1$　　$0.6/2=0.3$

则：

$$K_c = \frac{[SO_3]^2}{[SO_2]^2[O_2]} = \frac{0.3^2}{0.2^2 \times 0.1} = 22.5$$

$$K_p = K_c(RT)^{\Delta n} = 22.5 \times (8.314 \times 10^{-3} \times 973)^{(2-3)} = 2.781$$

2. 由平衡常数计算平衡转化率

平衡转化率（α）是指反应达到平衡时，某反应物的转化量在该反应物起始量中所占的比例，即：

$$某反应物的平衡转化率\ \alpha = \frac{平衡时该反应物的转化量}{该反应物的起始量}$$

【例题 3-4】 已知 298K 时，$AgNO_3$ 和 $Fe(NO_3)_2$ 两种溶液存在反应：

$$Fe^{2+} + Ag^+ \Longrightarrow Ag + Fe^{3+}$$

该温度下反应的平衡常数 $K=2.99$。若反应开始时，溶液中的 Fe^{2+} 和 Ag^+ 浓度均为 $0.100 \mathrm{mol \cdot L^{-1}}$，计算平衡时 Fe^{2+}、Ag^+ 和 Fe^{3+} 的浓度及 Ag^+ 的平衡转化率。

解 （1）计算平衡时溶液中各离子的浓度

设平衡时 $[Fe^{3+}]$ 为 $x\,\mathrm{mol \cdot L^{-1}}$
$$Fe^{2+} + Ag^+ \Longrightarrow Ag + Fe^{3+}$$

起始浓度/mol·L^{-1}　　　　0.100　　0.100　　　　0

平衡浓度/mol·L^{-1}　　　$0.100-x$　$0.100-x$　　　x

$$K = \frac{[Fe^{3+}]}{[Fe^{2+}][Ag^+]} = \frac{x}{(0.100-x)(0.100-x)} = 2.99$$

$$x = 0.0194 (\mathrm{mol \cdot L^{-1}})$$

$[Fe^{3+}]=0.0194\mathrm{mol \cdot L^{-1}}$，$[Fe^{2+}]=[Ag^+]=0.100-0.0194=0.0806(\mathrm{mol \cdot L^{-1}})$

（2）计算 Ag^+ 的平衡转化率

$$Ag^+ \text{的平衡转化率}\ \alpha = \frac{0.0194}{0.100} = 0.194 = 19.4\%$$

四、化学平衡的移动

化学平衡是相对的、有条件的。当条件改变时，化学平衡就会被破坏，各种物质的浓度（或分压）就会改变，反应继续进行，直到建立新的平衡。这种由于条件变化导致化学反应由原平衡状态转变到新平衡状态的过程，称为化学平衡的移动。影响化学平衡的因素主要有浓度，压力和温度。

1. 浓度对化学平衡的影响

对于任意可逆反应：

$$a\mathrm{A} + b\mathrm{B} \Longrightarrow g\mathrm{G} + h\mathrm{H}$$

$$Q_c = \frac{c_G^g c_H^h}{c_A^a c_B^b} \tag{3-8}$$

式中，c_A、c_B、c_G、c_H 分别为各反应物和生成物的任意浓度；Q_c 为可逆反应的生成物浓度幂的乘积与反应物浓度幂的乘积之比，称为浓度商。如果各项浓度都等于平衡浓度，则 $Q_c = K_c$。如果 $Q_c \neq K_c$，则反应尚未达到平衡。如果向已达平衡的反应系统中加入反应物 A 和 B，即增大反应物的浓度，由于 $Q_c < K_c$，平衡被破坏，反应将向右进行；随着反应物 A 和 B 浓度的减小和生成物 G 和 H 浓度的增大，Q_c 值增大，当 $Q_c = K_c$ 时，反应又达到一个新平衡。在新的平衡系统中，A、B、G、H 的浓度不同于原来平衡系统中的浓度。同理，如果增大平衡系统中生成物 G 和 H 的浓度，或减小反应物 A 和 B 的浓度，当 $Q_c > K_c$，平衡将向左移动，直到 $Q_c = K_c$ 时，建立新的平衡。

浓度对化学平衡的影响可归纳为：其他条件不变时，增大反应物浓度或减小生成物浓度，平衡向右移动；增大生成物浓度或减小反应物浓度，平衡向左移动。

2. 压力对化学平衡的影响

对液相和固相中发生的反应，改变压力时，对平衡几乎没有影响。但对于有气体参加的反应，压力的影响必须考虑。对于有气体参与的反应，如：

$$a A + b B \Longleftrightarrow g G + h H$$

$$Q_p = \frac{p_G^g \, p_H^h}{p_A^a \, p_B^b}$$

式中，Q_p 为分压商；p_A、p_B、p_G、p_H 分别为各反应物和生成物的任意分压。反应达到平衡时 $Q_p = K_p$。恒温下，对已达平衡的气体反应体系，增加总压或减小总压时，体系内各组分的分压将同时增大或减小相同的倍数。因此，总压的改变对化学平衡的影响有两种情况：

① 如果反应物气体分子计量总数与生成物气体分子计量总数相等，即 $a + b = g + h$，增加总压或减小总压都不会改变 Q_p 的值，仍有 $Q_p = K_p$，平衡不发生移动。

② 如果反应物气体分子计量总数与生成物气体分子计量总数不等，即 $a + b \neq g + h$，增加总压或减小总压都将会改变 Q_p 的值，$Q_p \neq K_p$，则导致平衡发生移动。

例如：

$$N_2(g) + 3H_2(g) \Longleftrightarrow 2NH_3(g)$$

增加总压力时，平衡将向生成 NH_3 的方向移动，即向气体分子数减少的方向移动；减小总压力，平衡将向产生 N_2 和 H_2 的方向移动，即向气体分子数增多的方向移动。

压力对化学平衡的影响可归纳为：其他条件不变时，增加体系的总压力，平衡将向气体分子计量总数减少的方向移动；减小体系的总压力，平衡将向气体分子计量总数增加的方向移动。

3. 温度对化学平衡的影响

温度对化学平衡的影响与浓度、压力的影响有本质的区别。浓度、压力变化时，平衡常数不变，只导致平衡发生移动，但温度变化时平衡常数发生改变。实验测定表明，对于正反应为放热的反应，温度升高，平衡常数减小，平衡向左移动，即向吸热方向移动；温度降低，平衡常数增大，平衡向右移动，即向放热方向移动。对于正反应为吸热的反应，温度升高，平衡常数增大，平衡向右移动，即向吸热方向移动。温度降低，平衡常数减小，平衡向左移动，即向放热方向移动。

温度对化学平衡的影响可归纳为：其他条件不变时升高温度，化学平衡向吸热方向移动；降低温度，化学平衡向放热方向移动。

4. 催化剂与化学平衡

使用催化剂能同等程度地改变正逆反应速率，平衡常数 K 并不改变；因此使用催化剂不会使化学平衡发生移动，只能缩短可逆反应达到平衡的时间。

课堂互动

　　影响化学反应速率的主要因素有哪些？影响化学平衡的因素有哪些？

　　综合上述影响化学平衡移动的各种因素，1884 年法国科学勒夏特列（Le Chatelier）概括出一条普遍规律：如果改变平衡体系的条件之一（如浓度、压力或温度），平衡就向能减弱这个改变的方向移动。这个规律被称为勒夏特列原理，也叫平衡移动原理。此原理适用于所有的动态平衡体系。但必须指出，它只能用于已经建立平衡的体系，对非平衡体系则不适用。

五、反应速率与化学平衡的综合应用

　　在化工生产中，采用有利的工艺条件，充分利用原料、提高产量、缩短生产周期、降低成本，这就需要综合考虑反应速率和化学平衡，采取最有利的工艺条件，以达到最高的经济效益。

　　例如，合成氨反应　　　$N_2(g) + 3H_2(g) \rightleftharpoons 2NH_3(g)(q < 0)$

　　这是一个放热反应，降低温度可使平衡向放热的方向移动，有利于 NH_3 的形成。但温度降低会减小反应速率，导致 NH_3 单位时间的产量下降。同时，这又是一个气体分子计量数减小的反应，因此增加总压可使平衡向生成 NH_3 的方向移动。此外，在工业生产中，还要考虑能量消耗、原料费用、设备投资等，进行综合费用分析。合成氨反应合适的条件是中温（723～773K）、高压（3×10^7Pa）和使用铁催化剂。

💡 **知识拓展**

道尔顿人物生平介绍

　　1766 年 9 月 6 日，约翰·道尔顿生于坎伯兰郡伊格斯菲尔德一个贫困的贵格会织工家庭。1776 年曾接受数学的启蒙。幼年家贫，只能参加贵格会的学校，富裕的教师鲁滨孙很喜欢道尔顿，允许他阅读自己的书和期刊。1778 年鲁滨孙退休，12 岁的道尔顿接替他在学校里任教，工资微薄，后来他重新务农。1781 年在肯德尔一所学校中任教时，结识了盲人哲学家 J. 高夫，并在他的帮助下自学了拉丁文、希腊文、法文、数学和自然哲学。1785 年道尔顿和他哥哥成为学校负责人之一。1787 年 3 月 24 日道尔顿记下了第一篇气象观测记录，这成为他以后科学发现的实验基础（道尔顿几十年如一日地测量温度，而且保持在每天早上六点准时打开窗户，使对面的一个家庭主妇依赖道尔顿每天开窗来起床为家人做早饭）。道尔顿不满足于如此的境遇，他希望前往爱丁堡大学学习医学，以便成为医生，尽管他的朋友反对。他毅然开始进行公开授课以改善经济情况和提高学术声望，詹姆斯·焦耳就在学生当中。1793～1799 年在曼彻斯特新学院任数学和自然哲学教授。1794 年任曼彻斯特文学和哲学学会会员，1800 年任学会秘书。1816 年当选为法国科学院通讯院士。1817～1818 年任会长，同时继续进行科学研究，他使用原子理论解释无水盐溶解时体积不发生变化的现象，率先给出了容量分析法原理的描述。但是，晚年的道尔顿思想趋于僵化，他拒绝接受盖·吕萨克的气体分体积定律，坚持采用自己的原子量数值而不接受已经被精确测量的数据，反对永斯·雅各布·贝采利乌斯提出的简单的化学符号系统。1822 年当选为英国皇家学会会员。1835～1836 年任英国学术协会化学分会副会长。

　　1844 年 7 月 26 日他用颤抖的手写下了他最后一篇气象观测记录。1844 年 7 月 27 日他不幸从床上掉下，服务员发现时，他已然去世。道尔顿希望在他死后对他的眼睛进行检验，以找出他色盲的原因。1990 年，对他保存在皇家学会的一只眼睛进行 DNA 检测，发现他缺少对绿色敏感的色素。为纪念道尔顿，他的肖像被安放于曼彻斯特市政厅的入口处。

 提纲挈领

1. 化学平衡状态指的是在一定条件下的可逆反应里，正反应速率和逆反应速率相等，反应混合物中各组分的浓度保持不变的状态。

2. 化学平衡的特点"动、等、逆、定、变"的理解。

3. 有关化学平衡的相关计算

① 由平衡常数计算平衡浓度和转化率。

② 由平衡浓度计算平衡常数。

4. 勒夏特列原理，如果改变影响平衡的一个条件（如温度、压强等），平衡就向能够减弱这种改变的方向移动。

 达标自测

1. 在 2.4L 溶液中发生了某化学反应，35s 时间内生成了 0.0013mol 的 A 物质，求该反应的平均速率。

2. 写出下列反应的平衡常数表达式

(1) $C(s) + CO_2(g) \rightleftharpoons 2CO(g)$

(2) $2SO_2(g) + O_2(g) \rightleftharpoons 2SO_3(g)$

(3) $Fe_3O_4(s) + 4H_2(g) \rightleftharpoons 3Fe(s) + 4H_2O(g)$

3. 采取哪些措施可以使下列平衡向正反应的方向移动

(1) $2NO(g) + O_2(g) \rightleftharpoons 2NO_2(g)$　　　　　　　$(q < 0)$（放热反应）

(2) $C(s) + CO_2(g) \rightleftharpoons 2CO(g)$　　　　　　　　$(q > 0)$（吸热反应）

(3) $2CO(g) + O_2(g) \rightleftharpoons 2CO_2(g)$　　　　　　　$(q < 0)$（放热反应）

(4) $N_2(g) + 3H_2(g) \rightleftharpoons 2NH_3(g)$　　　　　　　$(q < 0)$（放热反应）

4. 已知 733K 时，合成氨反应 $N_2(g) + 3H_2(g) \rightleftharpoons 2NH_3(g)$，$K = 7.8 \times 10^{-5}$，计算该温度时，下列形式表示的合成氨反应的平衡常数。

(1) $1/2N_2(g) + 3/2H_2(g) \rightleftharpoons NH_3(g)$　　　K_1

(2) $2NH_3(g) \rightleftharpoons N_2(g) + 3H_2(g)$　　　　K_2

5. 可逆反应 $2SO_2(g) + O_2(g) \rightleftharpoons 2SO_3(g)$，已知 SO_2 和 O_2 起始浓度分别为 $0.4 mol \cdot L^{-1}$ 和 $1.0 mol \cdot L^{-1}$，某温度下反应达到平衡时，SO_2 的平衡转化率为 80%。计算平衡时各物质的浓度和反应的平衡常数。

6. 已知二氧化碳气体与氢气的反应 $CO_2(g) + H_2(g) \rightleftharpoons CO(g) + H_2O(g)$

若 $CO_2(g)$ 和 $H_2(g)$ 的起始分压分别为 0.101MPa 和 0.405MPa，在某温下达到平衡时，$K = 1$，计算：

(1) 平衡时各组分气体的分压。

(2) 二氧化碳的平衡转化率。

7. 298K 时，可逆反应 $Sn + Pb^{2+} \rightleftharpoons Sn^{2+} + Pb$ 达到平衡，该温度下 $K = 2.18$，若反应开始时，$c(Pb^{2+}) = 0.1 mol \cdot L^{-1}$，$c(Sn^{2+}) = 0.1 mol \cdot L^{-1}$。计算平衡时 Pb^{2+} 和 Sn^{2+} 的浓度。

8. 在某温度时，反应 $CO(g) + H_2O(g) \rightleftharpoons CO_2(g) + H_2(g)$ 的 $K = 1$，反应开始时 CO 浓度为 $0.20 mol \cdot L^{-1}$，$H_2O(g)$ 的浓度为 $0.30 mol \cdot L^{-1}$，计算：

（1）平衡时各物质的浓度及 CO 转化为 CO_2 的平衡转化率。

（2）温度不变，如将平衡体系中 $H_2O(g)$ 的浓度增至 $0.40mol \cdot L^{-1}$，当达到平衡时，计算 CO 总的平衡转化率。

9. 将 $1.0mol$ H_2 和 $1.0mol$ I_2 放入 10L 容器中，在 793K 时达到平衡。经分析，平衡体系中含 HI $0.12mol$，求反应 $H_2(g) + I_2(g) \rightleftharpoons 2HI(g)$ 在 793K 时的平衡常数 K。

10. 合成氨反应 $N_2(g) + 3H_2(g) \rightleftharpoons 2NH_3(g)$ 于 773K 下达到平衡，经分析检测知氨气、氮气和氢气的平衡分压分别为 $p(NH_3) = 3.57MPa$，$p(N_2) = 4.17MPa$，$p(H_2) = 12.5MPa$。

试计算 773K 时该反应的 K_c 和 K_p。

11. 对于可逆反应 $C(s) + H_2O(g) \rightleftharpoons CO(g) + H_2(g)$，（$q > 0$），下列说法你认为对吗？为什么？

（1）升高温度，正反应速率 $v_正$ 增大，逆反应速率 $v_逆$ 减小，所以平衡向右移动。

（2）由于反应前后分子数相等，所以增大压力对平衡没有影响。

（3）达到平衡时各反应物和生成物的分压一定相等。

（4）加入催化剂，使正反应速率 $v_正$ 增大，所以平衡向右移动。

（本章编写　谭新旺）

扫码看解答

第四章　物质结构基础

 知识目标

1. 掌握原子核外电子排布规律；元素周期律、元素周期表的结构；离子键、共价键的形成过程及特征；价键理论的基本要点。
2. 熟悉多电子原子轨道的能级图；分子间作用力、氢键对物质物理性质的影响。
3. 了解核外电子运动状态的四个量子数；s、p 电子云的形状和空间伸展方向；杂化轨道理论。

扫码看课件

 能力目标

1. 能根据元素周期表解释元素的相关性质。
2. 能根据分子间作用力和氢键，解释物质的相关性质。

自然界的物质种类繁多、性质各异，其主要原因在于物质的结构不同。因此，要正确理解物质性质的变化规律、准确把握化学反应的本质，就必须要掌握物质结构的有关理论，包括原子结构和分子结构。

📖 案例

物质结构的认识过程

人类对原子结构的认识经历了漫长的过程，1803 年英国化学家约翰·道尔顿提出了原子论学说，他认为原子是不能再分的粒子，它们是微小的实心球。1897 年汤姆森发现了电子，否定了道尔顿的"实心球模型"，他认为电子是平均分布在整个原子上的，原子中的正、负电荷相互抵消，形成中性原子。1911 年物理学家卢瑟福用 α 粒子轰击金箔实验证实：原子的大部分体积是空的，电子按照一定轨道围绕着带正电荷的原子核运转。1913 年玻尔将量子学说引入原子结构模型后证实：电子是在固定的层面上运动，当电子从一个层面跃迁到另一个层面时，原子便吸收或释放能量。1926 年德国物理学家海森堡提出测不准原理，即具有波粒二象性的微观粒子在一个确定时刻，其空间坐标与动量不能同时测准。现在，科学家已能利用电子显微镜和扫描隧道显微镜拍摄表示原子图像的照片。随着现代科学技术的发展，人类对原子的认识过程还会不断深化。

讨论　构成原子的微观粒子有哪些？核外电子是如何运动的？

第一节　原子核外电子的运动状态

一、原子核外电子的运动

原子是化学反应中不可再分的最小微粒，由原子核和核外电子组成。原子的质量极小，主要集中在原子核上。核外电子是一种微观粒子，在核外直径约为 10^{-10} m 的空间内高速运动。根据量子力学中的测不准原理，核外电子的运动与宏观物体运动是不相同的，我们不可能同时准确地测定出电子在某一时刻所处的位置和运动速度，也不能描画出它的运动轨迹。为了形象地表示核外电子的运动状态，化学上常用小黑点的疏密表示电子在原子核外某一空间出现概率的相对大小。小黑点密集的地方，表示电子在该区域出现的概率大；小黑点稀疏的地方，表示电子在该区域出现的概率小。电子在原子核外高速运动，如同一团带负电的云雾笼罩在原子核的周围，故称为电子云。

电子云的表示方法通常有两种：即电子云示意图和电子云界面图，图 4-1 和 4-2 分别为氢原子的电子云示意图和电子云界面图。

图 4-1　氢原子电子云示意图　　图 4-2　氢原子电子云界面图

氢原子核外只有 1 个电子，该电子在原子核外高速运动，形成的电子云为球形对称。离原子核越近，小黑点越密集，表明电子出现的概率越大；离原子核越远，小黑点越稀疏，表明电子出现的概率越小。我们把电子出现概率最大且密度相等的地方连起来作为电子云的界面，电子在界面内出现的总概率高达 90％以上，称为电子云界面图，如图 4-2 所示。

 拓展阅读

测不准原理

测不准原理是海森堡于 1927 年提出的，他用一个矩阵表示一个电子，独创"矩阵力学"，预测了电子跃迁时发射的光的离散频率和强度，与实验数据完美贴合。基于包含了位置和动量的一个矩阵，海森堡得到了一个不等式，从而提出了著名的测不准原理，即一个电子的位置和动量是没办法同时确认的。当准确测量出一个粒子的位置时，该粒子的动量将变得极其不稳定，无法得到这个粒子的准确动量。而当专心测量它的动量的时候，它的位置却又变得变幻无常。原因是实验时要越准确地测量一个粒子的动量，需要光波的波长越短越好；而越要准确测量一个粒子的速度，需要的光波波长越长越好。这是一个矛盾体，但它是确确实实存在的，而且是科学的。

海森堡

二、原子核外电子运动状态的描述

电子在原子核外的运动状态是相当复杂的，要确定核外电子的运动状态，必须从主量子数、角量子数、磁量子数和自旋量子数四个方面来描述。

1. 主量子数（n）

主量子数用来描述核外电子离核的远近，它是决定电子能量的主要因素，用符号 n 表示。n 的取值为 $1, 2, 3, \cdots, n$ 的正整数。n 值越小，表明该电子离原子核越近，该电子具有的能量越低；n 值越大，表明该电子离原子核越远，该电子具有的能量越高。把主量子数相同的轨道划为一个电子层，如 $n=1$，称为第一电子层。在光谱学中，每个电子层都用不同的符号来表示，其对应关系见表 4-1。

表 4-1　电子层与电子层符号对应关系

n 的取值	1	2	3	4	5	6	7
电子层	一	二	三	四	五	六	七
电子层符号	K	L	M	N	O	P	Q
能量高低	低 $\longrightarrow$						高

2. 角量子数（l）

实验证实，即使在同一电子层中，电子的能量也有微小的差别，且电子云的形状也不完全相同，所以根据能量差别及电子云形状的不同，把同一电子层又分为几个电子亚层。

角量子数代表的是电子云的形状，用符号 l 表示。在多电子原子中主量子数与角量子数共同决定电子能量的高低。角量子数 l 的取值受主量子数 n 的限制，它们之间的关系为：

$$l \leqslant n-1$$

所以 l 取值为 $0,1,2,\cdots,(n-1)$ 的正整数，用光谱学符号 s、p、d、f、g 等来表示（表 4-2）。

例如 $n=1$，$l=0$，可表示为 1s，称为 1s 亚层；$n=2$，$l=1,0$，分别表示为 2s，2p，称为 2s，2p 亚层。

表 4-2　量子数与电子亚层的关系

n 的取值	1	2		3			4				$\cdots$
l 的取值	0	0	1	0	1	2	0	1	2	3	$\cdots$
电子亚层	1s	2s	2p	3s	3p	3d	3s	4p	4d	4f	$\cdots$

电子亚层不同，电子云的形状也不相同。s 亚层电子云的形状为球形分布，p 亚层电子云的形状呈无柄哑铃形，如图 4-3 所示。

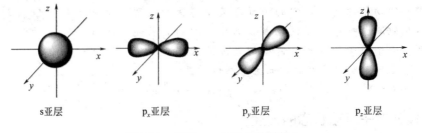

图 4-3　s 亚层、p 电子云的形状

3. 磁量子数（m）

磁量子数决定着电子云在空间的伸展方向，用符号 m 表示。磁量子数 m 的取值受角量子数 l 的限制，它们之间的关系为：

$$|m| \leqslant l$$

所以 m 的取值为 $0, \pm 1, \pm 2, \cdots, \pm l$，共有 $2l+1$ 个取值，即电子云在空间有 $2l+1$ 个伸展方向。

例如 $l=0$ 时，s 电子云呈球形对称分布，没有方向性。m 只能有一个值，即 $m=0$，说明 s 亚层只有一个轨道为 s 轨道。当 $l=1$ 时，m 有 -1，0，$+1$ 三个取值，说明 p 电子云在空间有三种取向，分别用 p_x、p_y 和 p_z 表示。

习惯上把在一定的电子层上、具有一定形状和伸展方向的电子层所占据的空间称为原子轨道，简称轨道。常用圆圈（○）或方框（□）表示 1 个轨道。同一亚层能量相同的轨道，称为等价轨道。如 $2p_x$、$2p_y$ 和 $2p_z$ 轨道的主量子数和角量子数相同，所以它们的能量也就相同，它们是等价轨道。

4. 自旋量子数（m_s）

原子中的电子不仅绕着原子核运动，而且绕着自身的轴转动。自旋量子数代表电子在空间的自旋方向，用符号 m_s 表示。电子的自旋只有顺时针和逆时针两种方向，通常用向上（↑）和向下（↓）的箭头来表示自旋方向相反的两个电子，所以 m_s 的取值只有 $+\frac{1}{2}$、$-\frac{1}{2}$ 两种。由于自旋量子数 m_s 只有两个取值，因此每个原子轨道最多容纳 2 个自旋方向相反的电子。

综上所述，当我们要说明一个电子的运动状态时，必须同时指明电子的主量子数、角量子数、磁量子数和自旋量子数。

 提纲挈领

1. 电子云的概念、电子云示意图、电子云界面图。
2. 描述核外电子运动状态的四个量子数：主量子数、角量子数、磁量子数和自旋量子数。
3. 电子云的形状、原子轨道的概念。

第二节　原子核外电子的排布规律

一、近似能级图

1939 年美国化学家鲍林根据大量的实验数据提出了多电子原子轨道的近似能级图，如图 4-4 所示。在近似能级图中，每个小方框代表一个原子轨道，原子轨道按能量由低到高的顺序排列；能量相近的能级合并成一组，称为能级组，共七个能级组，能级组之间能量相差较大而能级组之内能量相差很小。

从多电子原子轨道的近似能级图可以看出：①当 n 和 l 都相同时，原子轨道的能量也相同，如 np 亚层的三个等价轨道、nd 亚层的五个等价轨道、nf 亚层的七个等价轨道。②当 n 相同，l 不相同时，l 值越大，轨道的能量越高，如 $E_{ns}<E_{np}<E_{nd}<E_{nf}$。③当 l 相同，n 不相同时，n 值越大，轨道的能量越高，如 $E_{1s}<E_{2s}<E_{3s}$、$E_{2p}<E_{3p}<E_{4p}$。④当 n 和 l 都不相同时，由于各电子间存在着较强的相互作用，造成某些电子层数较大的亚层，其能量反而低于某些电子层数较小的亚层能量，这种现象称为能级交错，如 $E_{4s}<E_{3d}<E_{4p}$、$E_{5s}<E_{4d}<E_{5p}$ 等。

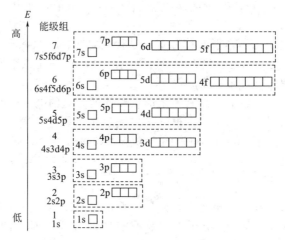

图 4-4 多电子原子轨道的近似能级图

 深度解析

屏蔽效应和钻穿效应

在多电子原子中，一个电子不仅受到原子核的引力，而且还要受到其他电子的排斥力。内层电子排斥力显然要削弱原子核对该电子的吸引，可以认为排斥作用部分抵消或屏蔽了核电荷对该电子的作用，这种现象称为屏蔽效应。

在多电子原子中，外层电子并不总是在离核远的区域内运动，也可以钻入内部区域而更靠近原子核，从而削弱了内层电子的屏蔽效应，相对增加了原子的有效核电荷，使得原子轨道的能级降低，这种现象称为钻穿效应。钻穿效应使轨道的能量降低，正因为钻穿效应的影响，才会出现能量交错现象。

二、原子核外电子的排布规律

在多电子原子中，核外电子的排布需要遵循能量最低原理、泡利不相容原理和洪德规则。

1. 能量最低原理

电子在原子核外排布时，要尽可能使整个原子的能量最低，这也比较符合自然界的普遍规律——能量越低越稳定。所以核外电子总是优先占据能量最低的原子轨道，然后再依次进入能量较高的轨道，这就是能量最低原理。

根据近似能级图和能量最低原理，核外电子填入原子轨道的顺序如图 4-5 所示。

2. 泡利不相容原理

1925 年，奥地利物理学家泡利指出，在同一个原子中不可能有运动状态完全相同的 2 个电子同时存在，即每一个原子轨道中最多只能容纳 2 个自旋方向相反的电子，这就是泡利不相容原理。

原子核外电子的排布常用电子排布式来表示。按电子在原子核外各亚层中的分布情况，在亚层符号的右上角注明排列的电子数，这种排布方式称为电子排布式。如 $_{12}Mg$ 的电子排布式为：$1s^2 2s^2 2p^6 3s^2$。

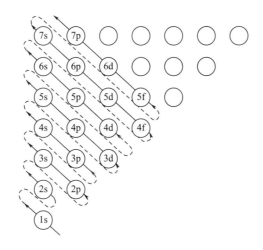

图 4-5　原子核外电子填充顺序图

实验证明，参加反应的只是原子的外层电子（也称价电子），内层电子结构一般不变。为了简化电子排布式，通常把内层已达到惰性气体元素电子层结构的部分，用相应的惰性气体元素符号加方括号表示，称为原子实。如 $_{17}Cl$ 的电子排布式为：$[Ne]3s^2 3p^5$。

价电子是指原子在参与化学反应时能够用于成键的电子。主族元素原子的价电子为最外层电子；副族元素原子的价电子为最外层电子和次外层电子。

 课堂互动

已知某元素的电子排布式为 $1s^2 2s^2 2p^6 3s^2 3p^6 3d^2$，对吗？若错，违背了什么原理？请改正。

3. 洪德规则

1925 年，德国物理学家洪德根据大量光谱实验数据得出：电子在进入同一亚层的等价轨道时，总是尽可能占据不同的轨道，且自旋方向相同。如 $_7N$ 的电子排布式为：$1s^2 2s^2 2p^3$，7 个电子在原子轨道中的填充情况为：

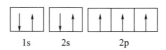

小方框（或圆圈）代表原子轨道，在小方框（或圆圈）的上方或下方标注原子轨道的符号，用"↑"或"↓"代表电子自旋方向和数目的表示方式，称为轨道表示式。

 课堂互动

请写出 $_8O$、$_{11}Na$、$_{15}P$ 和 $_{17}Cl$ 的轨道表示式。

洪德规则有一个特例：当等价轨道中的电子处于全空（p^0、d^0、f^0）、半充满（p^3、d^5、f^7）或全充满（p^6、d^{10}、f^{14}）时，体系能量最低。如 $_{24}Cr$ 的电子排布式为 $1s^2 2s^2 2p^6 3s^2 3p^6 3d^5 4s^1$，$_{29}Cu$ 的电子排布式为 $1s^2 2s^2 2p^6 3s^2 3p^6 3d^{10} 4s^1$。

根据光谱实验结果，绝大多数元素的核外电子排布式遵循能量最低原理、泡利不相容原理、洪德规则。表 4-3 列出了 1～36 号元素原子的电子层结构。

表 4-3　1~36 号元素原子的电子层结构

原子序数	元素	电子层结构	原子序数	元素	电子层结构
1	H	$1s^1$	19	K	$[Ar]4s^1$
2	He	$1s^2$	20	Ca	$[Ar]4s^2$
3	Li	$[He]2s^1$	21	Sc	$[Ar]3d^14s^2$
4	Be	$[He]2s^2$	22	Ti	$[Ar]3d^24s^2$
5	B	$[He]2s^22p^1$	23	V	$[Ar]3d^34s^2$
6	C	$[He]2s^22p^2$	24	Cr	$[Ar]3d^54s^1$
7	N	$[He]2s^22p^3$	25	Mn	$[Ar]3d^54s^2$
8	O	$[He]2s^22p^4$	26	Fe	$[Ar]3d^64s^2$
9	F	$[He]2s^22p^5$	27	Co	$[Ar]3d^74s^2$
10	Ne	$[Ne]$	28	Ni	$[Ar]3d^84s^2$
11	Na	$[Ne]3s^1$	29	Cu	$[Ar]3d^{10}4s^1$
12	Mg	$[Ne]3s^2$	30	Zn	$[Ar]3d^{10}4s^2$
13	Al	$[Ne]3s^23p^1$	31	Ga	$[Ar]3d^{10}4s^24p^1$
14	Si	$[Ne]3s^23p^2$	32	Ge	$[Ar]3d^{10}4s^24p^2$
15	P	$[Ne]3s^23p^3$	33	As	$[Ar]3d^{10}4s^24p^3$
16	S	$[Ne]3s^23p^4$	34	Se	$[Ar]3d^{10}4s^24p^4$
17	Cl	$[Ne]3s^23p^5$	35	Br	$[Ar]3d^{10}4s^24p^5$
18	Ar	$[Ar]$	36	Kr	$[Ar]3d^{10}4s^24p^6$

 提纲挈领

1. 多电子原子的能级近似图。
2. 原子核外电子排布遵循能量最低原理、泡利不相容原理和洪德规则。
3. 电子排布式、轨道表示式。

第三节　元素周期律与元素周期表

大量实验证明，元素单质及其化合物的性质随原子序数（即核电荷数）的递增而呈周期性的变化，这一规律称为元素周期律。元素周期律的发现是化学系统化过程中的一个重要里程碑。

一、元素周期律

1. 原子半径

根据量子力学的观点，原子的大小无法直接测定。通常所说的原子半径，是根据原子的不同存在形式来定义的。根据原子间成键的类型不同，原子半径分为共价半径、金属半径和范德华半径三种。

当同种元素的两个原子以共价单键结合时，两原子核间距离的一半称为共价半径；在金属晶体中相邻的两个原子核间距离的一半称为金属半径；在分子晶体中，分子间以范德华力结合，相邻分子间两原子核间距离的一半称为范德华半径。同一种元素的三种原子半径的数值不同，一般来说，共价半径最小，金属半径较大，范德华半径最大。如 Na 原子的共价半径为 157pm，金属半径为 186pm，而范德华半径为 231pm。在进行原子半径比较时，应采用相同形式的原子半径。

原子半径的大小主要取决于核外电子层数和有效核电荷，其变化有如下规律：

同一周期的主族元素，从左到右原子半径逐渐减小。因为同一周期元素的电子层数相同，随原子序数的增加核电荷数增大，原子核对电子的吸引力增强，致使原子半径缩小。稀有气体半径是范德华半径，所以原子半径又增大。

同一主族的元素，自上而下元素的原子半径逐渐增大。同一主族，自上而下随着原子序数的增大，电子层数增多，原子核对外层电子吸引力减弱，原子半径逐渐增大。

2. 元素的电离能

电离能是基态的气态原子失去电子变为气态阳离子，克服核电荷对电子的引力所需要的能量。常用符号 I 表示，单位为 $kJ \cdot mol^{-1}$。对于多电子原子，处于基态的气态原子生成 +1 价气态阳离子所需要的能量称为第一电离能，标记为 I_1。+1 价气态阳离子再失去一个电子形成 +2 价气态阳离子所需要的能量称为第二电离能，标记为 I_2，依此类推。同一种元素原子的电离能依次增大，即：$I_1 < I_2 < I_3 \cdots$。如 Mg 的第一、第二、第三电离能分别为 $737.7 kJ \cdot mol^{-1}$、$1450.7 kJ \cdot mol^{-1}$、$7732.8 kJ \cdot mol^{-1}$。

根据电离能的大小可以判断原子失去电子的难易程度，通常用第一电离能来判断原子失去电子的难易程度，其变化规律如下：

同一周期元素，从左到右元素原子的第一电离能逐渐增加。由于核电荷数增加，原子半径逐渐减小，原子核对外层电子的吸引能力逐渐增强，失去电子所需的能量也就越大，因此第一电离能逐渐增大。

同一主族元素，从上到下元素原子的第一电离能逐渐减小。因为随着电子层的增加，原子半径逐渐增大，原子核对外层电子的吸引力逐渐减弱，外层电子容易失去，因此第一电离能逐渐减小。

3. 元素的电负性

1932 年，鲍林提出电负性是元素的原子在化合物中吸引电子能力的标度。元素的电负性越大，表示其原子在化合物中吸引电子的能力越强。指定最活泼的非金属元素 F 的电负性为 4.0，然后通过计算得出其他元素电负性的相对值。表 4-4 列出了部分元素的电负性。

表 4-4　部分元素的电负性

H 2.2																
Li 0.9	Be 1.5											B 2.0	C 2.5	N 3.0	O 3.4	F 4.0
Na 0.9	Mg 1.3											Al 1.6	Si 1.9	P 2.1	S 2.5	Cl 3.1
K 0.8	Ca 1.0	Sc 1.3	Ti 1.5	V 1.6	Cr 1.6	Mu 1.5	Fe 1.8	Co 1.8	Ni 1.9	Cu 1.9	Zn 1.6	Ca 1.8	Ge 2.0	As 2.1	Se 2.5	Br 2.9
Rb 0.8	Sr 0.9	Y 1.2	Zr 1.3	Nb 1.6	Mo 2.1	Te 1.9	Ru 2.2	Rh 2.2	Rd 2.2	Ag 1.9	Cd 1.6	In 1.7	Sn 1.8	Sb 2.0	Te 2.1	I 2.6
Cs 0.7	Ba 0.8	La 1.1	Hf 1.3	Ta 1.5	W 2.3	Re 1.9	Os 2.2	Ir 2.2	Pt 2.2	Au 2.5	Hg 2.0	Ti 1.6	Pb 1.8	Bi 2.0	Po 2.0	At 2.2

同周期元素，从左到右电负性逐渐增大。由于原子的核电荷数逐渐增多，原子半径逐渐

减小，所以原子在分子中吸引成键电子的能力逐渐增强。

同族元素，从上到下电负性逐渐减小。由于原子半径逐渐增大，原子在分子中吸引成键电子的能力逐渐减弱。过渡元素的电负性没有明显的变化规律。

电负性也可以作为判断元素的金属性和非金属性强弱的尺度。一般来说，金属元素的电负性在 2.0 以下，非金属元素的电负性在 2.0 以上。元素的电负性越大，该元素的原子越易得到电子，元素的非金属性越强，金属性则越弱；反之，电负性越小，该元素的原子越易失去电子，元素的金属性越强，非金属性则越弱。

二、元素周期表

元素周期表是元素周期律的具体表现形式，它反映了元素之间的内在联系，是对元素的一种很好的自然分类。

1. 周期

周期的划分依据是原子核外电子的规律性排布，与轨道能级组相对应。每个能级组对应一个周期，每个周期具有相同的电子层数。元素周期表共有七行，每一行为一个周期，共有七个周期。同一周期元素的特点：从左到右，最外层电子的填充都是从 ns^1 开始，到 np^6 结束。

每一周期所能容纳元素的数目与该能级组最多能容纳的电子数目一致，如第二能级组有 2s、2p 亚层，共 4 个轨道，可以容纳 8 个电子，所以第二周期共有 8 种元素。以此类推，各周期所含元素的数目分别是：2 种、8 种、8 种、18 种、18 种、32 种、32 种。

元素所在的周期序数等于该元素原子的电子层数或最外层电子层的主量子数 n。如 $_{13}$Al 的电子排布式为 $1s^2 2s^2 2p^6 3s^2 3p^1$，其电子层数为 3，最外电子层的主量子数 $n=3$，故 Al 元素位于第三周期。

2. 族

周期表中共有 18 个纵列，分为 16 个族，其中 8 个 A 族（也称主族）、8 个 B 族（也称副族）。第ⅧA 族也称为零族，第ⅧB 族也称为第Ⅷ族。同族元素的价电子构型相似。

元素所在的族数等于其价电子的电子总数。如 $_{15}$P 的电子排布式为 $1s^2 2s^2 p^6 3s^2 3p^3$，价电子构型为 $3s^2 3p^3$，最外层有 5 个电子，所以 P 在第 5 主族；$_{24}$Cr 的电子排布式为 $1s^2 2s^2 p^6 3s^2 3p^6 3d^5 4s^1$，价电子构型为 $3d^5 4s^1$，价电子总数 6 个，所以 Cr 在第 6 副族。

3. 周期表的分区

根据元素原子的价电子构型，元素周期表划分为五个区：

(1) s 区　s 区元素原子的价电子构型为 $ns^{1\sim2}$，包括ⅠA 和ⅡA。该区元素的原子容易失去最外层的电子而形成 +1 或 +2 价的离子，其单质是活泼金属（氢元素除外）。

(2) p 区　p 区元素原子的价电子构型为 $ns^2 np^{1\sim6}$，包括ⅢA～ⅧA，该区元素大部分为非金属元素。

(3) d 区和 ds 区　d 区元素原子的价电子构型为 $(n-1)d^{1\sim9}ns^{1\sim2}$，包括ⅢB～ⅧB。ds 区元素原子的价电子构型为 $(n-1)d^{1\sim10}ns^{1\sim2}$，包括ⅠB～ⅡB。d 区和 ds 区的元素又称为过渡元素，都是金属元素。

(4) f 区　镧系和锕系元素原子的价电子构型为 $(n-2)f^{1\sim14}(n-1)d^{0\sim2}ns^2$，包括镧系和锕系元素，都是金属元素。该区元素的结构特点：最外层电子数目相同，次外层电子数目也大部分相同，只有倒数第三层的电子数目不同。同系内元素的化学性质极为相似。

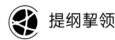 提纲挈领

1. 原子半径、电离能、电负性、金属性和非金属性呈现周期性变化。
2. 根据不同的划分依据，元素周期表分为 7 个周期、16 个族、5 个区。

第四节　化学键

分子或晶体中相邻原子（或离子）之间主要的、强烈的相互吸引作用称为化学键。根据化学键的特点，将化学键分为金属键、离子键和共价键。金属键主要存在金属中，本节不做重点介绍。

一、离子键

1. 离子键的形成

1916 年，德国化学家柯赛尔根据稀有气体原子的电子层结构高度稳定的事实，提出了离子键理论：任何元素原子都要使外层满足 8 电子稳定结构。金属原子易失去电子形成正离子，非金属原子易得到电子形成负离子。原子得失电子后，生成的正、负离子之间靠静电作用而形成的化学键即为离子键。

以 NaCl 的形成过程表示如下：

$$\left.\begin{array}{l} Na(1s^2 2s^2 2p^6 3s^1) \xrightarrow{-e} Na^+(1s^2 2s^2 2p^6) \\ Cl(1s^2 2s^2 2p^6 3s^2 3p^5) \xrightarrow{+e} Cl^-(1s^2 2s^2 2p^6 3s^2 3p^6) \end{array}\right\} \longrightarrow NaCl$$

离子键的生成条件是原子间的电负性相差较大，一般要大于 1.7。由离子键形成的化合物叫作离子型化合物，如 $NaCl$、$MgCl_2$、CaO 等。在一般情况下，离子型化合物具有较高的熔点和沸点，在熔融状态或溶于水后均能导电。

2. 离子键特征

每个离子都是带电体，其电荷呈球形对称分布，无方向性，所以每个离子可以在任何方向都吸引带相反电荷的离子，而且总是尽可能多地与异性离子相吸引，因此离子键无方向性、无饱和性。

如 NaCl 晶体中（图 4-6），每个 Na^+ 周围有 6 个 Cl^-，每个 Cl^- 周围也有 6 个 Na^+。这并不意味着每个 Na^+ 周围吸引了 6 个 Cl^- 后，它的静电场就饱和了。事实上，在稍远的距离处还有 Cl^-，只不过静电吸引力随距离的增大而减弱。

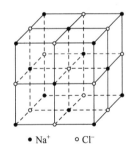

图 4-6　NaCl 晶体
结构示意图

二、共价键

柯赛尔的离子键理论能很好地解释活泼金属原子和活泼非金属原子形成分子的本质，但无法解释 H_2、O_2 等同种元素原子能形成分子的原因。1916 年，美国化学家路易斯提出共价键理论。路易斯认为，同种元素的原子之间以及电负性相近的元素原子之间可以通过共用电子对实现 8 电子稳定构型。通过共用电子对形成的化学键称为共价键。

1. 共价键的形成

1927 年，德国物理学家海特勒和伦敦用量子力学处理氢气分子，用近似方法算出了氢

气分子体系的波函数，这是首次用量子力学方法解决共价键问题。当两个氢原子相互靠近形成氢气分子时，存在两种情况。

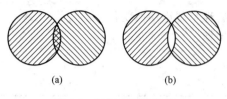

图 4-7　氢气分子的形成

（1）若两个氢原子所带的电子自旋方向相反，当它们相互靠近时，两个原子轨道发生重叠，两核间的电子云密度增大，降低了两原子核间的正电排斥力，并使体系的能量降低，因而两个氢原子形成稳定的共价键，这种状态称为分子的基态，如图 4-7(a) 所示。

（2）若两个氢原子所带的电子自旋方向相同，当它们相互靠近时，两个氢原子间的作用是相互排斥的，两核间的电子云密度几乎为零，不能形成稳定的共价键，这种状态称为分子的排斥态，如图 4-7(b) 所示。

2. 价键理论的基本要点

海特勒和伦敦将应用量子力学解决氢气分子问题的成果推广到其他共价化合物中，成功解释了许多分子的结构问题。价键理论在这一方法的推广中诞生，其基本要点如下。

（1）电子配对原理　一个原子有几个未成对电子，便可和几个自旋相反的电子配对形成几个共用电子对。根据该电子配对原理，可以推断出共价键具有饱和性。

（2）原子轨道最大重叠原理　原子轨道总是尽可能沿着最大重叠的方向进行重叠，重叠越多，体系的能量越低，形成的共价键越稳定。根据原子轨道最大重叠原理，可以推断出共价键具有方向性。如图 4-8 所示，在形成 HCl 时，只有氢原子的 1s 轨道沿着氯原子的 3p 轨道对称轴的方向靠近、重叠，才能达到最大重叠而形成稳定的共价键，如图 4-8(a) 所示；而在其他方向的重叠很少或是不能重叠，如图 4-8(b) 所示。

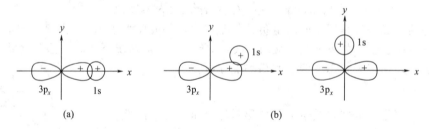

图 4-8　氢原子与氯原子轨道在不同方向的重叠示意图

3. 共价键的类型

（1）σ键和π键　根据成键原子轨道重叠方式的不同，可以把共价键分为 σ 键和 π 键两种类型。

① σ 键　两个原子轨道沿轨道对称轴（即两个原子核间连线）方向以"头碰头"的方式重叠而形成的共价键称为 σ 键，如图 4-9 所示。由于 σ 键是沿轨道对称轴方向形成的，轨道间重叠程度大，所以 σ 键的键能大、稳定性高，不易断裂。所以所有的单键都是 σ 键。

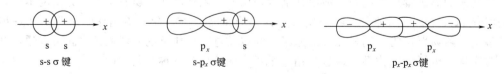

图 4-9　σ 键形成方式示意图

② π 键　两个原子轨道以"肩并肩"的方式重叠而形成的共价键称为 π 键，如图 4-10 所示。如果以 x 轴为对称轴，则 p_y 与 p_y 原子轨道、p_z 与 p_z 原子轨道重叠可形成 π 键。

形成 π 键时轨道不可能满足最大重叠原理，所以 π 键的稳定性小，π 键电子活泼，容易参与化学反应。如果两个原子可以形成多个共价键，其中必定先形成一个 σ 键，其余为 π 键。如 N_2 分子中的三个键，其中一个为 σ 键，两个为 π 键。

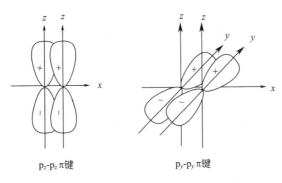

p_z-p_z π键　　　　　p_y-p_y π键

图 4-10　π 键形成方式示意图

 拓展阅读

防晒霜中的 π 键

防晒霜之所以能有效地减轻紫外光对人体的伤害，是因为它所含的有效成分分子中有 π 键，如水杨酸辛酯等。水杨酸辛酯分子中含有共轭 π 键，π 键电子可在吸收紫外光后被激发，将紫外线的能量转化为热释放出来，从而阻挡部分紫外光对皮肤的伤害，达到防晒的目的。水杨酸辛酯相对于其他大多数防晒剂更安全、价格便宜，能吸收 $280 \sim 300nm$ 波段的紫外线，常常作为 UVB（紫外线类型）吸收剂使用于防晒化妆品中。

（2）普通共价键和配位共价键　根据共用电子对的来源不同，共价键分为普通共价键和配位共价键两种类型。

成键时两个原子各自提供一个未成对电子，形成的共价键称为普通共价键。若共用电子对由成键的一方原子单独提供，所形成的共价键称为配位共价键，简称配位键。配位键通常用"→"表示。形成配位键的条件是：一个原子的价电子层要有未共用的电子对；另一原子的价电子层要有空轨道。

普通共价键和配位共价键的区别仅表现在键的形成过程，虽然共用电子对的电子来源不同，但成键后二者并无区别。如在 NH_4^+ 中，4 个 N—H 键完全等价，NH_4^+ 也是完全对称的正四面体。

$$\left[\begin{array}{c} H \\ | \\ H-N-H \\ \downarrow \\ H \end{array} \right]^+$$

（3）极性共价键和非极性共价键　根据共用电子对是否偏向，可以把共价键分为极性共价键和非极性共价键两种类型。

由不同种元素的原子形成的共价键叫做极性共价键，简称极性键。由于两个原子吸引电子的能力不同，电子云偏向吸引电子能力较强的一方，因此吸引电子能力较强的一方显负电性，吸引电子能力较弱的一方显正电性。如 H—Cl、C—O 共价键都是极性键。

由同种元素的原子形成的共价键叫做非极性共价键，简称非极性键。同种原子吸引共用电子对的能力相等，成键电子对均匀地分布在两核之间，不偏向任何一个原子，成键的原子都不显电性。如 H—H、O—O 都是非极性键。

4. 共价键参数

化学键的性质可以用键参数来描述，键参数包括键长、键角、键能等。

（1）键长　分子中两个原子核间的平均距离称为键长。如氟化氢分子中 H、F 原子的核间距为 92pm，则 H—F 键的键长为 92pm。

（2）键角　共价键之间的夹角称为键角，键角反映了物质的空间结构。如水是 V 型分子，水分子中两个 H—O 键的键角为 $104°30'$。甲烷分子为正四面体型，C—H 键的键角为 $109°28'$。

（3）键能　在 298.15K 和 100kPa 下，将 1mol 气态分子 AB 解离为气态原子 A、B 所需的能量，用符号 E 表示，单位为 $kJ \cdot mol^{-1}$。键能是衡量化学键强弱的物理量。

一般来说，键长越长，原子核间距离越大，键的强度越弱，键能越小。

三、杂化轨道理论

价键理论能很好地解释共价键形成的本质、成键规则等，但不能解释空间构型问题，如碳原子外层有两个未成对电子，应该接受 2 个 H 原子形成 CH_2 分子，且二者的夹角应该为 $90°$。但甲烷分子中有 4 个 H 原子，轨道夹角为 $109°28'$，为正四面体构型。为了解释分子的空间构型，鲍林在 1931 年提出了轨道杂化理论。

1. 杂化轨道理论的基本要点

（1）在原子形成分子的过程中，一个原子中能量相近的不同类型的原子轨道混杂起来，重新组成同等数目、同等能量的新轨道，这个过程称为杂化，形成的新轨道称为杂化轨道。

（2）杂化后的轨道在能量和空间伸展方向上都发生了变化，电子云出现了一头大一头小的形状。杂化轨道与另一原子成键时，同样要满足电子配对原理和原子轨道最大重叠原理。

2. s-p 杂化

s 轨道和 p 轨道组合形成杂化轨道的过程称为 s-p 杂化。常见的 s-p 杂化类型有：sp^3 杂化、sp^2 杂化和 sp 杂化。

（1）sp^3 杂化　sp^3 杂化是由 1 个 ns 轨道和 3 个 np 轨道进行的杂化，形成的 4 个 sp^3 杂化轨道为正四面体构型，杂化轨道的夹角为 $109°28'$。图 4-11 是 CH_4 分子中 C 原子的杂化方式。

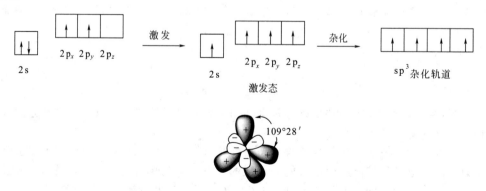

图 4-11　sp^3 杂化轨道形成示意图

（2）sp^2 杂化　　sp^2 杂化是由 1 个 ns 轨道和 2 个 np 轨道进行的杂化，形成的 3 个 sp^2 杂化轨道为平面三角形，杂化轨道之间的夹角是 $120°$，未参加杂化的 p 轨道垂直于 sp^2 杂化轨道平面。图 4-12 是 sp^2 杂化轨道形成示意图。

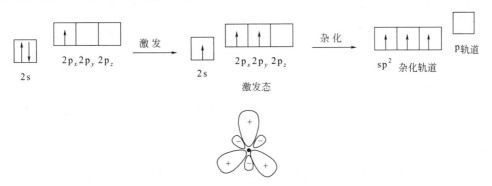

图 4-12　sp^2 杂化轨道形成示意图

（3）sp 杂化　　sp 杂化是由 1 个 ns 轨道和 1 个 np 轨道进行的杂化，形成的 sp 杂化轨道为直线形，轨道的夹角为 $180°$。图 4-13 是 sp 杂化轨道形成示意图。

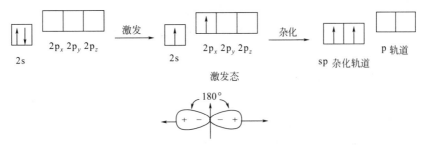

图 4-13　sp 杂化轨道形成示意图

上述三种类型的杂化都是等性杂化，即每个杂化轨道中各含一个未成对电子，杂化轨道的能量也完全相同。还有一种杂化是不等性杂化，有孤对电子占据的轨道参与的杂化为不等性杂化。如 NH_3 分子中的 N 原子为 sp^3 不等性杂化，在 4 个 sp^3 杂化轨道中有一个轨道被孤对电子占据，由于孤对电子不参与成键，电子云密集在 N 原子周围。因为孤对电子的排斥作用，使得 sp^3 杂化轨道间的夹角由 $109°28'$ 变为 $107°20'$，分子空间构型为三角锥形，如图 4-14 所示。

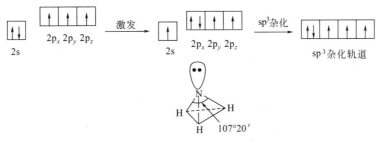

图 4-14　NH_3 分子形成过程示意图

 提纲挈领

1. 离子键的形成及特征。

2. 共价键的形成、价键理论基本要点、共价键的类型、共价键参数。

3. 杂化轨道理论：sp^3 杂化、sp^2 杂化、sp 杂化和不等性杂化。

第五节　分子间作用力和氢键

一、分子的极性

分子内电荷分布不均匀，正、负电荷中心没有重合的分子称为极性分子；正、负电荷中心重合的分子称为非极性分子。

1. 双原子分子

双原子分子的极性由键的极性决定。如 H—Cl、C—O 为极性键，所以 HCl、CO 为极性分子；H—H、Cl—Cl 为非极性键，所以 H_2、Cl_2 为非极性分子。

2. 多原子分子

由多个不同原子组成的分子如 SO_2、CO_2、CH_4 等，分子的极性由分子的空间构型决定。如 SO_2 为 V 形结构，正、负电荷中心不能重合，因而 SO_2 是极性分子。CO_2 是为直线形，$O=C=O$，正负电荷中心重叠，故 CO_2 是非极性分子。

$$O \overset{S}{\diagup \diagdown} O \qquad O=C=O$$

通常用偶极矩（μ）来衡量分子的极性大小，单位是 C·m。

$$\mu = qd$$

式中　q——分子中正、负电荷中心所带的电量，C；

　　　　d——正、负电荷中心的距离，m。

偶极矩是一个矢量，方向规定为从正电中心指向负电中心，且偶极矩越大，分子的极性越强。非极性分子的偶极矩为零。

二、分子间作用力

原子与原子通过化学键形成分子，分子与分子之间还存在着一种较弱的作用力，称为分子间作用力。根据分子间作用力产生的原因，分子间作用分为取向力、诱导力和色散力三种。

1. 取向力

极性分子与极性分子之间产生取向力。极性分子有正、负偶极，当两个极性分子相互靠近时，两个分子必将发生相对转动，而后呈现有序排列，这种现象称为取向。由极性分子的固有偶极而产生的作用力称为取向力。如图 4-15 所示。

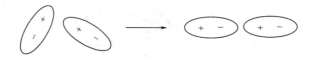

图 4-15　取向力的形成示意图

2. 诱导力

当极性分子与非极性分子相互靠近时，在极性分子固有偶极的诱导下，非极性分子的正、负电荷不再重合从而产生诱导偶极。诱导偶极与极性分子固有偶极间的作用力称为诱导力。极性分子之间，由于固有偶极的相互诱导，每个分子也会发生变形，产生诱导偶极，所以极性分子之间也同样存在诱导力。如图 4-16 所示。

图 4-16　诱导力的形成示意图

3. 色散力

在非极性分子内部，由于原子核和电子的不停运动，它们的相对位置会不断发生改变，正、负电荷重心发生瞬时的不重合，从而产生瞬时偶极。这种由瞬时偶极产生的作用力称为色散力。因为分子的瞬时偶极是不断产生的，所以色散力存在所有分子之间。如图 4-17 所示。

图 4-17　色散力的形成示意图

实验证明，对大多数分子来说，色散力是最主要的分子间作用力。一般来说，分子的分子量越大，分子的变形性越大，色散力就越大。所以，色散力一般随分子的分子量增大而增大。

 课堂互动

下列各组分子间存在哪些分子间作用力？

(1) CO_2 和 H_2O 　　　(2) NH_3 和 H_2O 　　　(3) CH_4 和 CO_2

分子间作用力主要影响物质的物理性质，如熔点、沸点、溶解度等。①组成和结构相似的物质，随着分子量的增大，物质的熔点、沸点逐渐升高。如常温常压下，卤素单质中 F_2、Cl_2 是气态，Br_2 是液态，I_2 是固态。②极性分子间有着较强的取向力，彼此可以相互溶解，如 NH_3、HX 都易溶于水；CCl_4 不溶于水，而易溶于苯等弱极性溶剂。这就是"相似相溶"原则，即极性溶质易溶于极性溶剂，非极性溶质易溶于非极性溶剂。

三、氢键

结构相似的同系列物质的熔点、沸点一般随分子量的增加而升高，但 HF、H_2O 和 NH_3 的熔点、沸点比同族其他氢化物要高得多。这说明分子之间除了分子间作用力，还存在一种力——氢键。

1. 氢键的形成

以共价键与电负性大的 X 原子结合的 H 原子，若与电负性大、半径小的原子 Y（如 F、O、N）接近时，则生成 X—H…Y 形式的一种静电作用力，称为氢键。氢键用 X—H…Y 表示，其中 X 和 Y 可以是同种元素的原子，也可以是不同种元素的原子。

如在 HF 分子中，因为 F 的电负性很大，共用电子对强烈偏向 F 原子，使 H 原子几乎成了裸露的原子核。当 H 原子与另一个 HF 分子中带负电荷的 F 原子靠近时，就形成了氢键，即 F—H…F。氟化氢分子间的氢键如图 4-18 所示。

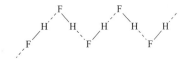

图 4-18　氟化氢分子间氢键示意图

趣闻轶事

氢　　键

　　2013 年 11 月，中科院国家纳米科学中心宣布该中心科研人员在国际上首次"拍"到氢键的"照片"（图 4-19），实现了氢键的实空间成像。氢键的高清晰照片能帮助科学家理解其本质，未来人类有可能人工影响或控制水、DNA 和蛋白质的结构，生命体和我们生活的环境也有可能因此而改变。该成果被《科学》杂志评价为"一项开拓性的发现，是一项杰出而令人激动的工作，具有深远的意义和价值"。

 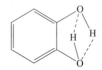

图 4-19　氢键照片　　　　　　　图 4-20　邻苯二酚的分子内氢键

2. 氢键的类型

　　两个分子之间形成的氢键称为分子间氢键。分子间氢键可在相同分子间形成，如 H_2O 分子之间的氢键；也可在不同分子间形成，如 NH_3 与 H_2O 分子间的氢键。

　　同一分子内的原子之间形成的氢键称为分子内氢键。如邻苯二酚分子可以形成分子内氢键，如图 4-20 所示。分子内氢键由于受环状结构的限制，X—H…Y 往往不能在同一直线上。

3. 氢键对物质物理性质的影响

　　（1）分子间氢键使物质的熔点、沸点升高，溶解度增大。因为分子间氢键增强了分子间的结合力，固体熔化或液体汽化，既要克服分子间作用力，还要破坏分子间的氢键，从而使物质的熔点、沸点升高。若溶质与溶剂形成分子间氢键，溶质的溶解度增加。如 NH_3 极易溶于水。

　　（2）分子内氢键使物质的熔、沸点低于同类化合物的熔、沸点。如邻苯二酚的沸点是245℃，间苯二酚、对苯二酚的沸点分别是 276.5℃、287℃。

 课堂互动

　　下列各组分子间哪些能形成氢键？

　　（1）HF 分子间　　　（2）NH_3 和 H_2O　　　（3）HNO_3 分子间　　　（4）CH_4 和 HF
　　（5）邻硝基苯酚

 提纲挈领

　　1. 分子极性的判断。

　　2. 分子间作用力包括取向力、诱导力和色散力三种。

　　3. 氢键的定义、存在条件、对物质物理性质的影响。

达标自测

一、选择题

1. 描述一确定的原子轨道，需要用到以下参数（　　　）。

A. n　　　　　　B. n 和 l　　　　　　C. n、l 和 m　　　　　　D. n、l、m 和 m_s

2. 下列分子偶极矩为零的是（　　　）。

A. H_2O　　　　　　B. NH_3　　　　　　C. CO　　　　　　D. CO_2

3. $_3$Li 的电子排布式为 $1s^3$，违背（　　　）；$_{20}$Ca 的电子排布式为 $1s^2 2s^2 2p^6 3s^2 3p^6 3d^2$，违背（　　　）。

A. 能量最低原理　　　　　　　　　　B. 泡利不相容原理

C. 洪德规则　　　　　　　　　　　　D. 稳定规律

4. 下列化合物为极性分子的是（　　　）。

A. CCl_4　　　　　　B. H_2O　　　　　　C. CO_2　　　　　　D. N_2

5. 下列物质中，分子间有氢键形成的是（　　　）。

A. F_2　　　　　　B. H_2O　　　　　　C. H_2S　　　　　　D. O_2

6. 水的沸点出现"反常现象"是因为分子间存在（　　　）。

A. 氢键　　　　　　B. 分子间作用力　　　　C. 共价键　　　　　　D. 离子键

7. 在碘的四氯化碳溶液中，溶质和溶剂之间存在（　　　）。

A. 取向力　　　　　　B. 诱导力　　　　　　C. 色散力　　　　　　D. 取向力和色散力

8. CH_4 为正四面体构型，C 原子的杂化方式为（　　　）。

A. sp　　　　　　B. sp^2　　　　　　C. sp^3　　　　　　D. spd

二、判断题

1. NH_4Cl 分子中存在配位键。（　　　）

2. 等价轨道的能量相同。（　　　）

3. 化学键主要有离子键、共价键、金属键和氢键。（　　　）

4. 同一原子中能量相近的原子轨道可以进行杂化。（　　　）

5. 分子的空间构型与轨道的杂化类型有关。（　　　）

6. 原子间形成的共价双键或叁键中一定有一个 σ 键。（　　　）

三、填空题

1. 核外电子的运动状态应由＿＿＿＿＿、＿＿＿＿＿、＿＿＿＿和＿＿＿＿＿个方面来描述。

2. 分子间氢键使物质的熔点、沸点＿＿＿＿＿＿＿＿＿；分子内氢键使物质的熔点、沸点＿＿＿＿＿＿＿＿。

3. $_{11}$Na 的电子排布式为＿＿＿＿＿＿，$_{16}$S 的电子排布式为＿＿＿＿＿＿。

4. 在 MgCl、MgO、Mg $(OH)_2$ 三种化合物中，同时存在离子键和共价键的化合物是＿＿＿＿＿＿。

5. 元素 Cl 在元素周期表中属于第＿＿＿＿＿＿周期，＿＿＿＿＿＿族。

（本章编写　潘立新）

扫码看解答

第五章 定量分析概论

 知识目标

1. 掌握滴定分析的常用术语定和滴定分析的有关计算。
2. 熟悉滴定分析方法的分类和常见滴定方式。
3. 了解定量分析的一般步骤。

扫码看课件

 能力目标

1. 能灵活运用物质的量比规则进行各种滴定分析计算。
2. 能根据需要熟练配制各种滴定液。

滴定分析法又称容量分析法，是经典的化学分析法。其应用可以追溯到 17 世纪末，从 18 世纪中叶开始较快地发展起来，到 19 世纪中叶时，滴定分析已经形成比较完整的分析体系。20 世纪初，利用"四大平衡"理论深入研究了滴定分析中滴定曲线、指示剂作用原理和终点误差等问题，分析化学从一门检测技术发展成为一门独立的学科。而滴定分析法是化学定量分析法中非常重要的一种分析方法，应用十分广泛。

 案例

葡萄糖酸钙的质量分数测定

取葡萄糖酸钙 0.5g，精密称定，加水 100mL 微温使之溶解，加入氢氧化钠试液（4.3％）15mL、钙紫红素指示剂 0.1g，用 EDTA 滴定液滴定至溶液由紫色转变为纯蓝色。

每毫升 EDTA 滴定液（$0.05mol \cdot L^{-1}$）相当于 22.42mg 的 $C_{12}H_{22}CaO_{14} \cdot H_2O$。

平行测定三次，并将滴定的结果用空白试验校正。

讨论 在该测定中，实验原理是什么？采用了什么滴定方法？如何记录并计算实验数据？本章将学习有关知识。

第一节 分析方法的分类

分析化学经过多年的发展，形成了各种分析方法和一套完整的分析体系，根据分析的依据不同，分析方法可做如下分类。

1. 无机分析和有机分析

根据分析对象不同，分析化学可分为无机分析和有机分析。无机分析的对象是无机物，有机分析的对象是有机物。

2. 定性分析、定量分析和结构分析

根据分析任务不同，分析化学可分为定性分析、定量分析和结构分析。定性分析是鉴定

试样中含有的组分；定量分析是测定试样中各组分的含量；结构分析是研究物质的分子结构和晶体结构。

3. 常量、半微量、微量分析和超微量分析

根据分析时所取试样量的多少也可以进行分类，见表 5-1。

表 5-1　根据试样量划分的分析方法

分析方法	试样量（固体）	试样量（液体）
常量分析	＞0.1g	＞10mL
半微量分析	0.01～0.1g	1～10mL
微量分析	0.1～10mg	0.01～1mL
超微量分析	＜0.1mg	＜0.01mL

在无机定性分析中，多采用半微量分析法；在化学定量分析中，一般采用常量分析法；进行仪器分析时，多采用微量分析及超微量分析。

需要指出，根据试样中被测组分的质量分数高低，分析方法又可分为常量组分分析（＞1%）、微量组分分析（0.01%～1%）及痕量组分分析（＜0.01%）。常量组分分析一般采用化学分析法，微量组分分析和痕量组分分析一般采用仪器分析法。

4. 化学分析和仪器分析

根据测定原理不同，可分为化学分析法和仪器分析法。

（1）化学分析法　化学分析法是以化学反应为基础的分析方法，主要包括滴定分析法、重量分析法和气体分析法。滴定分析法和重量分析法通常用于高质量分数或中质量分数组分的测定，即待测组分的质量分数一般在 1% 以上。重量分析法的准确度比较高，但分析速度慢。滴定分析法操作简便、快速，测定结果的准确度也比较高（一般情况下相对误差不超过0.1%），所用仪器设备又很简单，在生产实践和科学试验上都有广泛应用。气体分析法是利用气体的物理、化学性质不同来测定混合气体组成的分析方法。

（2）仪器分析法　仪器分析法是以物质的物理或物理化学性质为基础测定物质质量分数的分析方法，由于这类分析方法需要专用的、较特殊的仪器，所以称为仪器分析法。它包括光学分析法、电化学分析法、色谱分析法和质谱分析法等。

5. 例行分析、快速分析和仲裁分析

例行分析是指一般化验室日常生产中的分析，又叫常规分析。例如炼钢厂的炉前快速分析，药厂及化工厂化验室的日常分析，要求在尽量短的时间内报出结果以作为判断生产过程、运行过程正常与否的指标和判据，分析误差一般允许较大。

仲裁分析是不同单位对分析结果有争议时，要求有关单位（需是一定级别的药检所或法定检验单位）用指定的方法进行准确的分析，以判断分析结果的准确性。

 提纲挈领

1. 根据不同的分类依据，分析化学可以进行多种分类。

2. 在无机定性分析中，多采用半微量分析法；在化学定量分析中，一般采用常量分析法；进行仪器分析时，多采用微量分析及超微量分析。

第二节　定量分析的一般步骤

分析过程是确定物质组成信息的过程。要完成一项分析任务，通常包括以下步骤。

1. 任务和计划

根据分析任务制订初步分析计划，包括所采用的标准和分析方法、准确度和精密度要求等，还应包括所需的仪器设备、试剂等实验条件和实验可能存在的影响因素等。

2. 样品采集与制备

（1）样品采集　样品采集要具有代表性。在采样过程中，必须按照一定的程序，根据物料的大小及存放情况，自物料的各个不同部位，采集一定数量、颗粒大小不等的样品。

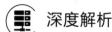 深度解析

采样量的多少与对测定结果准确度的要求有关，采样量越多，则试样的组成与所分析物料的平均组成越接近。但样品量过大，则相应的样品处理量亦增大。因此，采样时，应以能够满足预期准确度的要求为原则，采取最少量的样品。试样的采取量与待采试样的粒度、易粉碎程度以及均匀度等有关。

（2）样品的制备　将采样所取得的原始试样，处理成既能代表总体物料特性，数量又能满足检测需要最佳量的最终样品，这个过程称为试样的制备。对于均匀试样，试样的制备过程很简单，只需充分混合均匀即可。对于非均匀试样，一般需要经过破碎、过筛、混合和缩分等四个步骤。其中，缩分是在减小粒度的同时缩减样品量，常用的是"四分法"，样品经多次重复以上四个步骤后，使保留的试样量与试样的粒度达到试样制备要求。如图 5-1 所示。

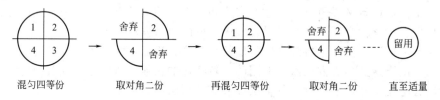

图 5-1　"四分法"示意图

3. 样品的分解

样品分解是分析工作的重要步骤之一。在分解样品时应注意以下问题：样品必须分解完全；样品分解过程中，待测组分的量不能改变；所用试剂及反应产物对后续测定没有干扰。

样品的性质不同，分解的方法亦有所区别。无机试样通常采用溶解法、熔融法和半溶法进行分解。有机样品的分解则通常采用干法、湿法和燃烧法等。此外，加压、微波加热分解技术在分析检测中也经常用到。

 深度解析

在样品分解过程中，针对不同样品以及不同的测定对象，需要选择不同的分解方法。选择样品分解方法的一般原则如下：①样品的分解方法应与测定方法相适应。有时测定同一组分，由于检测方法不同，选择样品的分解方法也不同。②应根据样品的组成和特性来选择试

样的分解方法。试样能溶于水时，最好用水作溶剂。样品不溶于水时，酸性样品可用碱性溶（熔）剂分解，常见的碱性溶（熔）剂有氢氧化钠、氢氧化钾、氨水、碳酸钠、碳酸钾等；碱性样品可用酸性溶（熔）剂分解，常见的酸性溶（熔）剂有盐酸、硝酸、硫酸、磷酸、高氯酸、焦硫酸钾等；氧化性样品可用还原性溶（熔）剂分解；还原性样品可用氧化性溶（熔）剂分解。③根据待测组分的性质选择样品的分解方法，测定同一样品中的不同组分时，需要采用不同的样品分解方法。例如，测定钢铁中磷的质量分数时，必须采用氧化性的酸来溶解，否则会造成磷的损失，但若测定钢铁中的其他元素，则可以用盐酸等溶解。所以，在分解试样时还需考虑所测定组分的性质。④选择分解方法时，还需注意应对后续分析操作无影响。

对于组成复杂的试样，在定量分析时，待测组分的含量常受到样品其他组分干扰，需要在分析前进行分离。常用的分离方法有沉淀法、挥发法、萃取法、色谱法等。

4. 样品的预处理

在定量分析中，待测样品通过制备和分解处理后，通常是以溶液或气体的状态用于测定。但有时待测组分经过上述处理后，其存在形式与测定形式并不完全相符，此时还需对样品作进一步处理。例如，利用氧化还原滴定法测定铁矿石中总铁的质量分数时，样品经过溶解后，部分铁以 Fe^{3+} 形态存在，若采用重铬酸钾滴定液（即滴定液）滴定，则需先用酸性氯化亚锡将 Fe^{3+} 还原为 Fe^{2+}，然后进行测定。这种在滴定前将全部待测组分转变为适宜测定形态的处理步骤，称为样品的预处理。

 深度解析

关于样品的预处理需注意以下问题：①反应必须能够定量地进行完全，使待测组分全部转变为适宜测定的形态，且反应速率要快。②过量的试剂必须易于除去（可采用加热分解、过滤沉淀和其他分离方法），并对待测组分不产生影响。③反应必须具有足够的选择性，以免其他共存组分的干扰。

5. 定量测定

根据样品的性质和分析要求，选择合适的分析方法进行测定。测定样品时应在满足测定准确度要求的前提下，选择测定步骤简便、快速的方法。可根据待测组分的性质不同加以选择。例如，酸碱性物质，可选择酸碱滴定法测定；大多数的金属离子可选择配位滴定法测定；具有氧化性或还原性的组分可选择氧化还原滴定法测定等。对于常量组分，可选择滴定分析法和称量分析法测定；对于微量甚至痕量组分，则一般采用灵敏度较高的仪器分析方法或将样品经分离、富集后再测定。在选择测定方法时，还应考虑到共存干扰组分对测定的影响，一般应选用选择性较高的分析方法。同时，还必须结合现有的实验条件，包括实验仪器设备、药品试剂以及实验人员的素质、技能等进行选择。

6. 数据处理及分析结果表达

（1）分析检验记录　分析检验记录是对分析检验项目整个分析检测过程的真实写照，是出具检验报告的原始凭证与依据。其记录应按页编号，原始记录应用蓝黑墨水或碳素笔书写，记录应详尽、清楚、真实、资料完整，并应归档保存。数据记录应采用国家标准规定的计量单位，并按测量仪器的有效数据记录。数据整理应用清晰简明的格式把大量原始数据表达出来，并保持原始数据应有的信息。

（2）数据处理　根据分析过程中有关反应的化学计量关系、试样的用量、测量得到的结果，计算待测组分的含量。可以借助计算机技术和各种专用数据处理软件，对大批实验数据进行处理，对分析结果及其误差用统计学方法进行处理和评价。

（3）形成检验报告　检验报告一般由如下内容构成：检验报告编号，送检单位（部门）名称，受检产品名称，样品说明（生产厂名、型号和规格、产品批号或出厂日期、取样地点及方法等），检验依据的标准编号与名称，检验项目与结果，检验结论，检验报告责任人并加盖检测单位专用公章，检验报告批准日期等。

 提纲挈领

1. 定量分析一般包括任务和计划、试样采集与制备、样品分解、样品预处理、定量测定、数据处理及分析结果表达等步骤。
2. 固体试样缩分常用的是"四分法"。

第三节　定量分析误差

一、系统误差与偶然误差

根据误差的性质和产生因素不同，可将误差分为系统误差和偶然误差。

1. 系统误差

系统误差是由于分析过程中某些固定的、经常性的原因所引起的误差。它具有单向性，其正负大小具有一定的规律性，即在多次平行测定中系统误差会重复出现，使测量结果总是系统地偏高或偏低。因此系统误差的大小是可测的，故又称为可测误差。系统误差主要来源于以下几个方面。

（1）方法误差　方法误差是分析方法本身不够完善所造成的误差。这种误差与方法本身固有的特性有关，与分析者的操作技术无关。例如滴定分析中，滴定反应不能定量地完成或者有副反应发生，由指示剂所确定的滴定终点与化学计量点不完全相符等，都会系统地使测定结果偏高或偏低，产生误差。

（2）试剂误差　试剂误差是试剂的纯度不够或蒸馏水含有被测物质或干扰物质所造成的误差。

（3）仪器误差　仪器误差是仪器本身精度不够或未经校准而引起的误差。例如天平灵敏度不符合要求，砝码质量未经校正，所用滴定管、容量瓶、移液管的刻度值与真实值不相符等，都会在使用过程中使测定结果产生误差。

（4）主观误差　主观误差是分析工作者在正常操作情况下，对操作规程的理解不一致所造成的误差。例如滴定管读数偏高或偏低，滴定终点颜色辨别偏深或偏浅等。

2. 偶然误差

偶然误差又称为不可测误差或随机误差，是分析过程中某些不确定的因素所造成的。例如，在分析过程中，环境条件（温度、湿度、气压等）和测量仪器微小波动，电压瞬间波动等；分析人员对试样处理有微小的差异等。这类误差对测定结果的影响程度不确定。在同一条件下进行多次平行测定所出现的随机误差有时正有时负，误差的数值也不固定，有时大有时小，不可预测，也难以控制。

偶然误差难于觉察，似乎没有规律性，但如果在消除系统误差以后，对同一试样在同一条件下进行多次重复测定，并将测定的数据用数理统计的方法进行处理，便会发现它符合正态分布规律，如图 5-2 所示，即绝对值相近、符号相反的误差出现的概率基本相等；绝对值小的误差出现的概率大，绝对值大的误差出现的概率小，绝对值特别大的误差出现的概率极小。因此增加重复测定次数，取平均值作为分析结果，可以减小偶然误差。

在分析化学中，还有一种由于工作人员的差错引起的"过失"。例如，加错试剂、看错砝码、记录或计算错误等，这些由于分析人员粗心大意、错误操作引起的失误，不属于误差之列，由此得到的实验数据必须剔除。

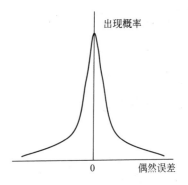

图 5-2　偶然误差的正态分布曲线

二、准确度与精密度

1. 准确度与误差

准确度是指测定值与真实值相近的程度，常用误差大小来衡量。误差一般可分为绝对误差和相对误差。

（1）绝对误差（E）指测量值（x_i）与真实值（x_T）之差。

$$E = x_i - x_T \tag{5-1}$$

绝对误差越小，测量值与真实值越接近，测量结果越准确。一些仪器的测定准确度高低常用绝对误差的大小来衡量。例如，电光分析天平的称量误差为 $\pm 0.0001g$，50mL 常量滴定管的读数误差为 $\pm 0.01mL$ 等。用绝对误差的大小来衡量测定结果的准确度有时不明显，因为它没有和测量过程中所取样的数量多少联系起来。

（2）相对误差（E_r）是指绝对误差（E）在真实值（x_T）中所占比值。

$$E_r = \frac{E}{x_T} \times 100\% \tag{5-2}$$

绝对误差和相对误差都有正值和负值之分，当测定结果大于真实值时，绝对误差和相对误差均为正值，表示测定结果偏高；反之误差为负值，表示测定结果偏低。由于相对误差能够反映误差在真实值中所占的比值，故常用相对误差来表示或比较各种情况下测定结果的准确度。

【例题 5-1】　用分析天平称量 A、B 两个样品，质量分别为 1.5231g、0.5231g，已知 A、B 两个样品的真实值为 1.5232g、0.5232g，求用该分析天平称量 A、B 两个样品时的绝对误差和相对误差，并比较称量结果的准确度。

解　$E(A) = x_A - x_T = 1.5231 - 1.5232 = -0.0001(g)$

$E(B) = x_B - x_T = 0.5231 - 0.5232 = -0.0001(g)$

$E_r(A) = \dfrac{E(A)}{x_T} \times 100\% = \dfrac{-0.0001}{1.5232} \times 100\% = -0.007\%$

$E_r(B) = \dfrac{E(B)}{x_T} \times 100\% = \dfrac{-0.0001}{0.5232} \times 100\% = -0.02\%$

通过计算可以看出，虽然称量 A、B 两个样品的绝对误差都是 $-0.0001g$，但称量 A 样品的相对误差却比称量 B 样品的相对误差小得多，所以称量 A 样品的准确度较高。

可见，对于同一台仪器，当称量的质量较大时，称量误差较小，因此在分析检验中，被称量物质的质量应不低于某一限量，以保证测定结果的准确度。

课堂互动

一般滴定管可有±0.01mL 的绝对误差，若要求滴定的相对误差在 0.1% 以下，请计算滴定时至少应该滴出液体的体积是多少？

 知识链接

真值与标准参考物质

要确定准确度，需要知道真实值。在实际工作中，由于任何测量都存在误差，所以不可能测得到真实值。分析化学中的真值可分为理论真值、约定真值和相对真值。

(1) 理论真值　是由理论推导得出的，不是实际测定的数值。例如，三角形的内角和为 180°、圆周率等。

(2) 约定真值　由国际计量大会规定的值，如原子量、分子量及一些常数等。

(3) 相对真值　即采用可靠的分析方法，在权威机构认可的实验室里，使用最精密的仪器，由不同的有经验的分析工作者，对同一试样进行反复多次实验，所得大量数据经数理统计方法处理后的平均值作为相对真值。

(4) 标准参考物质　必须是有公认的权威机构鉴定，并给予证书；具有良好的均匀性和稳定性；其含量测定的准确度至少高于实际测量的 3 倍。具备以上条件的物质方可作为分析工作中标准参考物质，也称标准试样或标样。

分析工作中常用约定真值和相对真值作为真值。如果以上两种真值都不知道，也可由最有经验的工作人员用最可靠的方法，对标准试样（标准参考物质）进行多次测定所得结果的平均值作为真值的替代值。

2. 精密度与偏差

精密度是指在相同条件下，一组平行测定结果之间相互接近程度。精密度的高低常用偏差大小来衡量。一般分析项目常用绝对偏差（d_i）、相对偏差（d_r）、平均偏差（$\overline{d}$）、相对平均偏差（$\overline{d}_r$）、标准偏差（S）和相对标准偏差（RSD）表示分析结果的精密度。

(1) 偏差　在实际分析工作中，通常真实值并不知道，一般是进行多次平行测定，然后取测定结果的算术平均值（$\overline{x}$）。设某组分测定值为 x_1，x_2，$\cdots$，x_n（n 为平行测定次数），其分析结果用算术平均值（$\overline{x}$）表示为：

$$\overline{x} = \frac{1}{n}\sum_{i=1}^{n} x_i \tag{5-3}$$

偏差是个别测定值（x_i）与多次测定结果的平均值（$\overline{x}$）之差。偏差大小可表示分析结果的精密度。偏差越小，表示测定结果的精密度越高，反之，精密度越低。偏差可分为绝对偏差和相对偏差。

绝对偏差（d_i）是个别测定值（x_i）与平均值 $\overline{x}$ 的差值。

$$d_i = x_i - \overline{x} \tag{5-4}$$

相对偏差（d_r）是绝对偏差（d_i）在平均值（$\overline{x}$）中所占比值。

$$d_r = \frac{d_i}{\overline{x}} \times 100\% \tag{5-5}$$

绝对偏差和相对偏差只能用来衡量单次测定结果对平均值的偏差。为了更好地说明测定结果的精密度，在一般分析项目中常用平均偏差和标准偏差来表示。

（2）平均偏差和相对平均偏差　平均偏差（$\overline{d}$）是各次测定绝对偏差绝对值的平均值，是绝对平均偏差的简称。

$$\overline{d} = \frac{1}{n}\sum_{i=1}^{n}|d_i| = \frac{1}{n}\sum_{i=1}^{n}|x_i - \overline{x}| \tag{5-6}$$

相对平均偏差（$\overline{d}_r$）是平均偏差（$\overline{d}$）在平均值（$\overline{x}$）中所占比值。

$$\overline{d}_r = \frac{\overline{d}}{\overline{x}} \times 100\% \tag{5-7}$$

平均偏差和相对平均偏差均为正值。

（3）标准偏差和相对标准偏差　标准偏差，又称均方根偏差（S）。用统计方法处理数据时，常用标准偏差（S）表示分析结果的精密度，它更能反映个别偏差较大的数据对测定结果重现性的影响。其数学表达式为：

$$S = \sqrt{\frac{\sum_{i=1}^{n}(x_i - \overline{x})^2}{n-1}} \tag{5-8}$$

相对平均偏差又称变异系数，是标准偏差（S）在平均值（$\overline{x}$）中所占的比值。

$$RSD = \frac{S}{\overline{x}} \times 100\% \tag{5-9}$$

【例题 5-2】　标定 HCl 溶液浓度，4 次平行测定结果：$0.1041\text{mol}\cdot\text{L}^{-1}$、$0.1043\text{mol}\cdot\text{L}^{-1}$、$0.1040\text{mol}\cdot\text{L}^{-1}$、$0.1044\text{mol}\cdot\text{L}^{-1}$，如果 HCl 浓度的真实值为 $0.1040\text{mol}\cdot\text{L}^{-1}$，求 HCl 溶液浓度的平均偏差、相对平均偏差、标准偏差和相对标准偏差。

解

$x_i/\text{mol}\cdot\text{L}^{-1}$	$|d_i|$	d_i^2
0.1041	0.0001	1×10^{-8}
0.1043	0.0001	1×10^{-8}
0.1040	0.0002	4×10^{-8}
0.1044	0.0002	4×10^{-8}
$\overline{x} = 0.1042$	$\sum|d_i| = 0.0006$	$\sum d_i^2 = 1.0 \times 10^{-7}$

平均偏差 $\overline{d} = \dfrac{\sum|d_i|}{n} = \dfrac{0.0006}{4} = 0.0002(\text{mol}\cdot\text{L}^{-1})$

相对平均偏差 $\overline{d}_r = \dfrac{\overline{d}}{\overline{x}} \times 100\% = \dfrac{0.0002}{0.1042} \times 100\% = 0.2\%$

标准偏差 $S = \sqrt{\dfrac{\sum d_i^2}{n-1}} = \sqrt{\dfrac{1.0 \times 10^{-7}}{4-1}} = 0.00018(\text{mol}\cdot\text{L}^{-1})$

相对标准偏差 $RSD = \dfrac{S}{\overline{x}} \times 100\% = \dfrac{0.00018}{0.1042} \times 100\% = 0.17\%$

用标准偏差表示精密度比用平均偏差表示更合理。因为单次测量值的偏差经平方以后更能显著地反映出来，所以在生产科研的检验报告中常用标准偏差表示精确度。

（4）极差　测量数据的精密度有时也用极差表示。一组数据中的最大数据与最小数据的差叫做这组数据的极差，它表示偏差的范围，通常以 R 表示。

$$R = x_{max} - x_{min} \tag{5-10}$$

$$相对极差 = \frac{R}{\bar{x}} \times 100\% \tag{5-11}$$

极差的计算非常简单，但其最大的缺点是没有充分利用各个测量数据，故其准确性较差。

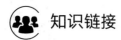 **知识链接**

公　差

在生产部门通常并不强调误差与偏差的区别，而是用"公差"范围来表示允许误差的大小。

公差是生产部门的分析结果允许误差的一种限量，又称为允许误差。如果分析结果超出允许的公差范围称为超差，遇到这种情况，则该项分析应该重做。公差范围的确定一般是根据生产需要和实际情况而制定的，所谓实际情况主要指样品组成的复杂情况以及所用分析方法的准确程度。对于每一项具体的分析工作，各主管部门都规定了具体的公差范围。

 **课堂互动**

分析某试样中 Fe 的质量分数，所得结果 w_{Fe} 为 43.78%、44.04%、43.98%、44.08%。计算分析结果的平均值、平均偏差、相对平均偏差、标准偏差和相对标准偏差。

3. 准确度与精密度的关系

准确度和精密度是判断分析结果是否准确的依据，但两者在概念上又是有区别的。准确度是表示测定结果的正确性，取决于测定过程中所有测量误差；而精密度则表示测定结果的重现性，与真实值无关，取决于测量的偶然误差。例如，甲、乙、丙、丁四名分析人员同时测定维生素 C 的含量（真实值为 99.13%），分别进行四次平行实验，测定结果如图 5-3 所示。

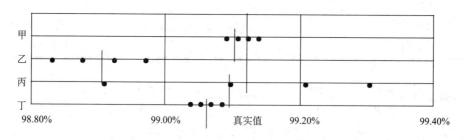

图 5-3　四名分析人员测定结果的比较

由四人的测定结果可见，甲的测定值彼此接近，平均值也接近真实值，说明精密度和准确度都较高；乙的精密度和准确度都不高；丙的平均值接近真实值，但由于各次测定值相差很大，重现性差，所得的平均值不可靠，准确度也较差；丁的测定值彼此接近，但平均值与真实值相比明显偏低，因此其精密度虽高，但准确度不高，可能存在系统误差。

从上例分析可知，高精密度是高准确度的前提和保证；但精密度高，准确度不一定高，只有在减免或校正了系统误差的前提下，精密度高，其准确度才可能高。

三、提高分析结果准确度的方法

1. 选择适当的分析方法

根据分析对象、试样情况及对分析结果的要求，选择适当的分析方法。一般来说，常量组分的测定选择化学分析法；微量组分或痕量组分的测定则选择仪器分析法。另外，选择分析方法还应考虑共存物质的干扰。

2. 减小测量误差

在测定方法选定后，为了保证分析结果的准确度，必须尽量减小测量误差。

在分析工作中，天平称量的绝对误差和容量仪器的刻度误差都是一定的，要使称量和体积测量的相对误差小，称取试样量和量取体积不能太小。一般分析天平称量的绝对误差是±0.0001g，用减量法称量两次，可能引起的最大误差是±0.0002g，为了使称量时的相对误差在0.1%以下，其称取质量不能太小。通过计算可知，当称取质量在0.2g以上时，才能保证称量的相对误差小于0.1%。又如，在滴定分析中，滴定管读数一般有±0.01mL的误差，一次滴定通常读数两次，这样可能造成±0.02mL的误差。为了使测量时的误差小于0.1%，滴定剂的消耗体积应不少于20.00mL，以保证读数误差小于0.1%。

3. 减小系统误差

系统误差的减免可通过对照试验、空白试验和校准仪器等方法来实现。

（1）对照试验 在相同的条件下，采用同样的分析方法，用标样代替试样进行的平行测定叫对照试验。除采用标样进行对照试验外，也可采用标准方法与所选用的方法同时测定某试样，由测定结果作统计检验；或者通过加标回收试验进行对照，判断方法的可靠性，以消除方法误差。对照试验是检验有无系统误差存在的有效方法。如果通过对照试验证明有系统误差存在，则可以采用空白试验或使用校正值予以消除。

（2）空白试验 在不加试样的情况下，按照与试样分析完全相同的操作步骤和条件而进行的测定叫做空白试验。空白试验所得到的结果称为"空白值"。从试样的分析结果中扣除空白值，即可得到比较可靠的分析结果。由环境、实验器皿、试剂及蒸馏水等带入的杂质所引起的系统误差，可以通过空白试验来校正。

（3）校准仪器 在日常分析工作中，由于仪器出厂时已进行过校正，只要仪器保管妥善，一般可不必进行频繁校准。当分析结果准确度要求较高时，则应对测量所用仪器如天平、容量瓶、移液管、滴定管等进行校正，并将校正值应用到分析结果的计算中。为了减小仪器误差，通常可采用简单而有效的方法，在同一分析项目的多次平行测定所涉及的一系列操作过程中，尽可能使用同一套仪器，以抵消由仪器带来的误差。实际分析工作中，还应注意标定标准滴定溶液与测定试样组分时的实验条件应力求一致，以抵消测定过程中的系统误差。

4. 减小偶然误差

由偶然误差的统计规律可见，在消除系统误差的前提下，只要操作细心，适当增加平行测定次数，就可将大小相等的正负误差相互抵消，使测定平均值接近于真实值。因此，增加平行测定次数是减小偶然误差的有效方法。但测定次数过多则意义不大，实际工作中平行测定次数一般控制在3～5次即可。

应当注意，由于分析人员工作时粗心大意、不遵守操作规程所造成的一些差错，如器皿未洗净、溶液溅失、加错试剂、读错数字、写错数据、计算错误等"过失"而造成的错误结果，是不能通过上述方法减免的。因此操作者应加强工作责任心，严格遵守操作规程，认真仔细地进行检验测定，做好原始记录，反复核对，以避免类似错误的发生。

 提纲挈领

1. 误差是指测定值与真实值之差。根据误差的性质和产生因素不同，可将误差分为系统误差和偶然误差。

2. 准确度是指测定值与真实值相近的程度，常用误差大小来衡量；误差一般可分为绝对误差和相对误差。精密度是指在相同条件下，一组平行测定结果之间相互接近程度；精密度的高低常用偏差大小来衡量。高精密度是高准确度的前提和保证。

3. 在分析工作中，为了提高分析结果准确度，我们可以通过选择适当的分析方法，减小测量误差，采取对照试验、空白试验和校准仪器等方法减免系统误差，增加平行测定次数减小偶然误差等方法来实现。

第四节　分析数据的处理

在定量分析中，实验数据的记录和运算结果要保留多少位数不是任意的，要根据测量仪器、分析方法的准确程度来确定。为此，在记录实验数据和计算分析结果时应当注意有效数字的保留问题。

一、有效数字及其运算规则

1. 有效数字的意义及位数

有效数字是在分析工作中实际能测量得到的有实际意义的数字，包括所有准确测量的数字和最后一位不确定（即可疑）的数字。不确定的数字根据测量仪器的准确度来估计。在记录数据时，不确定的数字只能保留一位。例如，用分析天平称得某样品的质量为 0.7860g，在这一数值中，0.786 是准确的，最后一位数字"0"是不准确的，即其实际质量是在 0.7860g±0.0001g 范围内的某一数值，此时称量的绝对误差为 ±0.0001g，相对误差为 ±0.01%；若将上述称量结果记录为 0.786g，则表示该样品的实际质量将为 0.786g± 0.001g 范围内的某一数值，其相对误差为±0.1%。由此例可见，数据中代表着一定计量意义的每一个数字都是重要的，即数据的位数不仅能表示数值的大小，更重要的是反映了测量的准确程度。因此，记录数据的位数不能随便增减。

关于有效数字，应注意以下几点：

（1）记录测量所得数据时，只允许保留一位可疑数字。

（2）记录测量数据时，绝不能因为最后一位数字是零而随意舍去。

（3）有效数字与小数点的位置及量的单位无关。

（4）数字"0"在数据中具有双重意义。在数字 1~9 中间或之后的"0"与测量精度有关，是有效数字；在数字 1~9 之前的"0"只起定位作用，与测量精度无关，不是有效数字。如 20.50mL 两个"0"均为有效数字；如 0.00046 前面四个"0"都不是有效数字，只起定位作用。

（5）对数有效数字的位数只取决于小数点后面数字的位数，整数部分只相当原数值的次方，不是有效数字。例如，$\lg(1.6\times10^3)=0.20412+3=3.20412$，3 相当于 $\lg10^3$，不是有效数字，1.6 是两位有效数字，$\lg1.6$ 的结果也应取两位有效数字 0.20，所以 $\lg(1.6\times10^3)$ 的结果应是 3.20。pH、pK_a 有效数字位数仅决定于小数部分的数字位数。例如 pH=5.02、

$pK_a = 10.75$，有效数字均为两位。

（6）$a \times 10^n$ 或 $b\%$（a、b 为任意正数，n 为任意整数）这样的数值，其 a、b 的有效数字即为 $a \times 10^n$ 或 $b\%$ 数值的有效数字。

（7）数学上的常数 e、π 以及倍数或分数（如 3、1/2 等）不是实际测量的数字，应视为无误差数字或无限多位有效数字。

（8）有效数字第一位数字等于或大于 8 时，其有效数字可多算一位。如 8.67，9.53 可视为四位有效数字。

2. 有效数字的修约

在分析测定过程中，根据有效数字的要求，常常要弃去多余的数字，然后再进行计算，通常把弃去多余数字的处理过程称为数字的修约。数字的修约通常遵循"四舍六入五留双"原则，该原则规定：

（1）当被修约数字小于或等于 4 时，则舍；等于或大于 6 时，则入。例如，2.6542 修约为三位有效数字，应写成 2.65。

（2）被修约数字等于 5 时，若 5 后面的数字不全为 0，则入；若 5 后面无数字或全部为零，则看 5 前一位是奇数还是偶数，若为奇数，则入；若为偶数则舍。例如，4.15506 修约为三位有效数字应写成 4.16；4.1550 和 12.65 修约为三位有效数字应写成 4.16 和 12.6。

（3）修约时，只能对原始数据进行一次修约到所需要的位数，不得连续进行多次修约。例如 6.3549 修约为三位有效数字，应一次修约为 6.35，不能先修约为 6.355，再修约为 6.36。

3. 有效数字的运算规则

在分析计算中，每个测量值的有效数字位数可能不同，每个测量值的误差都会传递到分析结果。当一些准确度不同的数据进行运算时，要遵守有效数字的运算规则，保证运算结果能真正反映实际测量的准确度。运算规则的步骤一般是先修约、后计算，结果再修约，为了提高计算结果的可靠性，修约时可以暂时多保留一位有效数字，得到最后结果再按照"四舍六入五留双"的原则修约。

（1）加减运算　在加减运算中，计算结果有效数字位数的保留，以各数据中小数点后位数最少（即绝对误差最大）的数据为标准。

【例题 5-3】　计算 $0.3524 + 3.24 + 1.169 = ?$

正确的计算为：

$$
\begin{aligned}
& 0.3524 + 3.24 + 1.169 \\
= & 0.352 + 3.24 + 1.169 \\
= & 4.761 \\
= & 4.76
\end{aligned}
$$

上述相加的 3 个数据中，3.24 小数点后位数最少，其中"4"已是可疑数字。因此最后结果有效数字的保留应以此数据为准，即保留有效数字的位数到小数点后第二位，但计算前修约时可暂时多保留一位。

（2）乘除运算　在乘除运算中，计算结果有效数字位数的保留，以各数据中有效数字位数最少（即相对误差最大）的数据为标准。

【例题 5-4】　计算 $3.626 \times 0.437 \times 6.2 = ?$

正确的计算为：

$$3.626 \times 0.437 \times 6.2$$
$$=3.63 \times 0.437 \times 6.2$$
$$=9.84$$
$$=9.8$$

在上述计算中，6.2 的有效数字位数最少，其相对误差最大，因此最后结果有效数字的保留应以此数据为准，保留两位有效数字。

二、可疑值的取舍

在定量分析中，通常是把测量数据的平均值作为测定结果进行报告。但在报告多次平行测定的分析结果时，只给出测量数据的平均值是不够的，还应对少量或有限次数实验测量数据运用数理统计方法进行合理分析，对分析结果的可靠性给予正确、科学的评价，再做出分析结果的报告。

在分析检验工作中，系统误差和偶然误差可能同时存在，各种统计检验就是利用数据统计方法对误差进行分析，从而正确评价测定数据和分析结果。在平行测定所得的一组分析数据中，往往有个别数据与其他数据相差较远，这一数据称为可疑数据。可疑数据的取舍，对平均值影响很大，对确知原因的可疑数据应弃之不用。对不知原因的可疑数据应根据随机误差的分布规律决定取舍。取舍的方法很多，在此只介绍 G 检验法和 Q 检验法。

1. G 检验法

G 检验法是目前较常使用的检验可疑值的方法，具体步骤如下：

① 计算出包括可疑值在内的平均值及标准偏差。

② 计算可疑值与平均值之差。

③ 按下列公式计算 $G_{计}$ 值。

$$G_{计}=\frac{|x_{可疑}-\overline{x}|}{S} \tag{5-12}$$

④ 查 G 值表 5-2，如果 $G_{计}>G_{表}$，将可疑值舍去，反之，应当保留。

表 5-2　G 检验临界值表

测定次数 n	3	4	5	6	7	8	9	10
$G_{90\%}$	1.15	1.46	1.67	1.82	1.94	2.03	2.11	2.18
$G_{95\%}$	1.15	1.48	1.71	1.89	2.02	2.13	2.21	2.29
$G_{99\%}$	1.15	1.49	1.75	1.94	2.10	2.22	2.39	2.48

【例题 5-5】　某分析人员标定氢氧化钠溶液的浓度时，得到下列数据：$0.1008mol \cdot L^{-1}$，$0.1010mol \cdot L^{-1}$，$0.1012mol \cdot L^{-1}$，$0.1018mol \cdot L^{-1}$。在置信度为 90% 下，用 G 检验法判断第 4 次数据 $0.1018mol \cdot L^{-1}$ 是否应该舍弃？

解　$\overline{x}=\dfrac{0.1008+0.1010+0.1012+0.1018}{4}=0.1012(mol \cdot L^{-1})$

$$S=\sqrt{\frac{\sum(x_i-\overline{x})^2}{n-1}}=\sqrt{\frac{0.0004^2+0.0002^2+0.0000^2+0.0006^2}{4-1}}=0.00043$$

$$G_{计}=\frac{|x_i-\overline{x}|}{S}=\frac{|0.1018-0.1012|}{0.00043}=1.39$$

查表 5-2，$n=4$，置信度为 90％时，$G_\text{表}=1.46$

$G_\text{表}>G_\text{计}$，第 4 次数据 0.1018mol·L^{-1}应当保留。

2. Q 检验法

Q 检验法又叫做舍弃商法，是迪克森（W. J. Dixon）在 1951 年专为分析化学中少量观测次数（$n<10$）提出的一种简易判据式。其检验步骤如下。

① 将测得的数据按由小到大顺序排列：$x_1, x_2, \cdots, x_n$。

② 求出最大值与最小值的差值（极差）：x_n-x_1。

③ 求出可疑值与其相邻数据之间的差值：x_n-x_{n-1} 或 x_2-x_1。

④ 计算出 Q 值：$Q_\text{计算值}$ 等于③中的差值除以②中的极差。

⑤ 根据测定次数 n 和要求的置信度查 Q 值表。

⑥ 判断：若 $Q_\text{计算值}>Q_\text{查表值}$，相应的可疑值应舍去；若 $Q_\text{计算值}<Q_\text{查表值}$，相应的可疑值应予以保留。

表 5-3　不同置信度下的 Q 值

测定次数 n	3	4	5	6	7	8	9	10
90％	0.94	0.76	0.64	0.56	0.51	0.47	0.44	0.41
95％	0.98	0.85	0.73	0.64	0.59	0.54	0.51	0.48
99％	0.99	0.93	0.82	0.74	0.68	0.63	0.60	0.57

【例题 5-6】　对某一试样中铁的质量分数进行了 7 次测定，测定结果分别为 79.58％、79.45％、79.47％、79.50％、79.62％、79.38％、79.90％，试用 Q 检验法判断可疑值 79.90％是否应弃去（置信度为 90％）。

解　① 将各数据按由小到大排列：79.38％、79.45％、79.47％、79.50％、79.58％、79.62％、79.90％。

② 求出最大值与最小值之差：$79.90％-79.38％=0.52％$。

③ 求出可疑值与其相邻数据之差：$79.90％-79.62％=0.28％$。

④ 计算 Q 值：$Q_\text{计}=\dfrac{0.28％}{0.52％}=0.54$。

⑤ 查表 5-3 得，当 $n=7$ 时，$Q_{90％}=0.51$。

⑥ 判断：$Q_\text{计}>Q_{90％}$，所以可疑值 79.90％应弃去。

 拓展阅读 ....

分析结果的可靠性检验

在定量分析工作中，由于系统误差和偶然误差的存在，试样测定值的平均值 $\overline{x}$ 与试样的标准值之间不可能一致，对同一试样用不同方法或不同的操作人员测定的两组测定值的平均值 $\overline{x}_1$、$\overline{x}_2$ 也不一致。因此，必须对分析结果的准确度或精密度是否存在显著性差异进行判断，对分析结果的可靠性进行检验。统计检验的方法很多，在这里为大家介绍一下 F 检验法。

F 检验法是通过比较两组数据的方差 S^2（标准偏差的平方），以确定它们的精密度之间是否存在显著性差异，具体步骤如下：

① 首先计算出两个样本的方差 S_1^2 和 S_2^2；

② 然后按下式计算 $F_计$：

$$F_计 = \frac{S_1^2}{S_2^2} \quad (S_1 > S_2) \tag{5-13}$$

③ 由表 5-4 查出，在 95% 置信度时不同 f（自由度）的 $F_表$，比较 $F_计$ 与 $F_表$ 值，若 $F_计 < F_表$，则表示两组数据的精密度无显著性差异；反之，则有显著性差异。

表 5-4　95% 置信度时的 F 值分布表（部分）

f_2＼f_1	2	3	4	5	6	7	8	9	10	∞
2	19.00	19.16	19.25	19.30	19.33	19.35	19.37	19.38	19.39	19.50
3	9.55	9.28	9.12	9.01	8.94	8.89	8.85	8.81	8.78	8.53
4	6.94	6.59	6.39	6.26	6.16	6.09	6.04	6.00	5.96	5.63
5	5.79	5.41	5.19	5.05	4.95	4.88	4.82	4.77	4.74	4.36
6	5.14	4.76	4.53	4.39	4.28	4.21	4.15	4.10	4.06	3.67
7	4.74	4.35	4.12	3.97	3.87	3.79	3.73	3.68	3.64	3.23
8	4.46	4.07	3.84	3.69	3.58	3.50	3.44	3.39	3.35	2.93
9	4.26	3.86	3.63	3.48	3.37	3.29	3.23	3.18	3.15	2.71
10	4.10	3.71	3.48	3.33	3.22	3.14	3.07	3.02	2.98	2.54
∞	3.00	2.60	2.37	2.21	2.10	2.01	1.94	1.88	1.83	1.00

提纲挈领

1. 有效数字是在分析工作中实际能测量得到的有实际意义的数字，包括所有准确测量的数字和最后一位不确定（即可疑）的数字。

2. 有效数字的修约通常遵循"四舍六入五留双"原则。

3. 有效运算规则的步骤一般是先修约、后计算，结果再修约，为了提高计算结果的可靠性，修约时可以暂时多保留一位有效数字，得到最后结果再按照"四舍六入五留双"的原则修约。

4. 在分析工作中，对不知原因的可疑数据应根据随机误差的分布规律决定取舍。目前较常使用的检验可疑值的方法有 G 检验法和 Q 检验法。

第五节　滴定分析法概述

滴定分析法是常用的化学定量分析方法，因其操作简便、使用仪器简单、分析结果准确而被广泛应用。

一、基本概念及主要分析方法

1. 基本概念

滴定分析法是将已知准确浓度的溶液（即滴定液，也称标准溶液或标准滴定溶液），滴加到被测物质的溶液中，当所加的滴定液与被测物质恰好按化学计量关系反应完全时停止滴加，根据滴加的滴定液的浓度和体积，计算被测物质质量分数的方法。

（1）滴定液　　是指已知准确浓度的溶液，又称标准溶液。

（2）滴定　　是指用滴定管把滴定液滴加到被测物质溶液中的过程。

（3）化学计量点　　当滴入的滴定液与被测物质的量正好符合化学反应式所表示的计量关系时，称反应到达化学计量点（简称计量点，用 sp 表示）。

（4）指示剂　　许多滴定体系没有明显的外部特征来显示化学计量点的到达，需在被测溶液中加入一种辅助试剂，能产生显著的颜色改变而指示终点的辅助试剂称为指示剂。

（5）滴定终点　　是指滴定过程中，指示剂恰好发生颜色变化的转变点，称为滴定终点（用 ep 表示）。

（6）终点误差　　指示剂不一定恰好在计量点时变色，因此计量点和滴定终点二者往往不完全符合，由此造成的误差称为终点误差（又称滴定误差）。

 深度解析

化学计量点与滴定终点的不同

化学计量点是理论终点，滴定终点是滴定过程中颜色突变点。

例如：氢氧化钠滴定液滴定盐酸溶液，当恰好到达化学计量点时，pH 为 7，如果采用酚酞为指示剂，此时溶液无色。酚酞的显色范围在 pH 为 9～10。因此，到达计量点仍需继续滴加氢氧化钠滴定液使酚酞变红，即滴定终点到达。继续滴加的少量氢氧化钠滴定液，就是终点误差。

不同的反应类型和指示剂都会影响终点误差的大小，误差较小时，可忽略不计，误差较大时必须做空白试验进行校正。

滴定分析通常用于测定常量组分，即待测组分的质量分数在 1％以上，一般测定的相对误差小于 0.2％。滴定分析具有操作简便、分析速率快、测定准确度较高及应用广泛的特点，因此，在生产实践和科学实验中具有很大的实用价值。

2. 主要分析方法

依据化学反应类型不同，可将滴定分析法分为下列四大类：

（1）酸碱滴定法　　是以酸碱中和反应为基础的滴定分析方法。一般的酸、碱以及能与酸、碱直接或间接发生质子转移反应的物质均可用酸碱滴定法测定。反应实质可用下式表示：

$$H_3O^+ + OH^- \rightleftharpoons 2H_2O$$
$$Ac^- + H_3O^+ \rightleftharpoons HAc + H_2O$$
$$HAc + OH^- \rightleftharpoons Ac^- + H_2O$$

（2）配位滴定法　　是以配位反应为基础的分析方法。可用于测定金属离子或配位剂。其基本反应可用下式表示：

$$M + Y \rightleftharpoons MY$$

M 代表金属离子，Y 代表 EDTA 配位剂。

目前使用最广的配位剂是氨羧配位剂（常用 EDTA），可与金属离子生成稳定的配合物。

（3）沉淀滴定法　　是以沉淀反应为基础的分析方法。其滴定反应的特点是生成难溶性的沉淀，如银量法：

$$Ag^+ + X^- \rightleftharpoons AgX\downarrow$$

（4）氧化还原滴定法　是以氧化还原反应为基础的分析法。氧化还原反应是基于电子转移的反应，反应机制比较复杂，反应速率较慢，且常伴有副反应。主要有高锰酸钾法、碘量法、亚硝酸钠法等。如高锰酸钾法：

$$2MnO_4^- + 5C_2O_4^{2-} + 16H^+ \rightleftharpoons 2Mn^{2+} + 10CO_2\uparrow + 8H_2O$$

二、滴定反应基本条件及滴定方式

1. 基本条件

虽然滴定分析法是以化学反应为基础的定量分析方法，但并不是所有的化学反应都适用于滴定分析，可用作滴定分析的化学反应必须具备以下条件：

（1）反应要按一定的反应式进行，有确定的化学计量关系，反应完全程度要达到99.9%以上，无副反应发生或可采取措施消除副反应。这是定量计算的基础。

（2）反应速率要快，要求瞬间完成，对于反应速率较慢的反应，可通过加热或加催化剂等方法加快反应速率。

（3）必须有适宜的指示剂或简便可靠的方法确定滴定终点。

2. 主要滴定方式

滴定分析法的滴定方式主要有下列四种。

（1）直接滴定法　将滴定液直接滴加到被测物质溶液中的一种滴定方法。凡是符合滴定分析法基本条件的化学反应，都可直接滴定。例如，用 HCl 滴定液滴定 NaOH 溶液，用 EDTA 滴定液测定 Ca^{2+} 的质量分数。

（2）返滴定法　先准确加入过量的滴定液至被测物质中，待反应完全后，再用另一种滴定液滴定剩余的滴定液，据此求出被测物质的含量，这种滴定方式称为返滴定法（也称剩余滴定法或回滴定法）。适用于被测物质是不易溶解的固体、滴定反应速率慢或没有合适的指示剂的反应。例如，试样中 $CaCO_3$ 质量分数的测定，可先加入一定量的过量的 HCl 滴定液，待反应完全后，再用 NaOH 滴定液滴定剩余的 HCl 滴定液。反应如下：

$$CaCO_3 + 2HCl（过量）== CaCl_2 + CO_2\uparrow + H_2O$$
$$HCl（剩余）+ NaOH == NaCl + H_2O$$

（3）置换滴定法　用适当试剂与待测组分反应，使其定量地置换出另一种物质，再用滴定液滴定此生成物，这种滴定方式称为置换滴定法。当待测组分与滴定液的反应没有确定的计量关系或伴有副反应时，需采用置换滴定法。例如，NaS_2O_3 与 $K_2Cr_2O_7$ 反应无确定的计量关系，可在 $K_2Cr_2O_7$ 的酸性溶液中加入过量 KI，定量置换出 I_2，再用 NaS_2O_3 滴定液与生成的 I_2 反应，即可计算 $K_2Cr_2O_7$ 的质量分数。反应如下：

$$Cr_2O_7^{2-} + 6I^- + 14H^+ == 2Cr^{3+} + 3I_2 + 7H_2O$$
$$I_2 + 2S_2O_3^{2-} == 2I^- + S_4O_6^{2-}$$

（4）间接滴定法　当被测物质与滴定液不能直接反应时，可先加入某种试剂与被测物质发生反应，再用适当的滴定液滴定生成物，间接测定出被测物质的质量分数，这种滴定方式称为间接滴定法。例如，测定 $CaCl_2$ 的质量分数时，由于 Ca^{2+} 在溶液中无可变价态，不能与 $KMnO_4$ 滴定液直接进行氧化还原滴定。可将 Ca^{2+} 沉淀为 CaC_2O_4，洗涤后溶解在 H_2SO_4 溶液中，然后再用 $KMnO_4$ 滴定液滴定与 Ca^{2+} 结合的 $C_2O_4^{2-}$，即可间接测定的 $CaCl_2$ 质量分数。反应如下：

$$Ca^{2+} + C_2O_4^{2-} == CaC_2O_4\downarrow$$

$$CaC_2O_4 + 2H^+ \Longrightarrow H_2C_2O_4 + Ca^{2+}$$
$$2MnO_4^- + 5H_2C_2O_4 + 6H^+ \Longrightarrow 2Mn^{2+} + 10CO_2 \uparrow + 8H_2O$$

三、滴定液

在滴定分析中，需要通过滴定液的体积和浓度计算被测物质的质量分数，熟练掌握滴定液的配制方法和浓度表示方法十分重要。

1. 滴定液的配制

配制滴定液有两种方法，即直接配制法和间接配制法。

（1）直接配制法　能采用直接配制法配制的滴定液必须是基准物质，符合基准物质的条件。所谓基准物质是一种高纯度的、组成与化学式高度一致的、化学性质稳定、能用于直接配制滴定液或标定滴定液的物质，具备以下条件：

① 组成与化学式完全符合，若含结晶水，其数目也应与化学式符合；

② 纯度高，一般要求纯度在 99.9% 以上；

③ 稳定性高，加热干燥时不挥发、不分解，称量时不吸湿，不吸收空气中的 CO_2，不被空气氧化等；

④ 具有较大的摩尔质量，以减小称量误差。

直接配制法的具体步骤是：准确称量一定量的基准物质，溶解后定量转入一定体积的容量瓶，定容后混合均匀，根据基准物质的质量和所配溶液的体积计算出滴定液的准确浓度。凡是基准物质均可采用直接配制法配制滴定液。

 课堂互动

为什么物质摩尔质量大可以减小称量误差？

（2）间接配制法　先将试剂配制成近似所需浓度的溶液，再用基准物质或另一滴定液来确定该溶液的准确浓度的配制方法称为间接配制法。凡是不符合基准物质条件的物质，只能采用间接配制法。

利用基准物质或已知准确浓度的溶液来确定另一滴定液准确浓度的过程称为标定。常用的标定方法有两种。

① 用基准物质标定　精密称取一定量的基准物质，溶解后用待标定的滴定液滴定，根据基准物质的质量和待标定滴定液所消耗的体积，即可计算出待标定滴定液的准确浓度。基准物质标定法分为移液管法和多次称量法。

② 用滴定液标定　该法也称为比较标定法。准确量取一定体积的待标定溶液，用已知浓度的滴定液滴定；或准确量取一定体积的已知浓度滴定液，用待标定的溶液进行滴定。根据两种溶液消耗的体积及已知准确浓度滴定液的浓度，即可计算出待标定滴定液的准确浓度。该法操作简便，准确度比基准物质标定法差。

2. 滴定液浓度的表示方法

（1）物质的量浓度　是指单位体积溶液中所含溶质 B 的物质的量，简称浓度，以符号 c_B 表示，即：

$$c_B = \frac{n_B}{V} = \frac{m_B}{M_B V} \tag{5-14}$$

式中，n_B 是物质 B 的物质的量，mol 或 mmol；m_B 表示物质 B 的质量，g 或 mg；M_B

是物质 B 的摩尔质量，$g \cdot mol^{-1}$；V 是溶液的体积，L；c_B 是物质的量浓度，$mol \cdot L^{-1}$ 或 $mmol \cdot L^{-1}$。

【例题 5-7】 1L NaCl 溶液中含有 NaCl 58.44g，计算该溶液的物质的量浓度。

解 NaCl 的摩尔质量为 $58.44 g \cdot mol^{-1}$，根据式(5-14)，则：

$$c_{NaCl} = \frac{n_{NaCl}}{V} = \frac{m_{NaCl}}{M_{NaCl}V} = \frac{58.44g}{58.44g \cdot mol^{-1} \times 1L} = 1 mol \cdot L^{-1}$$

(2) 滴定度 是指每毫升规定浓度滴定液相当于被测物质的质量（g 或 mg），以符号 $T_{T/A}$ 表示，单位为 $g \cdot mL^{-1}$ 或 $mg \cdot mL^{-1}$，其中右下角斜线上方的 T 表示滴定液，斜线下方的 A 表示被测物质。滴定度与被测物质的质量关系式为：

$$m_A = T_{T/A}V_T \tag{5-15}$$

式中，m_A 表示被测物质 A 的质量，g；V_T 表示滴定液 T 的体积，mL。

经过推导，可以得到滴定度与物质的量浓度的换算公式为：

$$T_{T/A} = \frac{a}{t}c_T M_A \times 10^{-3} \tag{5-16}$$

【例题 5-8】 已知 $T_{HCl/NaOH} = 0.004000 g \cdot mL^{-1}$，滴定终点时消耗 HCl 滴定液 20.00mL，计算被测溶液中 NaOH 的质量。

解 根据式(5-15)，则：

$$m_{NaOH} = T_{HCl/NaOH}V_{HCl} = 0.004000 g \cdot mL^{-1} \times 20.00 mL = 0.08000 （g）$$

 提纲挈领

1. 凡是基准物质均可直接配制滴定液，不是基准物质只能采用间接配制法。

2. 间接配制法有两种标定方法：基准物质标定和比较标定，前者更准确。

3. 滴定液是滴定分析中用于测定样品质量分数的滴定液，其浓度的表示方法常用的有两种：①物质的量浓度（国家法定计量单位）；②滴定度（药物分析或生产实际中应用较多），两种浓度可以相互进行换算。

第六节　滴定分析计算

一、滴定分析计算的依据

滴定分析中，被测物质 A 与滴定液 T 之间关系可用下式表示：

$$aA \quad + \quad tT \quad = \quad cC \quad + \quad dD$$
$$\text{（被测物）} \quad \text{（滴定液）} \qquad \text{（生成物）}$$

当滴定到达化学计量点时，a mol A 物质与 t mol T 物质完全反应，即被测物质 A 与滴定液 T 之间物质的量之比等于各物质的系数之比：

$$\frac{n_A}{n_T} = \frac{a}{t}$$

即：

$$n_A = \frac{a}{t}n_T \tag{5-17}$$

根据上述公式，可以推导出：

1. 滴定液配制的计算公式

$$\frac{m_{\mathrm{T}}}{M_{\mathrm{T}}} = c_{\mathrm{T}} V_{\mathrm{T}} \tag{5-18}$$

$$c_1 V_1 = c_2 V_2 \tag{5-19}$$

2. 滴定液标定的计算公式

用基准物质标定的计算公式：
$$\frac{m_{\mathrm{A}}}{M_{\mathrm{A}}} = \frac{a}{t} c_{\mathrm{T}} V_{\mathrm{T}} \tag{5-20}$$

用滴定液标定的计算公式：
$$c_{\mathrm{A}} V_{\mathrm{A}} = \frac{a}{t} c_{\mathrm{T}} V_{\mathrm{T}} \tag{5-21}$$

3. 利用滴定度计算被测物质的质量分数

$$w_{\mathrm{A}} = \frac{T_{\mathrm{T/A}} V_{\mathrm{T}}}{m_{\mathrm{s}}} \tag{5-22}$$

或
$$\mathrm{A}\% = \frac{T_{\mathrm{T/A}} V_{\mathrm{T}}}{m_{\mathrm{s}}} \times 100\% \tag{5-23}$$

由于《中国药典》（2020 年版）中规定的滴定度均是指滴定液的物质的量浓度在规定值的前提下对某药品的滴定度，但在工作中实际的物质的量浓度往往与规定浓度不完全相同（一般要求实际浓度与规定浓度应该很接近），因此必须用校正因子 F 进行校正。即定义校正因子 F 等于实际浓度除以规定浓度，其表示为：

$$F = \frac{c_{\text{实际}}}{c_{\text{规定}}}$$

则式(5-22) 可表示为：
$$w_{\mathrm{A}} = \frac{T_{\mathrm{T/A}} V_{\mathrm{T}} F}{m_{\mathrm{s}}} \tag{5-24}$$

则式(5-23) 可表示为：
$$\mathrm{A}\% = \frac{T_{\mathrm{T/A}} V_{\mathrm{T}} F}{m_{\mathrm{s}}} \times 100\% \tag{5-25}$$

除此之外，利用上述基本公式，还可以做其他的变形，可灵活使用。

二、计算示例

【例题 5-9】 欲配制 $0.01000 \mathrm{mol} \cdot \mathrm{L}^{-1}$ $K_2Cr_2O_7$ 滴定液 1000mL，应称取 $K_2Cr_2O_7$ 多少？

解 已知 $c_{K_2Cr_2O_7} = 0.01000 \mathrm{mol} \cdot \mathrm{L}^{-1}$，$V_{K_2Cr_2O_7} = 1000 \mathrm{mL}$，$M_{K_2Cr_2O_7} = 294.2 \mathrm{g} \cdot \mathrm{mol}^{-1}$

根据式(5-14) $c_{\mathrm{B}} = \dfrac{n_{\mathrm{B}}}{V} = \dfrac{m_{\mathrm{B}}}{M_{\mathrm{B}} V}$ 得：

$$m_{K_2Cr_2O_7} = c_{K_2Cr_2O_7} V_{K_2Cr_2O_7} M_{K_2Cr_2O_7}$$
$$= 0.01000 \mathrm{mol} \cdot \mathrm{L}^{-1} \times 1\mathrm{L} \times 294.2 \mathrm{g} \cdot \mathrm{mol}^{-1} = 2.942 \ (\mathrm{g})$$

【例题 5-10】 用质量分数为 98%，密度为 $1.84 \mathrm{kg} \cdot \mathrm{L}^{-1}$ 的浓硫酸配制浓度为 $0.10 \mathrm{mol} \cdot \mathrm{L}^{-1}$ 的稀硫酸 500mL，应称取浓硫酸多少？

解 已知 $w_1 = 98\%$，$\rho_1 = 1.84 \mathrm{kg} \cdot \mathrm{L}^{-1}$，$c_2 = 0.10 \mathrm{mol} \cdot \mathrm{L}^{-1}$，$V_2 = 500 \mathrm{mL}$，$M_{H_2SO_4} = 98.00 \mathrm{g} \cdot \mathrm{mol}^{-1}$。

浓硫酸的物质的量浓度为：

$$c_1 = \frac{w_1 \rho_1}{M_{H_2SO_4}} = \frac{98\% \times 1.84 \times 1000}{98.00} = 18.4 (\text{mol} \cdot \text{L}^{-1})$$

根据溶液的稀释定律得：

$$V_1 = \frac{c_2 V_2}{c_1} = \frac{0.10 \times 500}{18.4} = 2.7 (\text{mL})$$

【例题 5-11】 滴定 1.3400g 纯 $Na_2C_2O_4$（$M = 134.00$ g·mol^{-1}）消耗 $KMnO_4$ 滴定液 75.35mL，计算 $KMnO_4$ 滴定液的浓度。

解 滴定反应式为：

$$2MnO_4^- + 5C_2O_4^{2-} + 16H^+ \Longrightarrow 2Mn^{2+} + 10CO_2 + 8H_2O$$

$$\frac{m_A}{M_A} = \frac{a}{t} c_T V_T$$

$$c_{KMnO_4} = \frac{\dfrac{m_{Na_2C_2O_4}}{M_{Na_2C_2O_4}} \times \dfrac{t}{a}}{V_{KMnO_4}} = \frac{\dfrac{1.3400}{134.00} \times \dfrac{2}{5} \times 1000}{75.35} = 0.0531 \ (\text{mol} \cdot \text{L}^{-1})$$

【例题 5-12】 用 0.2500mol·L^{-1} HCl 滴定液滴定 Na_2CO_3，计算每 1mL 0.2500mol·L^{-1} HCl 滴定液相当于 Na_2CO_3 的质量（T_{HCl/Na_2CO_3}）。

解 滴定反应式为：

$$2HCl + Na_2CO_3 \Longrightarrow 2NaCl + H_2O + CO_2 \uparrow$$

$$T_{HCl/Na_2CO_3} = \frac{a}{t} c_{HCl} M_{Na_2CO_3} \times 10^{-3}$$

$$= \frac{1}{2} \times 0.2500 \times 106.0 \times 10^{-3} = 0.01325 (\text{g} \cdot \text{mL}^{-1})$$

所以每 1mL 0.2500mol·L^{-1} HCl 滴定液相当于 0.01325g Na_2CO_3。

【例题 5-13】 已知某 $AgNO_3$ 滴定液对 NaCl 的滴定度为 $T_{AgNO_3/NaCl} = 0.005844$g·mL^{-1}，计算该 $AgNO_3$ 滴定液的浓度。

解 滴定反应式为：

$$AgNO_3 + NaCl \Longrightarrow AgCl \downarrow + NaNO_3$$

$$c_{AgNO_3} = \frac{t}{a} \times \frac{T_{AgNO_3/NaCl} \times 10^3}{M_{NaCl}}$$

$$= \frac{1}{1} \times \frac{0.005844 \times 10^3}{58.44} = 0.1000 (\text{mol} \cdot \text{L}^{-1})$$

【例题 5-14】 精密称取 Na_2CO_3 0.2309g，加水溶解后，用 0.2031mol·L^{-1} HCl 滴定液滴定，终点时消耗 HCl 滴定液 21.32mL，计算试样中 Na_2CO_3 的质量分数。

解 已知 $m_s = 0.2309$g，$c_{HCl} = 0.2031$mol·L^{-1}，$V_{HCl} = 0.02132$L，$M_{Na_2CO_3} = 105.99$ g·mol^{-1}。滴定反应式为：

$$2HCl + Na_2CO_3 \Longrightarrow 2NaCl + H_2O + CO_2 \uparrow$$

$$w_{Na_2CO_3} = \frac{a}{t} \frac{c_{HCl} V_{HCl} M_{Na_2CO_3}}{m_s}$$

$$= \frac{1}{2} \times \frac{0.2031 \times 0.02132 \times 105.99}{0.2309} = 0.9938 = 99.38\%$$

【例题 5-15】　测定某样品中铜含量，称取样品 0.5218g，用硝酸溶解后，除去过量的硝酸及氮氧化物，加入 1.5g KI，用 $0.1046 mol \cdot L^{-1} Na_2S_2O_3$ 滴定液滴定生成的碘单质，终点时消耗 $Na_2S_2O_3$ 滴定液 22.55mL，计算样品中铜的质量分数。

解　已知 $m_s = 0.5218g$，$c_{Na_2S_2O_3} = 0.1046 mol \cdot L^{-1}$，$V_{Na_2S_2O_3} = 0.02255L$，$M_{Cu} = 63.546 g \cdot mol^{-1}$。

滴定反应式为：

$$2Cu^{2+} + 4I^- === 2CuI + I_2 \downarrow$$

$$I_2 + 2S_2O_3^{2-} === 2I^- + S_4O_6^{2-}$$

$$w_{Cu} = \frac{a}{t} \frac{c_{Na_2S_2O_3} V_{Na_2S_2O_3} M_{Cu}}{m_s}$$

$$= \frac{1}{1} \times \frac{0.1046 \times 0.02255 \times 63.546}{0.5218} = 0.2872 = 28.72\%$$

【例题 5-16】　测定某药物中的含硫量，称取样品 1.000g，用 I_2 滴定液滴定，终点时消耗 I_2 滴定液 22.98mL，已知 $T_{I_2/S} = 0.0000456 g \cdot mL^{-1}$，计算样品中硫的质量分数。

解　$w_S = \dfrac{T_{I_2/S} V_{I_2}}{m_s} = \dfrac{0.0000456 \times 22.98}{1.000} = 0.001048 = 0.1048\%$

 提纲挈领

1. 滴定分析计算的依据是物质的量比规则，是滴定分析计算的依据，即：

对于滴定反应　　　　aA　　　+　　　tT　　　====　　　cC　　　+　　　dD
　　　　　　　　　（被测物）　　　（滴定液）　　　　　　　（生成物）

当滴定到达化学计量点时，a mol A 物质与 t mol T 物质完全反应，即被测物质 A 与滴定液 T 之间物质的量之比等于各物质的系数之比：

$$\frac{n_A}{n_T} = \frac{a}{t}$$

即：

$$n_A = \frac{a}{t} n_T$$

2. 滴定度与物质的量浓度的换算公式为：

$$T_{T/A} = \frac{a}{t} c_T M_A \times 10^{-3}$$

 达标自测

一、选择题

1. 下列误差中，属于终点误差的是（　　）。

A. 在终点时多加或少加半滴滴定液而引起的误差

B. 指示剂的变色点与等量点（化学计量点）不一致而引起的误差

C. 由于确定终点的方法不同，测量结果不一致而引起的误差

D. 终点时由于指示剂消耗滴定液而引起的误差

2. 下列说法正确的是（　　）。

A. 指示剂的变色点即为化学计量点　　　B. 分析纯的试剂均可作基准物质

C. 定量完成的反应均可作为滴定反应　　　D. 已知准确浓度的溶液称为滴定液

3. 下列说法中，正确的是（　　　）。

A. 滴定反应的外观特征必须明显　　　B. 滴定反应的速率要足够迅速

C. 计量点时溶液的 pH＝7

D. 终点误差是终点时多加半滴标液所引起的误差

4. 将 Ca^{2+} 沉淀为 CaC_2O_4，然后溶于酸，再用 $KMnO_4$ 滴定液滴定生成的 $H_2C_2O_4$，从而测定 Ca 的质量分数。所采用的滴定方式属于（　　　）。

A. 直接滴定法　　　B. 间接滴定法　　　C. 沉淀滴定法　　　D. 氧化还原滴定法

5. 用高锰酸钾法测定钙，常用的滴定方式是（　　　）。

A. 返滴法　　　　B. 氧化还原滴定法　C. 间接滴定法　　　D. 直接滴定法

6. 下列反应中，能用作氧化还原滴定反应的是（　　　）。

A. $K_2Cr_2O_7$ 与 KIO_3 的反应　　　B. $K_2Cr_2O_7$ 与 KBr 的反应

C. $K_2Cr_2O_7$ 与 Fe^{2+} 的反应　　　D. $K_2Cr_2O_7$ 与 $Na_2S_2O_3$ 的反应

7. 滴定液是指（　　　）的溶液。

A. 由纯物质配制成　　　　　　　B. 由基准物配制成

C. 能与被测物完全反应　　　　　D. 已知其准确浓度

8. 能用来直接配制滴定液的物质必须具备的条件是（　　　）。

A. 纯物质　　　　B. 标准物质　　　C. 组成恒定的物质

D. 纯度高、组成恒定、性质稳定且摩尔质量较大的物质

9. 下列纯物质中可以作为基准物质的是（　　　）。

A. $KMnO_4$　　　　　　　　　　B. $Na_2B_4O_7 \cdot 10H_2O$

C. NaOH　　　　　　　　　　　D. HCl

10. 下列试剂中，可用直接法配制滴定液的是（　　　）。

A. $K_2Cr_2O_7$　　　B. NaOH　　　C. H_2SO_4　　　D. $KMnO_4$

11. 下列说法正确的是（　　　）。

A. 凡能满足一定要求的反应都能用直接滴定法

B. 一些反应太慢或没有适当指示剂确定终点的可以用返滴法

C. 凡发生副反应的均可采用置换滴定法

D. 一些物质不能直接滴定，必定可以采用间接滴定法

12. 配制 NaOH 滴定液的正确方法是（　　　）。

A. 用间接配制法（标定法）　　　　B. 用分析天平称量试剂

C. 用少量蒸馏水溶解并在容量瓶中定容　D. 用上述 B 和 C

13. 用酸碱滴定法测定 $CaCO_3$ 含量时，不能用 HCl 标液直接滴定而需用返滴法是由于（　　　）。

A. $CaCO_3$ 难溶于水与 HCl 反应速率慢　B. $CaCO_3$ 与 HCl 反应不完全

C. $CaCO_3$ 与 HCl 不反应　　　　　D. 没有适合的指示剂

14. 每毫升溶液含 4.374×10^{-3} g HCl 的盐酸滴定液，其对 CaO 的滴定度为（　　　）。（已知：$M_{HCl}＝36.46 g \cdot mol^{-1}$，$M_{CaO}＝56.08 g \cdot mol^{-1}$）

A. 3.365×10^{-2} $g \cdot mL^{-1}$　　　　B. 3.365×10^{-3} $g \cdot mL^{-1}$

C. 1.683×10^{-3} $g \cdot mL^{-1}$　　　　D. 6.730×10^{-3} $g \cdot mL^{-1}$

15. 每升 $KMnO_4$ 滴定液含 3.1601g $KMnO_4$，此滴定液对 Fe^{2+} 的滴定度为（　　　）$g \cdot mL^{-1}$。

A. 0.005585　　　B. 0.01580　　　C. 0.05585　　　D. 0.003160

16. 用草酸钠溶液标定浓度为 $0.04000 \text{mol} \cdot \text{L}^{-1}$ 的 $KMnO_4$ 溶液，如果使标定时所消耗草酸钠溶液体积和 $KMnO_4$ 溶液体积相等，则草酸钠的浓度应为（　　）。

    A. $0.1000 \text{mol} \cdot \text{L}^{-1}$ B. $0.04000 \text{mol} \cdot \text{L}^{-1}$

    C. $0.05000 \text{mol} \cdot \text{L}^{-1}$ D. $0.08000 \text{mol} \cdot \text{L}^{-1}$

17. 要使 1L $0.2000 \text{mol} \cdot \text{L}^{-1}$ 的盐酸对 NaOH 的滴定度为 $0.005000 \text{g} \cdot \text{mL}^{-1}$，应加入（　　）mL 水稀释。

    A. 200   B. 400   C. 600   D. 900

18. 某基准物 A 的摩尔质量为 $500 \text{g} \cdot \text{mol}^{-1}$，用于标定 $0.1 \text{mol} \cdot \text{L}^{-1}$ 的 B 溶液，设标定反应为：$A + 2B \Longrightarrow P$，则每份基准物的称取量应为（　　）g。

    A. $0.1 \sim 0.2$ B. $0.2 \sim 0.5$ C. $0.5 \sim 1.0$ D. $1.0 \sim 1.6$

19. 在酸性介质中，20.00mL $H_2C_2O_4$ 溶液需要 20.00mL $0.02000 \text{mol} \cdot \text{L}^{-1}$ $KMnO_4$ 溶液才能完全氧化为 CO_2，而同样体积的同一草酸溶液恰好能与 20.00mL NaOH 溶液完全中和，则此 NaOH 溶液浓度为（　　）$\text{mol} \cdot \text{L}^{-1}$。

    A. 0.01000   B. 0.2000   C. 0.04000   D. 0.1000

20. 用 HCl 滴定液滴定 Na_2CO_3 至 $NaHCO_3$，则 T_{HCl/Na_2CO_3} 表示 c_{HCl} 的表达式为（　　）。

    A. $\dfrac{T_{HCl/Na_2CO_3}}{M_{Na_2CO_3}} \times 10^3$ B. $\dfrac{2T_{HCl/Na_2CO_3}}{M_{Na_2CO_3}} \times 10^{-3}$

    C. $\dfrac{2T_{HCl/Na_2CO_3}}{M_{Na_2CO_3}} \times 10^3$ D. $\dfrac{T_{HCl/Na_2CO_3}}{M_{HCl}} \times 10^3$

21. 消除或减小随机误差常用的方法是（　　）。

    A. 空白试验   B. 对照试验   C. 标准试验   D. 多次平行测定

22. 做对照试验的目的是（　　）。

    A. 提高实验的精密度   B. 使标准偏差变小

    C. 检查系统误差是否存在   D. 清除随机误差

23. 下面论述中正确的是（　　）。

    A. 精密度高，准确度一定高   B. 准确度高，一定要求精密度高

    C. 精密度高，系统误差一定小   D. 分析中先要求准确度，其次才是精密度

24. 15mL 的移液管移出的溶液体积应记为（　　）。

    A. 15mL   B. 15.0mL   C. 15.00mL   D. 15.000mL

25. 现需要配制 $0.1000 \text{mol} \cdot \text{L}^{-1}$ $K_2Cr_2O_7$ 溶液，下列量器中最合适的是（　　）。

    A. 容量瓶   B. 量筒

    C. 刻度烧杯   D. 酸式滴定管

26. 已知乙酸的 $K_a = 1.76 \times 10^{-5}$，则 $pK_a = 4.75$ 的有效数字为（　　）。

    A. 1 位   B. 2 位   C. 3 位   D. 4 位

二、填空题

1. 滴定分析的误差主要为_____和_____。

2. 系统误差的来源主要有_____、_____、_____。

3. 准确度是指测定值与真实值的接近程度，用_____表示。精密度是指一组平行测定结果之间彼此符合的程度，用_____表示。

4. 0.03200 是_____位有效数字，pH=2.43 是_____位有效数字。

5. pH=0.03 是_____位有效数字。将 3.753 修约（保留两位有效数字）后为_____。

三、判断题

1. pH＝10.21 的有效数字是四位。（　　）

2. 系统误差是由固定因素引起的，而随机误差是由不定因素引起的，因此，随机误差不可减免。（　　）

3. 试剂不纯所引起的误差属于系统误差。（　　）

4. 用已知质量分数的标准品代替待测试样，按相同的测定方法、条件和步骤进行，称为对照试验。（　　）

5. 进行多次平行测定是减小系统误差的有效方法。（　　）

6. 精密度好的一组数据，准确度一定高。（　　）

7. 在乘除法运算中，计算结果有效数字位数的保留，应以各数据中有效数字位数最少的数据为准，即以相对误差最大的数据为准。（　　）

四、简答题

1. 什么是滴定分析？主要分析方法有哪些？

2. 滴定分析法常用的滴定方式有哪些？说出其各自的适用范围。

3. 化学计量点与滴定终点两者有何异同点？怎样理解终点误差？

4. 滴定度的含义是什么？说出其与物质的量浓度的区别？

5. 滴定液的标定有几种方法？说出每种方法的优缺点。

五、计算题

1. 称取 0.4903g 基准物质 $K_2Cr_2O_7$，溶解稀释至 100mL，移取 25.00mL 置于锥形瓶中，加入 H_2SO_4 和 KI，用待标定 $Na_2S_2O_3$ 滴定液滴定至终点，消耗 24.95mL，计算 $Na_2S_2O_3$ 滴定液的浓度。

2. 分析不纯 $CaCO_3$（不含干扰物），称取样品 0.3000g，加入 $0.2500mol \cdot L^{-1}$ HCl 滴定液 25.00mL，煮沸除去 CO_2，用 $0.2102mol \cdot L^{-1}$ NaOH 溶液返滴定过量的酸，消耗 NaOH 溶液 5.84mL。计算 $CaCO_3$ 的质量分数。（$M_{CaCO_3} = 100.09g \cdot mol^{-1}$）

3. 用每升含 5.442g $K_2Cr_2O_7$ 的滴定液滴定铁试样，计算 $K_2Cr_2O_7$ 滴定液对 Fe、Fe_3O_4 的滴定度。

4. 量取 4.00mL 血清样品测定血清钙含量，加一定量的蒸馏水和 $(NH_4)_2C_2O_4$ 溶液，使其中 Ca^{2+} 完全转化为 CaC_2O_4 沉淀，将 CaC_2O_4 沉淀溶于酸中，用 $0.0100mol \cdot L^{-1}$ $KMnO_4$ 滴定液滴至终点，消耗 $KMnO_4$ 滴定液 4.50mL。计算每 100mL 血清中含钙多少。

滴定反应式为　$5C_2O_4^{2-} + 2MnO_4^- + 16H^+ \Longrightarrow 2Mn^{2+} + 10CO_2 \uparrow + 8H_2O$

5. 某工作人员测定维生素 C 含量，所得分析结果（维生素 C 的质量分数）分别为 99.14%、99.11%、99.12%、99.16%。计算分析结果的平均值、平均偏差、相对平均偏差、标准偏差和相对标准偏差。

（本章编写　王　静　李振兴）

扫码看解答

第六章 酸碱平衡与酸碱滴定法

 知识目标

1. 掌握酸碱滴定法原理，滴定条件；常用酸碱指示剂的选择原则、变色范围；标准溶液的配制与标定；物质含量的测定方法及有关计算。

2. 熟悉弱酸、弱碱质子传递平衡及 pH 的计算；缓冲溶液的选择和配制。

3. 了解几种常见酸碱滴定曲线及滴定突跃范围，弱酸弱碱准确滴定及分步滴定的条件；非水溶剂的分类及性质，非水酸碱滴定法的原理。

扫码看课件

 能力目标

1. 学会酸碱标准溶液的配制和标定。
2. 学会应用酸碱滴定法进行滴定分析。

酸和碱是日常生活和工业生产中常见的物质，酸碱反应是一类十分重要和常见的化学反应。许多药物的制备、分析检验以及在人体内的化学反应都属于酸碱反应的范畴。以酸碱反应为基础建立起来的酸碱滴定法是最基本、最重要的滴定分析法，酸碱滴定法具有快速、准确、无需特殊设备等优点，应用较为广泛。

 案例

阿司匹林质量分数的测定

阿司匹林（乙酰水杨酸）在临床上作为解热镇痛药广为应用，目前又用于防治心脑血管栓塞疾病，俗称"万灵药"。阿司匹林（$C_9H_8O_4$）含量的测定是药品检测的一项重要指标。用减重称量法精密称取阿司匹林试样三份，分别置于锥形瓶中，依次加入适量中性乙醇和蒸馏水溶解，酚酞指示剂 2 滴，分别用 NaOH 滴定液滴定至终点，记录所消耗的 NaOH 滴定液的体积。计算阿司匹林的质量分数。

讨论 该测定使用的是什么方法？应注意什么问题？为什么用 NaOH 作滴定液、酚酞作指示剂？如何计算阿司匹林的质量分数？本章将学习有关知识。

第一节 酸碱质子理论

人们对于酸碱的认识经历了由浅到深、由感性到理性的认识过程，并提出了各种不同的酸碱理论，其中较为重要并得到普遍应用的是阿仑尼乌斯电离理论和酸碱质子理论。

阿仑尼乌斯电离理论是瑞典化学家阿仑尼乌斯首先提出的，阿仑尼乌斯电离理论认为：在水中电离时所生成的阳离子全部都是 H^+ 的物质叫做酸；电离时所生成的阴离子全部都是 OH^- 的物质叫做碱；酸碱反应的实质就是 H^+ 与 OH^- 反应生成 H_2O。

阿仑尼乌斯电离理论从物质的化学组成上揭示了酸碱的本质，对化学科学的发展起到了积极作用。但这一理论是有局限性的：其一，电离理论中的酸、碱两种物质包括的范围小，例如不能解释 NaAc 溶液呈碱性，NH_4Cl 溶液呈酸性的事实。其二，该理论把酸和碱限制在以水为溶剂的体系，对非水体系及无溶剂体系却不适用。

1923 年丹麦化学家布朗斯特和英国化学家劳瑞提出了酸碱质子理论，很好地解决了酸碱电离理论的局限性问题。

一、酸碱的定义

酸碱质子理论认为：凡能给出质子的物质是酸；凡能接受质子的物质是碱。

酸碱的对应关系可表示为：

$$酸 \rightleftharpoons 质子 + 碱$$
$$HAc \rightleftharpoons H^+ + Ac^-$$
$$H_2CO_3 \rightleftharpoons H^+ + HCO_3^-$$
$$HCO_3^- \rightleftharpoons H^+ + CO_3^{2-}$$
$$NH_4^+ \rightleftharpoons H^+ + NH_3$$

在上述关系式中，HAc、H_2CO_3、HCO_3^-、NH_4^+ 等都给出了质子，皆为酸；而 Ac^-、HCO_3^-、CO_3^{2-}、NH_3 等都能接受质子，皆为碱。酸给出质子变为相应的碱，碱接受质子变为相应的酸。我们把这种化学组成上仅相差一个质子，通过得失质子可以相互转化的一对酸碱，称为共轭酸碱对。如：HAc 和 Ac^- 就是一个共轭酸碱对，其中 HAc 是 Ac^- 的共轭酸，而 Ac^- 是 HAc 的共轭碱。

酸碱质子理论扩大了酸碱范围，酸和碱可以是中性分子，也可以是阴离子或阳离子。特别需要注意的是，有些物质，如 H_2O、HCO_3^- 等，当它们遇到更强的碱时，能给出质子，作为酸参加反应；当遇到更强的酸时，又能接受质子，作为碱参加反应。这类既能给出质子、又能接受质子的物质称为两性物质。

 知识链接

酸碱的发现

人们对于酸、碱的认识是从它们所表现的性质开始的。早在公元前，人们就知道了醋是有酸味的。在公元 8 世纪左右，阿拉伯的炼金术士制得过硫酸、硝酸。但在当时，人们除了知道它们具有酸味外，并不了解它们更多的性质。只是认为：凡具有酸味的物质都是酸。"酸"这个字在拉丁文中写作"acidus"，就是表示"酸味"的意思。所以得出结论：酸是化合物溶解于水产生导电溶液，有酸味。碱也能生成导电溶液，然而却带苦味，摸起来滑润。

二、酸碱反应

酸碱质子理论认为，酸碱反应的实质是质子的转移。当酸、碱同时存在时，酸将自身的质子转移给碱，变成其共轭碱，而碱接受质子变成其共轭酸。如 HCl 与 NH_3 的反应：

$$\overset{\displaystyle H^+}{\overbrace{HCl(g) + NH_3(g)}} \rightleftharpoons Cl^- + NH_4^+$$

在反应过程中，HCl 是酸，给出质子后转化成它的共轭碱 Cl^-；NH_3 是碱，接受质子后转化为它的共轭酸 NH_4^+。

酸碱质子理论拓宽了人们对酸碱及其反应的认识范围。质子的转移过程并不要求反应必须在水溶液中进行，也可以在非水溶剂和无溶剂等条件下进行。按照质子转移的观点，电离理论中的解离作用、水解反应和中和反应等，都可以看作是质子转移的酸碱反应，例如：

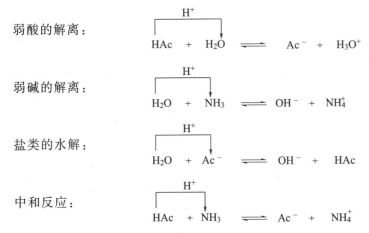

弱酸的解离：

$$HAc + H_2O \rightleftharpoons Ac^- + H_3O^+$$

弱碱的解离：

$$H_2O + NH_3 \rightleftharpoons OH^- + NH_4^+$$

盐类的水解：

$$H_2O + Ac^- \rightleftharpoons OH^- + HAc$$

中和反应：

$$HAc + NH_3 \rightleftharpoons Ac^- + NH_4^+$$

酸碱反应涉及两对共轭酸碱，其反应方向总是由较强的酸与较强的碱反应生成较弱的酸和较弱的碱。值得注意的是，在酸碱质子理论中酸碱反应没有盐的概念。

酸碱质子理论中，酸（或碱）的强弱主要表现为酸（或碱）在溶剂中给出（或接受）质子能力的大小，这除了与其本身性质有关外，同时也与溶剂的性质密切相关。

同一种物质在不同的溶剂中，由于溶剂接受或给出质子的能力不同而显示不同的酸碱性。例如 HAc 在水和液氨两种不同的溶剂中，由于氨比水接受质子的能力更强，能够接受HAc 给出的全部质子，所以，HAc 在液氨中呈强酸性，而在水中却呈弱酸性。

 提纲挈领

1. 凡是能给出质子的物质就是酸，凡是能接受质子的物质就是碱。
2. 酸碱反应的实质是发生了质子的转移。
3. 共轭酸碱对是指化学组成上仅相差一个质子、通过得失质子而可以相互转化的一对酸碱。
4. 在酸碱质子理论中酸碱反应没有盐的概念。

第二节　酸碱平衡

一、水的质子自递平衡和溶液的酸碱性

1. 水的质子自递平衡

水是广泛应用的重要溶剂，又是两性物质。在水分子和水分子之间也可以发生质子的转移：

$$H_2O + H_2O \rightleftharpoons OH^- + H_3O^+$$

上述反应称为水的质子自递反应，当水的质子自递反应达到平衡时，其平衡常数可以表示为：

$$K_w = [H_3O^+][OH^-]$$

为简化书写，常用 H^+ 代替 H_3O^+，则上述表达式为：

$$K_w = [H^+][OH^-]$$

K_w 称为水的离子积常数，简称水的离子积。它表明在一定温度下，水中的 H^+ 和 OH^- 浓度的乘积是一个常数。根据实验测定，298.15K 时，1L 纯水仅有 10^{-7} mol 水分子解离，$[H^+]$ 和 $[OH^-]$ 相等，都是 1×10^{-7} mol·L^{-1}，所以 $K_w = 1.0\times10^{-14}$。

水的离子积 K_w 的大小与浓度、压力无关，而与温度有关。不同温度下水的离子积不同。室温下，常采用 $K_w = 1.0\times10^{-14}$ 进行有关计算。

需要指出的是，水的离子积不仅适用于纯水，也适合于所有的水溶液。

2. 溶液的酸碱性

K_w 反映了水溶液中 H^+ 浓度和 OH^- 浓度之间的相互关系，即在纯水或者是其他物质的水溶液中，298.15K 时，$[H^+]$ 和 $[OH^-]$ 的乘积为 1.0×10^{-14}。知道了 H^+ 浓度，便可计算出 OH^- 浓度。

例如，某物质的水溶液中，$[H^+]$ 为 1.0×10^{-6}，则 $[OH^-]$ 等于 1.0×10^{-8}。

 课堂互动

在纯水中加盐酸，使其浓度为 0.1mol·L^{-1}，试计算溶液中 $[H^+]$ 和 $[OH^-]$ 的浓度。

答案：由于加入盐酸使 $[H^+]$ 增大，水的解离平衡向左移动，水本身解离的 $[H^+]$ 与 0.1mol·L^{-1} 盐酸解离出来的 $[H^+]$ 相比较而言，可以忽略不计，加入盐酸后溶液中总的 $[H^+]$ 可以看作是 0.1mol·L^{-1} 即 $[H^+]=0.1$mol·L^{-1}。

$$[OH^-] = \frac{K_w}{[H^+]} = \frac{1.0\times10^{-14}}{0.1} = 1.0\times10^{-13}\ (mol·L^{-1})$$

根据溶液中 $[H^+]$ 或 $[OH^-]$ 的大小，可以将溶液分为酸性、中性和碱性溶液。

当 $[H^+] = [OH^-] = 1\times10^{-7}$ mol·L^{-1} 时，溶液显中性；

当 $[H^+] > [OH^-]$，$[H^+] > 1\times10^{-7}$ mol·L^{-1}，$[OH^-] < 1\times10^{-7}$ mol·L^{-1} 时溶液显酸性；

当 $[H^+] < [OH^-]$，$[H^+] < 1\times10^{-7}$ mol·L^{-1}，$[OH^-] > 1\times10^{-7}$ mol·L^{-1}，溶液显碱性。

一般说来，水溶液中的 $[H^+]$ 和 $[OH^-]$ 通常都比较小，如果直接用 H^+ 浓度或者用 OH^- 的浓度表示溶液的酸碱性，使用和记忆很不方便。当 H^+ 浓度或者 OH^- 的浓度小于 1mol·L^{-1} 时，通常采用 pH 或者 pOH 来表示溶液的酸碱性。

pH 是溶液中 H^+ 浓度的负对数：

$$pH = -\lg[H^+] \tag{6-1}$$

pOH 是溶液中 OH^- 浓度的负对数：

$$pOH = -\lg[OH^-] \tag{6-2}$$

则溶液 pH 的大小与溶液酸碱性的关系为：

当 pH<7，pOH>7 时，溶液呈酸性；

当 pH=7，pOH=7 时，溶液呈中性；

当 pH>7，pOH<7 时，溶液呈碱性。

例如：$[H^+] = 1\times10^{-7}$ mol·L^{-1}，则 pH $= -\lg10^{-7} = 7.0$；

$[OH^-] = 1\times10^{-10}$ mol·L^{-1}，则 pOH $= -\lg10^{-10} = 10.0$。

室温下，对于同一溶液，因为 $K_w = [H^+][OH^-] = 1 \times 10^{-14}$

两边取负对数，则可得：$pH + pOH = 14.0$。

强酸和强碱都是强电解质，在溶液里全部解离成离子，可以根据强酸和强碱浓度求得溶液的 $[H^+]$ 或 $[OH^-]$，然后由 $[H^+]$ 求 pH 或 pOH。

【例题 6-1】 计算 $0.010 mol \cdot L^{-1}$ NaOH 溶液的 pH。

解　NaOH 是强碱，在水溶液中完全解离。

$$[OH^-] = c_{NaOH} = 0.010 mol \cdot L^{-1}$$

$$pOH = -lg[OH^-] = -lg0.010 = 2.00$$

$$pH = 14 - pOH = 14 - 2.00 = 12.00$$

二、弱酸、弱碱的解离平衡

在水溶液里只能部分解离为离子的电解质称为弱电解质，弱酸、弱碱都是弱电解质。弱酸在水溶液中的解离是指弱酸将质子转移给水变成其共轭碱，弱碱在水中的解离是指弱碱接受水给出的质子变成其共轭酸。酸碱的强度则取决于酸将质子给予水或碱从水分子中夺取质子的能力强弱。

在水溶液中能给出一个质子的弱酸称为一元弱酸；在水溶液中能给出多个质子的弱酸称为多元弱酸。在水溶液中能接受一个质子的弱碱称为一元弱碱；在水溶液中能接受多个质子的弱碱称为多元弱碱。

1. 弱酸弱碱的解离平衡

（1）一元弱酸、弱碱的解离平衡　乙酸是最常见的一元弱酸，现以乙酸为例讨论一元弱酸在水溶液中的解离平衡。乙酸在水溶液中存在如下解离平衡：

$$\overset{\displaystyle H^+}{HAc + H_2O} \rightleftharpoons Ac^- + H_3O^+$$

可以简写为：

$$HAc \rightleftharpoons H^+ + Ac^-$$

其平衡常数称为乙酸的解离常数，酸的解离常数通常用 K_a 表示。

即：

$$K_a = \frac{[H^+][Ac^-]}{[HAc]} = 1.76 \times 10^{-5}$$

氨是最常见的一元弱碱，现以氨为例讨论一元弱碱在水溶液中的解离平衡。其在水溶液中存在如下解离平衡：

$$\overset{\displaystyle H^+}{H_2O + NH_3} \rightleftharpoons OH^- + NH_4^+$$

其解离常数称为氨的常数，碱的解离常数通常用 K_b 表示。

$$K_b = \frac{[NH_4^+][OH^-]}{[NH_3][H_2O]}$$

弱酸和弱碱的解离常数，与温度有关，而与浓度无关。

一定温度下，K_a（K_b）为一常数，其大小能表示酸（碱）的强弱，数值越大，酸（碱）的强度越大，给出（接受）质子的能力越强。K_a（K_b）的值在一般的化学手册中都能查到。

温度对平衡常数虽有影响，但由于弱电解质解离的热效应不大，故温度变化对解离常数的影响小，一般不影响数量级，所以，在室温范围内，可以忽略温度对 K_a（K_b）的影响。

（2）多元弱酸、弱碱的解离平衡　凡是能给出两个或更多质子的弱酸称为多元弱酸。如 H_2CO_3、H_2S、H_2SO_3、H_3PO_4 等。多元弱酸的解离是分步进行的，每一步解离都有相应的解离常数，通常用 K_{a1}、K_{a2}、K_{a3} 表示。例如二元弱酸 H_2CO_3 第一步解离生成 H^+ 和 HCO_3^-，生成的 HCO_3^- 又发生第二步解离生成 H^+ 和 CO_3^{2-}，这两步解离平衡同时存在于溶液中，K_{a1}、K_{a2} 分别为 H_2CO_3 的第一、第二步解离的平衡常数。

$$H_2CO_3 \rightleftharpoons H^+ + HCO_3^- \qquad K_{a1} = \frac{[H^+][HCO_3^-]}{[H_2CO_3]} = 4.30 \times 10^{-7}$$

$$HCO_3^- \rightleftharpoons H^+ + CO_3^{2-} \qquad K_{a2} = \frac{[H^+][CO_3^{2-}]}{[HCO_3^-]} = 5.61 \times 10^{-11}$$

多元弱酸的解离常数一般来说 K_{a1} 远远大于 K_{a2} 和 K_{a3}，即：$K_{a1} \gg K_{a2} > K_{a3}$，这是由于第一步解离产生的 H^+ 能抑制第二步解离，促使其解离平衡向左移动。同时，第二步解离要从已经带有 1 个负电荷的离子中再解离出 1 个 H^+，要比从中性分子中解离出 1 个 H^+ 困难得多。同理，第三步解离就更加困难了。多元弱酸的水溶液中，H^+ 主要来源于第一步解离，在比较多元弱酸的强弱时，只需比较它们第一步的解离常数就可以了。当近似计算 H^+ 浓度时，可忽略第二步和第三步的解离。

多元弱碱如 Na_2S、Na_2CO_3、Na_3PO_4，它们在水中也是分步接受质子的，每一步的解离也有相应的解离常数，通常用 K_{b1}、K_{b2}、K_{b3} 表示。其解离常数也是 $K_{b1} \gg K_{b2} > K_{b3}$，在比较多元弱碱的强弱时，只需比较它们的第一步解离常数值就可以了。当近似计算 OH^- 浓度时，只考虑多元弱碱的第一步解离即可。

2. 稀释定律

不同的弱酸和弱碱在水中解离的程度是不同的，可用解离度来表示。解离度是指弱酸或弱碱在溶液里达解离平衡时，已解离的分子数占原来总分子数（包括已解离的和未解离的）的百分数，用 α 表示。

$$\alpha = \frac{已解离的分子数}{弱电解质的分子总数} \times 100\%$$

解离常数和解离度都可以用来比较弱酸和弱碱的相对强弱，但它们既有联系又有区别。解离常数是化学平衡常数的一种形式，而解离度则是转化率的一种形式。奥斯瓦尔特把解离度引入到解离平衡式中，导出了下面的公式：

$$K_i \approx c\alpha^2 \qquad\qquad \alpha \approx \sqrt{\frac{K_i}{c}} \tag{6-3}$$

式中，c 为弱酸或弱碱的起始浓度（也称为分析浓度）；α 为解离度；K_i 为解离平衡常数。这个公式表明了解离度与解离常数及其溶液浓度间的关系，这种关系称为稀释定律。其意义是：同一弱电解质的解离度与其浓度的平方根成反比，溶液越稀，解离度越大。相同浓度的不同弱电解质的解离度与解离平衡常数的平方根成正比，解离常数越大，解离度也越大。它对于一元弱酸和弱碱普遍成立，对于其他弱电解质也成立。

尽管解离度 α 和解离常数 K_a（K_b）都可以用来表示弱酸和弱碱的解离程度，但是，解离度随浓度的变化而变化，而解离常数则不受浓度影响，在一定温度下是一个特征常数。因此，我们通常用 K_a（K_b）表示酸碱的强度。如实验测得 298K 时不同浓度的 HAc 溶液的解离常数，其数值稳定在 1.76×10^{-5}，而其解离度则随浓度的不同而不同。如表 6-1 所示。

表 6-1　不同浓度乙酸溶液的解离度和解离常数（298K）

HAc 溶液浓度/mol·L^{-1}	解离度 $\alpha/\%$	解离常数 K_a
0.2	0.934	1.76×10^{-5}
0.1	1.33	1.76×10^{-5}
0.001	12.4	1.76×10^{-5}

三、共轭酸碱对的 K_a 与 K_b 的关系

共轭酸碱对是通过得失质子而相互转化的一对酸碱，其 K_a、K_b 之间也存在一定的联系。例如共轭酸碱对 HAc-Ac$^-$ 在水溶液中的解离方程式和解离平衡常数分别为：

$$HAc + H_2O \Longrightarrow Ac^- + H_3O^+ \qquad K_{a,HAc} = \frac{[H^+][Ac^-]}{[HAc]}$$

$$Ac^- + H_2O \Longrightarrow HAc + OH^- \qquad K_{b,Ac^-} = \frac{[OH^-][HAc]}{[Ac^-]}$$

将其 K_a 与 K_b 相乘，得如下的关系：

$$K_{a,HAc} K_{b,Ac^-} = [H^+][OH^-] = K_w = 1.00 \times 10^{-14}$$

上式不仅适用于共轭酸碱对 HAc 和 Ac$^-$，而且具有普遍适用性。水溶液中，对于任何一对共轭酸碱对都有：

$$K_a K_b = [H^+][OH^-] = K_w = 1.00 \times 10^{-14} \tag{6-4}$$

以分子形式存在的弱酸或弱碱的 K_a 和 K_b 值在一般的化学手册中都能查到，根据上述关系式，即可求出其共轭离子酸和共轭离子碱的 K_a 和 K_b。如 25℃时，已知 NH$_3$·H$_2$O 的 $K_b = 1.76 \times 10^{-5}$，则其共轭酸 NH$_4^+$ 的解离常数为：

$$K_{a,NH_4^+} = \frac{K_w}{K_b} = \frac{1 \times 10^{-14}}{1.76 \times 10^{-5}} = 5.68 \times 10^{-10}$$

由此可见，物质的酸性越强（K_a 越大），其共轭碱的碱性就越弱（K_b 越小）；反之亦然。如 HCN 是弱酸，它的共轭碱 CN$^-$ 在水溶液里显示出强碱性。

 课堂互动

试推导多元共轭酸碱对各级解离常数 K_a 和 K_b 之间的下列关系式：

二元共轭酸碱对 H$_2$A-A^{2-} 　　　　$K_{a1} K_{b2} = K_{a2} K_{b1} = K_w$

特别需要注意的是，在计算多元酸碱解离常数时，应注意各级 K_a 和 K_b 的关系。

四、同离子效应和盐效应

酸碱平衡是四大化学平衡之一，符合化学平衡的所有特征。当改变影响平衡的某一条件时，平衡就会被破坏并发生移动，重新建立新的平衡。

1. 同离子效应

当向乙酸溶液里滴入盐酸时，溶液中的 H$^+$ 浓度会增加，使乙酸的解离平衡向左移动，溶液中的乙酸根离子浓度减小，乙酸分子浓度增大，当建立新的平衡时，乙酸的解离度比没有加入盐酸以前有所降低。

$$HAc \Longrightarrow H^+ + Ac^-$$

$$HCl \Longrightarrow H^+ + Cl^-$$

同理，在 NH_3 的水溶液里滴入 NH_4Cl 时，由于 NH_4^+ 浓度增大，也将促使 $NH_3 \cdot H_2O$ 的解离平衡发生移动，达到新的平衡时，$NH_3 \cdot H_2O$ 的解离度也将降低。

$$NH_3 \cdot H_2O \Longrightarrow NH_4^+ + OH^-$$
$$NH_4Cl \Longrightarrow NH_4^+ + Cl^-$$

 课堂互动

当向乙酸溶液里滴入盐酸时，乙酸的解离度将发生变化，乙酸的解离平衡常数 K_a 是否也发生变化？

这种在弱电解质溶液里，加入和弱电解质具有相同离子的强电解质，抑制了弱电解质的解离，使弱电解质的解离度降低的现象称为同离子效应。同离子效应可用于缓冲溶液的配制，在药物分析中也可用来控制溶液里某种离子的浓度。

2. 盐效应

在弱电解质溶液中，若加入与其不含共同离子的强电解质时，将会使弱电解质的解离度增大，这种影响叫作盐效应。例如，在乙酸溶液里加入 $NaCl$，重新达到平衡时，HAc 的解离度要比未加 $NaCl$ 时大。这是因为强电解质的加入增大了溶液的离子强度，使溶液中离子间的相互牵制作用增强，离子结合为分子的机会减少，降低了分子化速度，促进弱酸和弱碱的解离。显然，在同离子效应发生的同时，必伴随着盐效应的发生。盐效应虽然可使弱酸或弱碱解离度增加一些，但与同离子效应的影响相比较而言要小得多，因此当它们共存时，主要考虑同离子效应，而不必考虑盐效应。

五、酸碱溶液 pH 的计算

计算酸碱溶液中的 pH，不仅要考虑酸碱本身解离出来的 H^+ 浓度或 OH^- 浓度，还应该考虑水的质子自递反应产生的 H^+ 浓度和 OH^- 浓度，然后根据平衡体系的化学计量关系，计算溶液中 H^+ 或者 OH^- 浓度，处理起来往往比较复杂。在一般的分析工作中，通常根据不同的酸碱类型进行近似处理。

（1）一元弱酸溶液 pH 近似计算　对于一元弱酸，当 $cK_a \geqslant 20K_w$ 时，可忽略溶液中 H_2O 的质子自递反应产生的 H^+。设一元弱酸 HA 溶液的总浓度为 c（也称为分析浓度），其质子转移平衡表达式为：

$$HA \quad + \quad H_2O \quad \Longrightarrow \quad H_3O^+ \quad + \quad A^-$$

平衡浓度　　　　$c-[H^+]$　　　　　　　　　$[H^+]$　　　　$[A^-]$

平衡常数表达式　　　$K_a = \dfrac{[H^+][A^-]}{[HA]} = \dfrac{[H^+]^2}{c-[H^+]}$

由于弱电解质的解离度很小，溶液中 $[H^+]$ 远小于弱酸的总浓度 c，当弱酸比较弱，浓度又不太稀，即 $c/K_a \geqslant 500$ 时，可认为 $c - [H^+] \approx c$，上式简化为：

$$K_a = \frac{[H^+]^2}{c}$$

则：

$$[H^+] = \sqrt{cK_a} \qquad\qquad (6-5)$$

此公式是计算一元弱酸溶液中 H^+ 浓度的简化公式。一般说来，当 $cK_a \geqslant 20K_w$，且 $c/K_a \geqslant 500$ 时，可用此简式计算溶液的 pH，其误差小于 5%，却使计算过程大大简化。

【例题 6-2】　计算 $25℃$ 时，$0.10 mol \cdot L^{-1}$ HAc 溶液的 pH。（已知 $K_a = 1.76 \times 10^{-5}$）

解 因为 $\dfrac{c}{K_a}=\dfrac{0.10}{1.76\times10^{-5}}>500$

且 $cK_a=1.76\times10^{-5}\times0.10=1.76\times10^{-6}>20K_w$

所以，可用简化公式计算

$$[H^+]=\sqrt{cK_a}=\sqrt{1.76\times10^{-5}\times0.10}$$
$$=1.33\times10^{-3}(mol\cdot L^{-1})$$
$$pH=-lg[H^+]=-lg(1.33\times10^{-3})=2.88$$

【例题 6-3】 计算 25℃时，$0.10mol\cdot L^{-1} NH_4Cl$ 溶液的 pH。（已知 NH_4^+ 的 $K_a=5.68\times10^{-10}$）

解 NH_4Cl 在水溶液中完全解离为 NH_4^+ 和 Cl^-，NH_4^+ 是离子酸，是氨的共轭酸。

NH_4^+ 的总浓度 c 为 $0.10mol\cdot L^{-1}$

因为 $\dfrac{c}{K_a}=\dfrac{0.10}{5.68\times10^{-10}}>500$

而且 $cK_a=5.68\times10^{-10}\times0.10>20K_w$

所以 $[H^+]=\sqrt{cK_a}=\sqrt{5.68\times10^{-10}\times0.10}=7.5\times10^{-6}(mol\cdot L^{-1})$

$pH=-lg[H^+]=-lg(7.5\times10^{-6})=5.12$

此例题表明，NH_4Cl 水溶液显酸性，因为 NH_4^+ 是离子酸。

 课堂互动

计算 25℃时，$0.010mol\cdot L^{-1} NH_4Cl$ 溶液的 pH。（已知 $K_{b,NH_3}=1.8\times10^{-5}$）

（2）一元弱碱溶液 pH 近似计算 NH_3，Ac^-，CN^- 等皆为一元弱碱。从酸碱质子理论中已知一元弱碱与水分子间的质子转移反应是水作为酸给出质子，一元弱碱接受其释放出的质子。例如：

$$\overset{\displaystyle H^+}{H_2O\ +\ NH_3\ \Longleftrightarrow\ OH^-\ +\ NH_4^+}$$

其质子转移平衡常数用 K_b 表示，则：

$$K_b=\dfrac{[NH_4^+][OH^-]}{[NH_3]}$$

根据同样的推导，一元弱碱溶液中 $[OH^-]$ 的近似计算公式为：

$$[OH^-]=\sqrt{cK_b} \tag{6-6}$$

c 为一元弱碱的总浓度，使用此公式的条件也是 $cK_b\geqslant20K_w$，$\dfrac{c}{K_b}\geqslant500$。

【例题 6-4】 计算 25℃时，$0.10mol\cdot L^{-1} NaAc$ 溶液的 pH。（已知 HAc 的 $K_a=1.76\times10^{-5}$）

解 NaAc 在水溶液中全部解离为 Na^+ 和 Ac^-，Ac^- 是弱碱，其共轭酸是 HAc，则

Ac^- 的 $K_b=\dfrac{K_w}{K_a}=\dfrac{1.0\times10^{-14}}{1.76\times10^{-5}}=5.68\times10^{-10}$

由于 $\dfrac{c}{K_b}=\dfrac{0.10}{5.68\times10^{-10}}>500$

所以　$[OH^-]=\sqrt{cK_b}=\sqrt{5.68\times10^{-10}\times0.10}=7.54\times10^{-6}(mol\cdot L^{-1})$

$pOH=-\lg[OH^-]=-\lg(7.54\times10^{-6})=5.12$

$pH=14-5.12=8.88$

 知识拓展

多元弱酸或弱碱溶液 pH 近似计算

1. 多元弱酸溶液 pH 的计算

如前所述，多元弱酸的第一步解离常数远大于第二步、第三步的解离常数，因此，多元弱酸水溶液中的 $[H^+]$ 主要决定于多元酸的第一步解离，溶液中的 $[H^+]$ 计算可按一元弱酸进行处理。即，当 $cK_{a1}\geqslant20K_w$，且 $\dfrac{c}{K_{a1}}\geqslant500$ 时：

$$[H^+]=\sqrt{cK_{a1}} \tag{6-7}$$

2. 多元弱碱溶液 pH 的计算

多元弱碱溶液 pH 的计算，可采用类似多元弱酸溶液处理方法，按一元弱碱溶液计算其 $[OH^-]$。即，当 $cK_b\geqslant20K_w$，$\dfrac{c}{K_b}\geqslant500$ 时：

$$[OH^-]=\sqrt{cK_{b1}} \tag{6-8}$$

【例题 6-5】 计算 25℃时，$0.10mol\cdot L^{-1}\ Na_2CO_3$ 溶液的 pH。（已知 CO_3^{2-} 的 $K_{b1}=1.78\times10^{-4}$）

$$CO_3^{2-}+H_2O\Longrightarrow HCO_3^-+OH^-$$
$$HCO_3^-+H_2O\Longrightarrow H_2CO_3+OH^-$$

解　$[OH^-]=\sqrt{cK_{b1}}=\sqrt{1.78\times10^{-4}\times0.10}=4.2\times10^{-3}(mol\cdot L^{-1})$

$pOH=-\lg[OH^-]=-\lg(4.2\times10^{-3})=2.33$

$pH=14-2.33=11.67$

 知识拓展

两性物质溶液 pH 近似计算

对于如 $NaHCO_3$、K_2HPO_4、NaH_2PO_4 等两性物质来说，一般可做如下近似处理：

对于 HA^-、H_2A^- 类型的两性物质，当 $cK_{a2}\geqslant20K_w$，$\dfrac{c}{K_{a1}}>20$ 时，溶液的 H^+ 浓度可按照式(6-9) 计算：

$$[H^+]=\sqrt{K_{a1}K_{a2}} \tag{6-9}$$

对于 HA^{2-} 类型的两性物质，当 $cK_{a3}\geqslant20K_w$，$\dfrac{c}{K_{a2}}>20$，溶液的 H^+ 浓度可按照式(6-10) 计算：

$$[H^+]=\sqrt{K_{a2}K_{a3}} \tag{6-10}$$

【例题 6-6】 计算 25℃时，$0.10mol\cdot L^{-1}\ NaHCO_3$ 溶液的 pH。（H_2CO_3 的 $K_{a1}=4.3\times10^{-7}$，$K_{a2}=5.61\times10^{-11}$）

解　因为 $cK_{a2}=0.1\times5.61\times10^{-11}>20K_w$，$\dfrac{c}{K_{a1}}=\dfrac{0.1}{4.30\times10^{-7}}>20$，所以有：

$$[H^+]=\sqrt{K_{a1}K_{a2}}=\sqrt{4.30\times10^{-7}\times5.61\times10^{-11}}=4.90\times10^{-9}(\text{mol}\cdot\text{L}^{-1})$$
$$pH=-\lg[H^+]=8.31$$

 提纲挈领

1. 水分子之间可以发生质子自递反应。
2. 根据溶液中 $[H^+]$ 和 $[OH^-]$ 的浓度可以将溶液分成酸性、碱性和中性。
3. 弱酸和弱碱在水中解离时，K_a 和 K_b 越大，则解离程度越大，酸性和碱性越强。
4. 多元酸在水中分步解离，第一级解离程度最强。
5. 共轭酸碱解离常数存在内在的联系，$K_aK_b=K_w=1.00\times10^{-14}$。
6. 同离子效应使弱电解质解离度减小，盐效应使弱电解质解离度增大。
7. 酸碱水溶液 pH 的计算很复杂，采用近似处理。

第三节　缓冲溶液

　　溶液的酸度对生物体的生命活动具有重要意义，也是许多化学反应正常进行必须控制的条件。如许多药物的制备、分析测定、药物在生物体内发生的反应等，而缓冲溶液则是控制溶液酸度的重要方法。

一、缓冲溶液和缓冲机制

1. 缓冲溶液及其组成

　　缓冲溶液是一种能对溶液的酸度起到缓冲作用的溶液。缓冲作用是指能够抵抗外加的少量酸碱或溶液中化学反应产生的少量酸碱，或将溶液稀释而保持溶液自身的 pH 基本不变的作用。

　　缓冲溶液通常由共轭酸碱对所组成，有以下三种类型：

　　(1) 弱酸及其对应的盐　　例如，HAc-NaAc、H_2CO_3-$NaHCO_3$、H_3PO_4-NaH_2PO_4 等。

　　(2) 弱碱及其对应的盐　　例如，$NH_3\cdot H_2O$-NH_4Cl 等。

　　(3) 多元酸的酸式盐及其对应的次级盐　　例如，$NaHCO_3$-Na_2CO_3、NaH_2PO_4-Na_2HPO_4、Na_2HPO_4-Na_3PO_4 等。

2. 缓冲机制

　　缓冲溶液具有缓冲作用，本质上是平衡移动原理在酸碱解离平衡中的应用。现以 HAc-NaAc 缓冲系为例，讨论缓冲作用的原理。

　　HAc-NaAc 溶液由浓度较大的 HAc 和 NaAc 组成，在溶液中存在着如下两个解离平衡：

$$HAc+H_2O \Longrightarrow H_3O^+ + Ac^-$$
$$NaAc \Longrightarrow Na^+ + Ac^-$$

　　由于 NaAc 的同离子效应，HAc 解离度减小，HAc 与 Ac^- 都具有较大的浓度。当外加少量酸时，H^+ 浓度增加，大量存在的共轭碱 Ac^- 立即接受质子生成 HAc 分子，使平衡向左移动，H^+ 浓度降低。当达到新的平衡时，H^+ 浓度不会显著增加，与未加入少量酸以前基本持平，溶液的 pH 也不会明显下降。Ac^- 在此起到了抵抗酸的作用，称为"抗酸"成分。若加入少量强碱时，溶液中 $[OH^-]$ 增加，H_3O^+ 立即接受 OH^- 生成难解离的 H_2O，促使大量存在的 HAc 立即将质子转移给 H_2O，平衡向右移动，以补充碱所消耗的那部分 H_3O^+，当达到新的平衡时，溶液中的 H_3O^+ 浓度也几乎不变，与加入少量碱以前基本持平，pH 值基本保持稳定。HAc 在此起到了抵抗碱的作用，称为"抗碱"成分。

由分析可知，缓冲溶液是由共轭酸碱对组成，其中共轭酸是抗碱成分，共轭碱是抗酸成分。当外加少量强酸、强碱时，可以通过解离平衡的移动，来保持溶液 pH 基本不变。

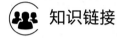 **知识链接**

缓冲溶液对生物体的意义

缓冲溶液对维持生物的正常 pH 值和正常生理环境有十分重要的作用。多数细胞仅能在很窄的 pH 范围内进行活动，而且需要有缓冲体系来抵抗在代谢过程中出现的 pH 变化。在生物体中有三类主要的 pH 缓冲体系，它们是蛋白质缓冲系统、碳酸氢盐缓冲系统以及磷酸盐缓冲系统。每种缓冲体系所占的分量在各类细胞和器官中是不同的。

二、缓冲溶液 pH 的计算

1. 缓冲公式

缓冲溶液是一个共轭酸碱体系。对于弱酸及其盐构成的缓冲体系，其水溶液中存在下列平衡：

$$HA \rightleftharpoons H^+ + A^-$$

HA 为共轭酸，A^- 为共轭碱，弱酸 HA 的解离平衡常数可写成：

$$K_a = \frac{[H^+][A^-]}{[HA]} \quad 或 \quad [H^+] = K_a \frac{[HA]}{[A^-]}$$

两边取负对数得：

$$pH = pK_a - lg \frac{[HA]}{[A^-]} \tag{6-11}$$

或者：

$$pH = pK_a + lg \frac{[A^-]}{[HA]} \tag{6-12}$$

即：

$$pH = pK_a + lg \frac{[共轭碱]}{[共轭酸]} \tag{6-13}$$

此式即为计算缓冲溶液 pH 的基本公式。应用此公式，可计算各种缓冲溶液的 pH。

式中的 $[HA]$、$[A^-]$ 是指溶液中共轭酸碱对的平衡浓度。由于同离子效应，抑制了弱酸 HA 的解离，共轭酸碱的平衡浓度可近似等于它们各自在混合液中的起始浓度（即分析浓度）。

即：

$$[A^-] = c_{A^-} \quad [HA] = c_{HA}$$

则：

$$pH = pK_a + lg \frac{c_{A^-}}{c_{HA}}$$

常见缓冲溶液共轭酸的 K_a 和 pK_a 如表 6-2 所示。

表 6-2　常见缓冲溶液共轭酸的 K_a、pK_a

缓冲对	共轭酸	K_a(25℃)	pK_a
HAc-Ac$^-$	HAc	1.76×10^{-5}	4.75
H$_2$CO$_3^-$ HCO$_3^-$	H$_2$CO$_3$	4.34×10^{-7}	6.37
HCO$_3^-$-CO$_3^{2-}$	HCO$_3^-$	5.61×10^{-11}	10.3
H$_2$PO$_4^-$-HPO$_4^{2-}$	H$_2$PO$_4^-$	6.23×10^{-8}	7.21
NH$_3$·H$_2$O-NH$_4^+$	NH$_4^+$	5.68×10^{-10}	9.25

2. 缓冲溶液 pH 的计算

【例题 6-7】 将 $0.10 mol·L^{-1}$ 的 HAc 溶液和 $0.20 mol·L^{-1}$ 的 NaAc 溶液等体积混合配

成 50mL 缓冲溶液，已知 HAc 的 $pK_a = 4.75$，求此缓冲溶液的 pH。

解

$$pH = pK_a + \lg \frac{[Ac^-]}{[HAc]} = pK_a + \lg \frac{c_{Ac^-}}{c_{HAc}}$$

$$= 4.75 + \lg \frac{0.2/2}{0.1/2} = 5.05$$

【例题 6-8】 计算由 $0.10 \text{mol} \cdot \text{L}^{-1}$ NH_4Cl 及 $0.20 \text{mol} \cdot \text{L}^{-1}$ NH_3 等体积混合构成的缓冲溶液的 pH。（已知 NH_3 的 $K_b = 1.76 \times 10^{-5}$）

解 已知 NH_3 的 $K_b = 1.76 \times 10^{-5}$

$$NH_4^+ \text{ 的 } K_a = \frac{K_w}{K_b} = \frac{1.0 \times 10^{-14}}{1.76 \times 10^{-5}} = 5.68 \times 10^{-10} \qquad NH_4^+ \text{ 的 } pK_a = 9.25$$

$$pH = pK_a + \lg \frac{[NH_3]}{[NH_4^+]} = 9.25 + \lg \frac{0.20}{0.10} = 9.55$$

 课堂互动

计算向 20.00mL $0.1000 \text{mol} \cdot \text{L}^{-1}$ 的 HAc 溶液中，加入 $0.1000 \text{mol} \cdot \text{L}^{-1}$ 的 NaOH 溶液 10.00mL、20.00mL 和 30.00mL 时溶液的 pH。

三、缓冲溶液的缓冲能力和缓冲溶液的配制

1. 缓冲容量

缓冲溶液的缓冲能力是有一定限度的，不同组成的缓冲溶液其缓冲能力也不相同。在缓冲溶液 pH 的计算公式 $pH = pK_a + \lg \frac{c_{A^-}}{c_{HA}}$ 中，$\frac{[A^-]}{[HA]}$ 或 $\frac{c_{A^-}}{c_{HA}}$ 称为缓冲比。当缓冲比在 1/10 和 10/1 之间时，对应的 pH 在 $pK_a - 1$ 与 $pK_a + 1$ 之间，缓冲溶液能有效地发挥其缓冲作用，称为缓冲溶液的缓冲范围，即 $pH = pK_a \pm 1$。在此范围之外，溶液几乎失去了缓冲作用。

对于同一缓冲系，K_a 为一定值，溶液的 pH 值主要决定于缓冲比，当加水稀释时，缓冲比不变，因而溶液 pH 值保持不变，当缓冲比 $\frac{[A^-]}{[HA]}$ 或 $\frac{c_{A^-}}{c_{HA}}$ 等于 1 时，$pH = pK_a$。此时，缓冲溶液的缓冲能力最大。

2. 缓冲溶液的配制

在实际工作中，需要配制某一 pH 的缓冲溶液，为使所配制的缓冲溶液具有足够的缓冲能力，可按下述原则和步骤进行。

（1）选用适当的缓冲对 选择缓冲对弱酸的 pK_a 值接近于要求的 pH，缓冲比接近 1，具有较大缓冲容量。要有适当的总浓度。总浓度太低，缓冲容量小，总浓度太高，会使溶液的离子强度和渗透压过高而不适用，一般总浓度控制在 $0.05 \sim 0.20 \text{mol} \cdot \text{L}^{-1}$ 范围内。

（2）计算 为方便配制，常使用相同浓度的共轭酸和共轭碱溶液。选择好缓冲对后，根据缓冲溶液 pH 公式，计算所需缓冲对的体积用量。

（3）校正 通常使用 pH 计测定所配制缓冲溶液的 pH，如果与要求的不符，需加入相应的酸或碱进行校正，使 pH 与实际要求的一致。

四、缓冲溶液在医药学上的应用

缓冲溶液在医药学上具有重要意义。药剂生产、药物稳定性、物质的溶解等方面通常需要选择适当的缓冲系来稳定其 pH。如葡萄糖、安乃近等注射液，经过灭菌后 pH 可能发生

改变，常用盐酸、枸橼酸、酒石酸、枸橼酸钠等物质的稀溶液进行调节，使 pH 维持在 4～9。药用维生素 C 溶液、滴眼剂等药物制剂的配制时，需要缓冲溶液，一方面可增加药物溶液的稳定性，同时又能避免 pH 不当引起的人体局部的疼痛。对药物制剂进行药理、生理、生化实验时，都需要使用缓冲溶液。人体内各种体液通过各种缓冲系的作用保持在一定的 pH 范围内，如表 6-3 所示。只有保持 pH 稳定，人体内各种生化反应才能正常进行。

表 6-3　一些体液的 pH

体液	pH	体液	pH	体液	pH
血液	7.35～7.45	成人胃液	0.9～1.5	皮肤	～4.7
胰液	7.5～8.0	婴儿胃液	5.0	脊椎液	7.3～7.5
唾液	6.35～6.85	乳汁	6.0～6.9	小肠液	～7.6
泪液	～7.4	细胞液	～7.1	尿液	4.8～7.5

 知识链接

人体 pH 对药物存在状态的影响

大多数药物都是有机弱碱或有机弱酸，人体 pH 对药物存在状态及药效发挥都有很大的影响。药物在经胃肠道或经皮肤黏膜吸收时，都必须通过细胞膜。由于细胞膜由磷脂层构成，药物的脂溶性愈大愈易经膜吸收，由于不带电荷的分子比带电荷的离子脂溶性强，更容易被吸收。弱酸药物在 pH 低时，呈分子状态，易被吸收；弱碱性药物在 pH 低时，以离子状态存在，不易被吸收。

人的体液有不同的 pH，其中胃液的 pH 约为 1.0，血液略偏碱性，口服的酸性药物通过胃部时，绝大部分以分子状态存在，易通过细胞膜被吸收，当酸性药物与碳酸氢钠同服时，胃内 pH 增高，药物解离增多，吸收减少。口服的碱性药物在胃部，主要以离子状态存在，不易通过细胞膜被吸收，因此弱碱性药物口服吸收差，常采用注射给药。

提纲挈领

1. 缓冲溶液能够保持溶液的 pH 基本稳定。
2. 缓冲溶液对维持生物体生理活动具有重要意义。
3. 缓冲溶液一般由弱的共轭酸碱对组成。
4. 将缓冲作用的有效 pH 范围（pH＝pK_a±1）称为缓冲范围。

第四节　酸碱滴定法

酸碱滴定法是滴定分析法中最主要的方法。一般酸、碱以及能与酸、碱直接或间接发生反应的物质，大多都可以用酸碱滴定法滴定。在酸碱滴定中，由于酸碱反应一般不发生明显的外观变化，通常需要借助指示剂的颜色变化来指示滴定终点，指示剂的选择是否适当会对分析结果造成影响。

一、酸碱指示剂

（一）指示剂的变色原理

酸碱指示剂通常是一些结构比较复杂的有机弱酸或有机弱碱，在溶液中能够发生部分解离，解离前后，结构发生变化，颜色也随之发生变化。

现以弱酸型指示剂 HIn（如酚酞）为例来说明酸碱指示剂的变色原理。

$$HIn \rightleftharpoons H_3O^+ + In^-$$

酸式结构　　　　碱式结构

酸式色　　　　　碱式色

（酚酞）无色　　（酚酞）红色

当溶液 pH 发生变化时，上述平衡将向不同的方向发生移动，指示剂将以不同的结构形式存在，从而呈现不同的颜色。

（二）指示剂变色范围及影响因素

1. 指示剂变色范围

对于弱酸型指示剂 HIn，在溶液中存在以下解离平衡：

$$HIn \rightleftharpoons H_3O^+ + In^-$$

其解离常数表达式为：

$$K_{HIn} = \frac{[H^+][In^-]}{[HIn]}$$

变形后得到：

$$[H^+] = K_{HIn} \frac{[HIn]}{[In^-]}$$

两边取负对数，得到：

$$pH = pK_{HIn} + \lg \frac{[In^-]}{[HIn]}$$

在一定温度下，pK_{HIn} 是一常数。因此，指示剂两种结构的浓度比 $\frac{[In^-]}{[HIn]}$ 只与溶液的 pH 有关，而 pH 的变化也将影响 $\frac{[In^-]}{[HIn]}$ 的大小。

由于人的眼睛对颜色的分辨有一定的局限性，一般只有当一种物质的浓度是另一种物质的浓度的 10 倍或大于 10 倍时，人眼才能够辨别出较高浓度物质的颜色。由此可知：

当 $\frac{[In^-]}{[HIn]} \geqslant 10$ 时，$pH \geqslant pK_{HIn} + 1$，当溶液 pH 等于或大于该值时，指示剂呈现 In^- 的碱式色；

当 $\frac{[In^-]}{[HIn]} \leqslant \frac{1}{10}$ 时，$pH \leqslant pK_{HIn} + 1$，当溶液 pH 等于或小于该值时，指示剂呈现 HIn 的酸式色；

当 pH 在 $pK_{HIn} - 1$ 和 $pK_{HIn} + 1$ 之间时，指示剂呈现的是酸式色和碱式色的混合色；

因此，我们把 $pH = pK_{HIn} \pm 1$ 称为指示剂的理论变色范围。

当指示剂酸式结构 HIn 的浓度与碱式结构 In^- 的浓度相等时，即 $\frac{[In^-]}{[HIn]} = 1$ 时，$pH = pK_{HIn}$，看到的是两种结构的混合色。此时，指示剂的变色最敏锐，称为指示剂的理论变色点。

不同的指示剂 pK_{HIn} 不同，因此其变色范围各不相同。由于人的眼睛对各种颜色敏感程度不同，实际观察到的指示剂变色范围与理论变色范围存在一定的差别。如甲基橙的 $pK_{HIn} = 3.4$，其理论变色范围为 $pH = 2.4 \sim 4.4$，由于人的视觉对红色比对黄色敏感，其实际变色范围为 3.1~4.4。实际应用当中，使用的均是由实验测得的指示剂的实际变色范围。常用酸碱指示剂及由实验测得的变色范围见表 6-4。

表 6-4　常用酸碱指示剂 pK_{HIn} 和变色范围

指示剂	pK_{HIn}	pH 变色范围	颜色		
			酸式色	过渡	碱式色
百里酚蓝	1.7	1.2~2.8	红色	橙色	黄色
甲基橙	3.4	3.1~4.4	红色	橙色	黄色
溴酚蓝	4.1	3.1~4.6	黄色	蓝紫色	紫色
甲基红	5.2	4.4~6.2	红色	橙色	黄色
溴百里酚蓝	7.3	6.0~7.6	黄色	绿色	蓝色
酚酞	9.1	8.0~9.6	无色	粉红色	红色
百里酚酞	10.1	9.4~10.6	无色	淡黄色	蓝色

2. 影响指示剂变色的因素

（1）温度　指示剂的变色范围和 K_{HIn} 有关，而 K_{HIn} 随温度的变化而变化，如 18℃酚酞的变色范围为 8.0~10.0，而在 100℃时则为 8.0~9.2。因此，滴定时应注意控制合适的滴定温度。

（2）溶剂　指示剂在不同的溶剂中，pK_{HIn} 值不同，例如甲基橙在水溶液中 $pK_{HIn}=3.4$，而在甲醇中 $pK_{HIn}=3.8$。

（3）指示剂用量　由于指示剂本身为弱酸或弱碱，用量过多会消耗滴定剂，另外，指示剂浓度大时将导致终点颜色变化不敏锐。但指示剂也不能太少，否则颜色太浅，不易观察到颜色的变化，通常每 10mL 溶液加 1~2 滴指示剂。

（4）滴定程序　由于肉眼对不同颜色的敏感程度不同，滴定时应注意滴定的顺序。例如，用 NaOH 滴定 HCl 时，选用酚酞，终点由无色变到红色，变化明显，易于辨认；若用甲基橙作指示剂，终点由红色变成黄色，变色不太明显，滴定剂易滴过量。当用 HCl 滴定 NaOH 时，则宜选用甲基橙作指示剂。

 知识链接

酸碱指示剂的发现

酸碱指示剂是检验溶液酸碱性的常用化学试剂，像科学上的许多其他发现一样，酸碱指示剂的发现是化学家善于观察、勤于思考，勇于探索的结果。

300 多年前，英国科学家波义耳在实验中偶然捕捉到一种奇特的实验现象。一天，一位花工为波义耳送来一篮紫罗兰，他随手取下一块带进了实验室，把鲜花放在实验桌上开始了实验，当他从瓶里倾倒盐酸时，少许酸沫飞溅到鲜花上，为洗掉花上的酸沫，他把花放到水里，发现紫罗兰颜色变红了，为进一步验证这一现象，他把一篮鲜花全部拿到实验室，取了当时已知的几种酸的稀溶液，把紫罗兰花瓣分别放入这些稀酸中，结果紫罗兰都变为红色。他想，以后只要把紫罗兰花瓣放进溶液，看它是不是变红色，就可判别这种溶液是不是酸。

为了获得丰富、准确的第一手资料，他还采集了药草、牵牛花，苔藓、月季花、树皮和各种植物的根……泡出了多种颜色的不同浸液，有些浸液遇酸变色，有些浸液遇碱变色，为使用方便，波义耳用一些浸液把纸浸透、烘干制成纸片，使用时只要将小纸片放入被检测的溶液，纸片上就会发生颜色变化，从而显示出溶液是酸性还是碱性。今天，我们使用的石蕊、酚酞试纸以及 pH 试纸，就是根据波义耳的发现原理研制而成的。

（三）混合指示剂

某些单一指示剂存在酸式色与碱式色区别不明显、指示剂变色范围较宽等问题，在某些酸碱滴定中，pH 的突跃范围很窄，使用单一的指示剂难以判断终点，此时可采用混合指示剂。混合指示剂利用颜色互补原理使终点颜色变化敏锐，变色范围变窄，有利于终点观察，提高测定的准确度。

混合指示剂可分为两类，一类是在某种指示剂中加入一种惰性染料。例如，由甲基橙和靛蓝组成的混合指示剂，靛蓝颜色不随 pH 改变而变化，只作甲基橙的蓝色背景。此类指示剂能使指示剂酸式和碱式结构的颜色发生明显变化，从而更易于观察，但变色范围不变。

另一类是由两种或两种以上的指示剂混合而成，如溴甲酚绿和甲基红组成的混合指示剂，此类混合指示剂的酸式和碱式结构的颜色大多数会发生变化，而其变色范围也会发生变化。从而使指示剂能使颜色变化敏锐，变色范围变窄。常用的混合指示剂见表 6-5。

表 6-5　常用的混合指示剂

指示剂的组成	变色点	颜色		备注
		酸色	碱色	
0.1%甲基橙:0.25%靛蓝二磺酸钠(1:1)	4.1	紫色	黄绿色	pH=4.1　灰色
0.2%甲基红:0.1%溴甲酚绿(1:3)	5.1	酒红色	绿色	pH=5.1　灰色
0.1%中性红:0.1%亚甲蓝(1:1)	7.0	蓝紫色	绿色	pH=7.0　蓝紫色
0.1%甲基绿:0.1%酚酞(2:1)	8.9	绿色	紫色	pH=8.8　浅蓝色 pH=9.0　紫色
0.1%百里酚:0.1%酚酞(1:1)	9.9	无色	紫色	pH=9.6　玫瑰色 pH=10.0　紫色

二、酸碱滴定类型及指示剂的选择

在酸碱滴定法中，随着滴定液的加入，溶液的 pH 将不断发生规律性的变化。这种变化的规律性对于我们正确选择指示剂，准确判断滴定终点具有很重要的意义。滴定液的加入量在离到达化学计量点前后 ±0.1% 的范围时溶液 pH 的变化情况，是选择指示剂的关键依据。

在酸碱滴定过程中，以所加入滴定液的体积为横坐标，以溶液的 pH 为纵坐标，绘制而成的曲线称为酸碱滴定曲线，它能很好地描述滴定过程中溶液 pH 的变化情况。不同类型的酸碱滴定过程中 pH 的变化的特点、滴定曲线的形状和指示剂的选择都有所不同，下面分别予以讨论。

（一）强酸（强碱）的滴定

1. 滴定曲线

现以 $0.1000mol \cdot L^{-1}$ NaOH 滴定 $20.00mL$ $0.1000mol \cdot L^{-1}$ HCl 为例，说明强碱强酸滴定过程中溶液 pH 的变化情况，为简便起见，用 $[H^+]$ 代替 $[H_3O^+]$。

强碱强酸相互滴定的基本反应：$H^+ + OH^- \rightleftharpoons H_2O$

滴定过程分为四个阶段：

（1）滴定前　溶液的 $[H^+]$ 等于 HCl 的初始浓度。

$$[H^+] = 0.1000mol \cdot L^{-1} \qquad pH = 1.00$$

（2）滴定开始到化学计量点前　溶液中的 [H^+] 取决于 HCl 与 NaOH 反应后剩余 HCl 的浓度，[H^+] 按下式计算：

$$[H^+] = \frac{c_{HCl}V_{HCl} - c_{NaOH}V_{NaOH}}{V_{HCl} + V_{NaOH}}$$

当加入 NaOH 溶液 18.00mL 时：

$$[H^+] = \frac{20.00 \times 0.1000 - 18.00 \times 0.1000}{20.00 + 18.00} = 5.26 \times 10^{-3} (mol \cdot L^{-1})$$

$$pH = 2.28$$

当加入 NaOH 溶液 19.98mL 时，距化学计量点仅差半滴滴定液（约 0.02mL），如果停止滴定，造成的误差为 -0.1%，此时溶液 pH 为：

$$[H^+] = 5.00 \times 10^{-5} mol \cdot L^{-1} \qquad pH = 4.30$$

（3）化学计量点时　NaOH 和 HCl 恰好按化学计量关系反应完全，溶液呈中性。

$$[H^+] = 1.00 \times 10^{-7} (mol \cdot L^{-1}) \qquad pH = 7.00$$

（4）化学计量点后　溶液的 pH 取决于过量的 NaOH 的浓度。

$$[OH^-] = \frac{c_{NaOH}V_{NaOH} - c_{HCl}V_{HCl}}{V_{HCl} + V_{NaOH}}$$

当加入 NaOH 溶液 20.02mL 时，即多加了半滴滴定液（约 0.02mL），造成的误差为 0.1%，此时：$[OH^-] = 5.00 \times 10^{-5} (mol \cdot L^{-1})$ 　　　pOH = 4.30

$$pH = 14 - pOH = 9.70$$

如此逐一计算滴定过程溶液的 pH，计算结果列入表 6-6。

表 6-6　$0.1000 mol \cdot L^{-1}$ NaOH 滴定 20.00mL $0.1000 mol \cdot L^{-1}$ HCl 的 pH 的变化

加入 V_{NaOH} /mL	HCl 被滴定百分数/%	剩余 V_{HCl} /mL	过量 V_{NaOH}/mL	[H^+] /mol·L^{-1}	pH
0.00	0.00	20.00		1.00×10^{-1}	1.00
18.00	90.00	2.00		5.26×10^{-3}	2.28
19.80	99.00	0.20		5.02×10^{-4}	3.30
19.98	99.90	0.02		5.00×10^{-5}	4.30
20.00	100.00	0.00		1.00×10^{-7}	7.00
20.02	100.1		0.02	2.00×10^{-10}	9.70
20.20	101.0		0.20	2.01×10^{-11}	10.70
22.00	110.0		2.00	2.10×10^{-12}	11.68
40.00	200.0		20.00	2.00×10^{-13}	12.70

（滴定突跃范围：pH 4.30～9.70）

若以 NaOH 加入量（或酸碱滴定的百分数）为横坐标，溶液的 pH 为纵坐标作图，可以得到强碱滴定强酸的滴定曲线，如图 6-1 所示。

由表 6-6 和图 6-1 可看出：

① 曲线的起点是 pH = 1.00。

② 当滴定液 NaOH 溶液的加入量从 0.00mL 增加到 19.98mL 时，溶液 pH 从 1.00 增加到 4.30，仅改变了 3.30 个 pH 单位，pH 变化缓慢，曲线比较平坦。

③ 当滴定液 NaOH 溶液的加入量从 19.98mL（此时，滴定液的加入量离到达化学计量

点还相差 0.1%）到 20.02mL（此时，滴定液的加入量已经超过化学计量点 0.1%）时，滴定液的体积变化了仅仅 0.04mL（约 1 滴），而溶液的 pH 则从 4.30 增加到 9.70，剧烈变化了 5.40 个 pH 单位，溶液由酸性突然变到碱性，滴定曲线成为一段几乎垂直于横轴的直线。这种在化学计量点前后溶液的 pH 发生剧烈变化的现象称为滴定突跃。在滴定液的加入量离到达化学计量点 ±0.1% 的范围内，溶液 pH 的变化区间称为酸碱滴定突跃范围。上述滴定的突越范围为 4.30～9.70。

④ 化学计量点 pH＝7.00，溶液呈中性。

⑤ 滴定突跃后继续加入 NaOH 溶液，溶液的 pH 变化缓慢，所以滴定曲线又变得平坦。

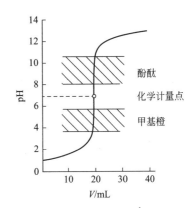

图 6-1　0.1000mol·L^{-1} NaOH 滴定 20.00mL 0.1000mol·L^{-1} 的 HCl 溶液的滴定曲线

 课堂互动

讨论如果用 0.1000mol·L^{-1} HCl 溶液滴定 20.00mL 0.1000mol·L^{-1} NaOH 溶液，溶液的 pH 变化规律，绘制滴定曲线及选择最佳的指示剂。

2. 指示剂的选择

理想的指示剂应恰好在化学计量点变色，但实际上这样的指示剂很难找到。在酸碱滴定中，指示剂的选择以滴定突跃范围为依据，即：指示剂的变色范围应全部或至少要有一部分落在滴定突跃范围内。因为只要在突跃范围内能发生颜色变化的指示剂，都能满足分析结果所要求的准确度，满足滴定误差不超过 0.1% 的要求。

由于强酸强碱滴定的 pH 突跃范围为 4.30～9.70，所以甲基橙（3.1～4.4）、甲基红（4.4～6.2）、酚酞（8.0～9.6）都可选作这类滴定的指示剂。若选用甲基橙，其变色范围为 3.1～4.4，虽然只是部分落在突跃范围内，但当溶液颜色恰好由橙色变为黄色时，溶液 pH 约为 4.4，此时离化学计量点已不到半滴，终点误差不会超过 0.1%，已能满足滴定分析要求。

在实际工作中，在选择指示剂时，还应考虑人的眼睛对不同颜色的敏感性。在用强碱滴定强酸时，虽然有多种指示剂可选择，但常选用酚酞，因为在滴定突跃范围内，溶液由无色变为红色，极易观察。如果用强酸滴定强碱，用甲基橙或溴甲酚绿较好。

3. 突跃范围与酸碱浓度的关系

强酸强碱间的滴定，其突跃范围的大小与浓度有关。浓度越大，突跃范围越大。浓度越小，突跃范围越小。

如图 6-2 所示，用 1.000×10^{-2} mol·L^{-1} 的 NaOH 滴定相应浓度的 HCl 溶液的滴定突跃为 pH＝5.3～8.7，比用 0.1000mol·L^{-1} NaOH 滴定相同浓度的 HCl 的滴定突跃范围小 2 个 pH 单位。如果浓度小于 10^{-4} mol·L^{-1}，由于无明显的滴定突跃，无法选择适当的指示剂确定滴定

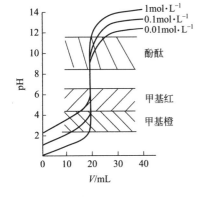

图 6-2　不同浓度的 NaOH 滴定相应浓度的 HCl 溶液的滴定曲线

终点，使滴定不能进行。用较高浓度酸碱溶液进行滴定虽然滴定突跃大，可选用的指示剂多，但在计量点附近少加或多加半滴酸（或碱）产生的误差较大。在实际工作中，常用 $0.1\sim 0.5\text{mol·L}^{-1}$ 的酸碱滴定液。

（二）一元弱酸（弱碱）的滴定

1. 滴定曲线及指示剂的选择

现以 0.1000mol·L^{-1} NaOH 滴定 20.00mL 0.1000mol·L^{-1} HAc 为例，说明强碱滴定弱酸过程中溶液 pH 的变化情况，滴定反应为：

$$HAc + OH^- \Longleftrightarrow Ac^- + H_2O$$

（1）滴定前　0.1000mol·L^{-1}HAc 溶液，其〔H^+〕为：

$$[H^+]=\sqrt{K_a c}=\sqrt{1.76\times 10^{-5}\times 0.1000}=1.33\times 10^{-3}(\text{mol·L}^{-1})$$
$$pH=2.87$$

（2）滴定开始到化学计量点前　由于 NaOH 的加入，溶液的组成为 NaAc＋HAc 缓冲体系，溶液的 pH 按下式计算：

$$pH=pK_a+\lg\frac{c_{Ac^-}}{c_{HAc}}$$

当加入 NaOH 溶液 19.98mL 时，剩余 0.02mL HAc：

$$c_{HAc}=\frac{0.1000\times 0.02}{20.00+19.98}=5.0\times 10^{-5}(\text{mol·L}^{-1})$$

$$c_{Ac^-}=\frac{0.1000\times 19.98}{20.00+19.98}=5.0\times 10^{-2}(\text{mol·L}^{-1})$$

$$pH=pK_a+\lg\frac{c_{B^-}}{c_{HB}}=4.75+\lg\frac{5.0\times 10^{-2}}{5.0\times 10^{-5}}=7.75$$

（3）化学计量点时　NaOH 和 HAc 恰好按化学计量关系反应完全，溶液的组成为 NaAc 和水。由于 Ac^- 为一元弱碱，因此溶液的 pH 按一元弱碱溶液 pH 的最简式进行计算：

$$[OH^-]=\sqrt{c_{Ac^-}K_b}=\sqrt{\frac{1.0\times 10^{-14}\times 0.1000}{1.76\times 10^{-5}\times 2}}=5.33\times 10^{-6}(\text{mol·L}^{-1})$$
$$pOH=5.27$$
$$pH=14-pOH=14-5.27=8.73$$

（4）化学计量点后　溶液的组成为 NaAc 和 NaOH，由于 NaOH 过量，抑制了 Ac^- 的解离，溶液的 pH 取决于过量的 NaOH。

$$[OH^-]=\frac{c_{NaOH}V_{NaOH}-c_{HAc}V_{HAc}}{V_{HAc}+V_{NaOH}}$$

例如，当加入 NaOH 溶液 20.02mL 时：

$$[OH^-]=5.00\times 10^{-5}(\text{mol·L}^{-1})\quad pOH=4.30$$
$$pH=14-pOH=9.70$$

如此逐一计算，滴定过程中溶液的 pH 变化见表 6-7。

以表 6-7 的数据为依据，可绘制强碱滴定一元弱酸的滴定曲线，如图 6-3 所示。

表 6-7　0.1000mol·L^{-1} NaOH 滴定 20.00mL 0.1000mol·L^{-1} HAc 时的 pH

V_{NaOH}/mL	HAc 被滴定百分数/%	溶液组成	[H⁺]的计算公式	pH	
0.00	0.00	HAc	$[H^+]=\sqrt{K_a c_{HAc}}$	2.88	
10.00	50.00			4.75	
18.00	90.00	HAc	$[H^+]=K_a \dfrac{c_{HAc}V_{HAc}-c_{NaOH}V_{HaOH}}{c_{NaOH}V_{NaOH}}$	5.70	
19.80	99.00	Ac⁻		6.74	
19.98	99.90			7.75	滴定突跃
20.00	100.00	Ac⁻	$[OH^-]=\sqrt{K_b c_{Ac^-}}=\sqrt{\dfrac{1}{2}K_b c_{HAc}}$	8.73	
20.02	100.10			9.70	
20.20	101.00	OH⁻	$[OH^-]=\dfrac{c_{NaOH}V_{NaOH}-c_{HAc}V_{HAc}}{V_{HAc}+V_{NaOH}}$	10.70	
22.00	110.00	Ac⁻		11.68	
40.00	200.00			12.70	

比较图 6-1 和图 6-3，可以看出强碱滴定一元弱酸有如下特点：

① 滴定曲线起点 pH 高，其 pH=2.87，这是因为 HAc 是弱酸，在水溶液中不能完全解离，所以 [H⁺] 低于乙酸的起始浓度（分析浓度），pH 较高。

② 滴定开始至化学计量点前的曲线变化复杂，在这段滴定期间，溶液组成为 HAc＋NaAc，属缓冲溶液。但曲线两端的缓冲比或者很小（小于 1/10），或者很大（大于 10/1），因而缓冲能力小，溶液的 pH 随 NaOH 溶液的加入变化大，曲线斜率大；而曲线中段，由于缓冲比接近于 1，缓冲能力大，曲线变化平缓。

③ 化学计量点的 pH 大于 7.00，为 8.73。这是因为在化学计量点，HAc 已全部与 NaOH 反应生成 NaAc，而 Ac⁻ 是弱碱，所以溶液呈碱性而不是中性。

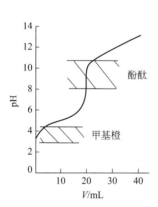

图 6-3　0.1000mol·L^{-1} NaOH
滴定 20.00mL 0.1000mol·L^{-1}
HAc 的滴定曲线

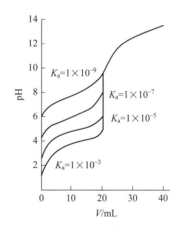

图 6-4　0.1000mol·L^{-1} NaOH 滴定
0.1000mol·L^{-1} 强度不同的弱酸

④ 滴定突跃小。其突跃范围为 pH=7.75～9.70，为 1.95 个 pH 单位，与浓度相同的强酸强碱滴定的突跃范围（pH=4.30～9.70）相比小得多。

根据滴定突跃范围及选择指示剂的原则，此类滴定应选择在碱性范围变色的指示剂。酚酞、百里酚蓝可作为这类滴定的指示剂。

如果用强酸滴定弱碱，如用 HCl 溶液滴定 $NH_3 \cdot H_2O$，滴定曲线变化与用 NaOH 溶液滴定 HAc 溶液的滴定曲线变化方向相反，如果 $NH_3 \cdot H_2O$ 浓度为 $0.1000mol \cdot L^{-1}$，滴定曲线的起点 pH 为 11.1，化学计量点时 $NH_3 \cdot H_2O$ 已全部中和成 NH_4Cl，而 NH_4^+ 是弱酸，其溶液的 pH 将小于 7，为弱酸性。这类滴定应选择在酸性范围变色的指示剂，如甲基橙、甲基红等。

2. 影响滴定突跃范围的因素

用强碱滴定弱酸的滴定突跃大小既与浓度有关，也与弱酸的强度有关。浓度越大，滴定突跃越大，反之越小；弱酸的解离常数 K_a 越大，滴定突跃越大；反之越小。如图 6-4 所示。

当弱酸的 $c_{HA} = 0.1mol \cdot L^{-1}$，$K_a \leqslant 10^{-9}$ 时，其滴定突跃已不明显，无法用一般的指示剂确定它的滴定终点。酸碱越弱或浓度越小，滴定突跃越不明显。

实验证明，只有当弱酸的 $cK_a \geqslant 10^{-8}$ 时，用强碱滴定该弱酸时才会出现明显的滴定突跃范围，才能找到合适的指示剂指示终点，也即该弱酸能够被强碱准确滴定。

同理，对于弱碱，只有当 $cK_b \geqslant 10^{-8}$ 时，才能用强酸进行准确滴定。

例如 HCN，因其 $K_a \approx 10^{-10}$，即使浓度为 $1mol \cdot L^{-1}$，也不能按强碱滴定弱酸的方式滴定。

 延伸阅读 ··

多元酸（碱）的滴定

（1）强碱滴定多元弱酸　常见的多元酸多数是弱酸，在水溶液中是分步解离的。强碱滴定多元弱酸，多元弱酸解离出的各级 H^+ 能否被直接、准确地滴定，需要根据一元弱酸被直接准确滴定的条件，即看其浓度和各级 K_a 的大小。而要判断多元弱酸能否分步滴定，则要看相邻两级 K_a 的比值大小，比值越大，滴定中前后两级解离的 H^+ 越不会发生交叉反应，否则会因交叉反应不能形成两个独立的突跃，不能分步滴定。对于二元弱酸，根据可能出现的情况，按下述原则进行判断。

① 当 $cK_{a1} \geqslant 10^{-8}$，$cK_{a2} \geqslant 10^{-8}$，$K_{a1}/K_{a2} \geqslant 10^4$，则两级解离的 H^+ 不仅可被准确滴定，而且可以分步滴定。

② 当 $cK_{a1} \geqslant 10^{-8}$，$cK_{a2} \geqslant 10^{-8}$，$K_{a1}/K_{a2} < 10^4$，则两级解离的 H^+ 均可被准确滴定，但不能分步滴定。

③ 当 $cK_{a1} \geqslant 10^{-8}$，$cK_{a2} < 10^{-8}$，则只有第一级解离的 H^+ 能被准确滴定，而第二级解离的 H^+ 不能被准确滴定。

（2）强酸滴定多元弱碱　强酸滴定多元弱碱的情况与强碱滴定多元弱酸相似。二元弱碱分步滴定的条件为：

① 当 $cK_{b1} \geqslant 10^{-8}$，$cK_{b2} \geqslant 10^{-8}$，$K_{b1}/K_{b2} \geqslant 10^4$，则二元弱碱的两级解离可被准确、分步滴定。

② 当 $cK_{b1} \geqslant 10^{-8}$，$cK_{b2} \geqslant 10^{-8}$，$K_{b1}/K_{b2} < 10^4$，则二元弱碱的两级解离可被准确滴定，但不能分步滴定。

③ 当 $cK_{b1} \geqslant 10^{-8}$，$cK_{b2} < 10^{-8}$，则二元弱碱只有一级解离能被准确滴定，而第二级解离不能被准确滴定。

现以 $0.1000mol \cdot L^{-1}$ HCl 滴定 20.00mL $0.1000mol \cdot L^{-1}$ Na_2CO_3 溶液为例，来讨论强酸滴定多元弱碱的过程中溶液 pH 的变化。

由于是二元弱碱，而 $K_{b1} = 1.8 \times 10^{-4}$，$K_{b2} = 2.4 \times 10^{-8}$，且 $cK_{b1} = 0.1 \times 1.8 \times 10^{-4} =$

$1.8 \times 10^{-5} > 10^{-8}$。

因为，$cK_{b2} = 0.1 \times 2.4 \times 10^{-8} = 2.4 \times 10^{-9} \approx 10^{-8}$，$K_{b1}/K_{b2} = 7.5 \times 10^{3} \approx 10^{4}$。

所以，可用强酸分步滴定。

当到达第一化学计量点时，产物是 HCO_3^-，此时溶液的 pH 可按照两性物质溶液 pH 的最简式进行计算，则 pH=8.31。可选酚酞为指示剂，溶液终点由红色变为无色。

当到达第二化学计量点时，产物是 H_2CO_3，此时溶液的 pH 可按照多元弱酸溶液 pH 的最简式进行计算，则 pH=3.88。可选甲基橙为指示剂，溶液终点由黄色变为橙色。由于滴定过程中生成的 H_2CO_3 只能缓慢地转化为 CO_2，易形成 CO_2 的饱和溶液，溶液的酸度稍稍增大，终点稍过早出现，滴定时应注意在终点附近剧烈振摇溶液。

三、酸碱滴定液的配制与标定

酸碱滴定法测定某种物质的质量分数，必须配制酸或碱的滴定液。常用的酸滴定液（如 HCl 和 H_2SO_4 滴定液）及碱滴定液（如 NaOH 和 KOH 滴定液）浓度常为 $0.1 mol \cdot L^{-1}$。

1. 酸滴定液

酸碱滴定法中最常用的是盐酸滴定液。由于浓盐酸的挥发性，不能用商品盐酸溶液直接配制成准确浓度的溶液，必须采用间接配制法进行配制。

用来标定 HCl 溶液的基准物质有无水碳酸钠（Na_2CO_3）及硼砂（$Na_2B_2O_7 \cdot 10H_2O$）。碳酸钠易得纯品，价廉，但有强烈的吸湿性，能吸收 CO_2，所以用前必须在 $270 \sim 300℃$ 加热约 1h 来干燥，稍冷后置于干燥器中备用。称量速度要快，以免因吸湿引入误差。用 Na_2CO_3 标定 HCl 溶液时，其滴定反应为：

$$Na_2CO_3 + 2HCl \Longrightarrow 2NaCl + H_2CO_3$$

可选用甲基红或甲基橙作指示剂。

硼砂的摩尔质量大，可以减小称量误差，不易吸水，但因含有结晶水，当相对湿度小于 39% 时，易风化失去部分结晶水。因此，硼砂需要保存在含有饱和 NaCl 和蔗糖溶液的密闭恒湿容器中（保持相对湿度在 60%，以免风化而失去结晶水）。用硼砂标定 HCl 溶液时，其反应式为：

$$Na_2B_4O_7 + 5H_2O + 2HCl \Longrightarrow 4H_3BO_3 + 2NaCl$$

计算公式为：

$$c_{HCl} = \frac{2 \times m_{Na_2B_4O_7 \cdot 10H_2O}}{M_{Na_2B_4O_7 \cdot 10H_2O} V_{HCl}}$$

2. 碱滴定液

酸碱滴定法中最常用的是 NaOH 滴定液。NaOH 有很强的吸湿性，也易吸收空气中的 CO_2，混有杂质 Na_2CO_3。因此，不能用直接配制法进行配制，只能采用间接配制法。

在配制 NaOH 滴定液以前，必须除去其中混有的 Na_2CO_3 杂质，否则会对滴定分析结果造成影响。其方法是首先配制 NaOH 饱和溶液，因为 Na_2CO_3 在 NaOH 饱和溶液中的溶解度很小，所以将慢慢沉淀出来。将溶液静置一段时间，取上层澄清的 NaOH 饱和溶液稀释到所需的浓度即可。

标定 NaOH 溶液的基准物质有邻苯二甲酸氢钾（$KHC_8H_4O_4$）、草酸（$H_2C_2O_4 \cdot 2H_2O$）等，邻苯二甲酸氢钾易制得纯品，易溶于水，摩尔质量大，不潮解，易保存，加热至 135℃ 不分解，是一种很好的标定 NaOH 滴定液的基准物质。邻苯二甲酸氢钾与 NaOH 的反应为：

$$KHC_8H_4O_4 + NaOH \Longrightarrow KNaC_8H_4O_4 + H_2O$$

化学计量点时，溶液的 pH 约为 9.1，可用酚酞作指示剂指示终点，终点颜色变化为粉红色，30s 不褪色为止。

草酸稳定，相对湿度在 5%～95% 时不会风化失水，可保存在密闭容器中备用。草酸虽然是二元酸，但由于两个酸解离常数 K_{a1}、K_{a2} 相差不够大，用它来标定 NaOH 时只有一个突跃。其反应式为：

$$H_2C_2O_4 + 2NaOH === Na_2C_2O_4 + 2H_2O$$

在化学计量点时，溶液的 pH 约为 8.4，可用酚酞作指示剂。

四、应用示例

酸碱滴定法应用范围极其广泛，许多药品如阿司匹林、硼酸、药用 NaOH 及铵盐含量的测定都可用此法测定，按滴定方式的不同，酸碱滴定法可分为直接滴定法和间接滴定法两种。

1. 直接滴定法

凡 $cK_a \geqslant 10^{-8}$ 的酸性物质或 $cK_b \geqslant 10^{-8}$ 的碱性物质均可用酸碱滴定液直接滴定。

（1）乙酰水杨酸含量的测定　乙酰水杨酸（阿司匹林）是常用的解热镇痛药，在水溶液中可解离出 H^+（$pK_a = 3.49$）故可用碱滴定液直接滴定，以酚酞为指示剂。

（2）药用氢氧化钠质量分数的测定　NaOH 易吸收空气中的 CO_2，而形成 NaOH 和 Na_2CO_3 的混合物，欲测定各自的质量分数，通常采用"双指示剂法"。先称取一定量的试样，溶解后先加入酚酞指示剂，用 HCl 滴定液滴定至粉红色消失，消耗 HCl 溶液的体积为 V_1，此时 NaOH 全部被中和，Na_2CO_3 只被中和到 $NaHCO_3$，然后再往溶液中加入甲基橙指示剂，继续用 HCl 滴定液滴定至溶液由黄色变为橙红色，此时消耗 HCl 溶液的体积为 V_2，这是滴定 $NaHCO_3$ 所消耗的 HCl。Na_2CO_3 被中和到 $NaHCO_3$ 以及 $NaHCO_3$ 被中和到 H_2CO_3 所消耗的 HCl 溶液的体积是相等的，因此 NaOH 被中和所消耗的 HCl 溶液的体积为 $(V_1 - V_2)$，则：

$$w_{NaOH} = \frac{c_{HCl}(V_1 - V_2)M_{NaOH} \times 10^{-3}}{m_s} \times 100\% \tag{6-14}$$

$$w_{Na_2CO_3} = \frac{c_{HCl} \times 2V_2 \times \dfrac{M_{Na_2CO_3}}{2} \times 10^{-3}}{m_s} \times 100\% \tag{6-15}$$

其滴定过程如下：

$$\boxed{\begin{matrix}NaOH \\ Na_2CO_3\end{matrix}} \xrightarrow[\text{至酚酞无色}]{HCl, V_1} \boxed{\begin{matrix}NaCl \\ NaHCO_3\end{matrix}} \xrightarrow[\text{至甲基橙为橙色}]{HCl, V_2} \boxed{\begin{matrix}NaCl \\ H_2O + CO_2\end{matrix}}$$

【例题 6-9】　准确量取食醋 25.00mL，置于 250mL 容量瓶中，加水至刻度，混匀，再准确吸出 25.00mL，用 0.1072mol·L^{-1} NaOH 滴定液滴定，消耗 18.60mL 滴定液，计算食醋试样中乙酸的质量浓度 ρ_{HAc}。

解　滴定反应为：

$$HAc + NaOH === NaAc + H_2O$$

计量关系为：

$$n_{HAc} = n_{NaOH}$$

即：

$$\frac{m_{HAc}}{M_{HAc}} = c_{NaOH}V_{NaOH}$$

25.00mL 被滴定溶液（即 2.50mL 食醋）中 HAc 的质量为：

$$m_{HAc} = c_{NaOH} V_{NaOH} M_{HAc}$$
$$= 0.1072 \times 0.01860 \times 60.06 = 0.1198(g)$$

$$\rho_{HAc} = \frac{0.1198 \times 1000}{2.50} = 47.92(g \cdot L^{-1})$$

2. 间接滴定法

有些物质的酸碱性很弱，其 $cK_a < 10^{-8}$ 或 $cK_b < 10^{-8}$，不能用酸或碱滴定液直接滴定，可以采用间接滴定法。

（1）硼酸质量分数的测定　硼酸（H_3BO_3）是极弱酸（$K_a = 5.8 \times 10^{-10}$），其 $cK_a < 10^{-8}$，不能用 NaOH 滴定液直接滴定。但硼酸与多元醇如乙二醇、丙三醇、甘露醇反应，生成稳定的配合酸后，能增加酸的强度，如硼酸与丙三醇反应生成甘油硼酸，其 $K_a = 3 \times 10^{-7}$，使 $cK_a \geqslant 10^{-8}$，就可以用 NaOH 标准滴定液直接滴定，其化学计量点 pH=9.6，可选用酚酞为指示剂。

（2）铵盐中氮的测定　NH_4^+ 是弱酸（$K_a = 5.7 \times 10^{-10}$），$(NH_4)_2SO_4$、$NH_4Cl$ 都不能用碱滴定液直接滴定，通常采用下列两种方法测定。

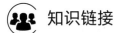

知识链接

《中国药典》（2020 年版）标明的滴定度均是指滴定液物质的量浓度在规定值的前提下对某药品的滴定度，称为规定浓度，而在实际工作中所配制的滴定液不可能与规定浓度完全一致，所以在应用时必须用校正因子 F 进行校正。

$$F = \frac{实际浓度}{规定浓度} = \frac{c_{实际}}{c_{规定}} \tag{6-16}$$

$$w_B = \frac{m_B}{m_s} \times 100\% = \frac{V_A T_{A/B} F}{m_s} \times 100\% \tag{6-17}$$

在药物分析中常用上式进行药物质量分数的计算。

一种方法是蒸馏法，在铵盐中加入过量的 NaOH，加热把 NH_3 蒸馏出来，用一定量的 HCl 滴定液吸收，过量的酸用 NaOH 滴定液回滴。

另一种方法是甲醛法，甲醛与铵盐生成六亚甲基四胺离子，放出定量的酸，其 $pK_a = 5.15$，可用酚酞为指示剂，用 NaOH 滴定液滴定。

提纲挈领

1. 酸碱指示剂的理论变色范围是 $pH = pK_{HIn} \pm 1$，理论变色点 $pH = pK_{HIn}$。

2. 酸碱滴定中指示剂的选择以滴定突跃范围为依据。

3. 弱酸（或弱碱）能够被滴定的条件是 cK_a（或 cK_b）$\geqslant 10^{-8}$。

4. 多元酸能够被准确、分步滴定的条件是各级的 $cK_a \geqslant 10^{-8}$，而且相邻两级解离常数 K_a 要相差 10^4 倍。

5. 酸碱滴定法中通常采用氢氧化钠和盐酸作为滴定液。

第五节　非水溶液的酸碱滴定

非水溶液的酸碱滴定简称为"非水酸碱滴定"，是指在非水溶剂（除水以外的溶剂）中进行的酸碱滴定法。

一、基本原理

在以水为溶剂进行酸碱滴定分析时，由于某些弱酸（或弱碱）在水中的溶解度太小，或者是弱酸（或弱碱）的强度太弱，可能使 $cK_a < 10^{-8}$（或 $cK_b < 10^{-8}$），因此在水溶液中不能准确滴定。强度相近的多元酸、多元碱、混合酸或碱，在水溶液中也不能分别进行滴定。如果采用非水溶剂作为滴定介质，则可以有效解决上述问题。

（一）溶剂的类型

根据酸碱质子理论，非水溶剂可以分为质子性溶剂和非质子性溶剂两大类。

1. 质子性溶剂（极性溶剂）

这类溶剂均有一定的极性，有给出或接受质子的倾向，溶剂分子间可发生质子自递反应。它包括以下三种类型：

（1）酸性溶剂　给出质子的能力比水强的一类溶剂，其酸性比水强，如甲酸、冰醋酸、乙酸酐等。滴定生物碱的卤化物、有机胺、杂环氮化合物等弱碱性药物，常用酸性溶剂作介质。

（2）碱性溶剂　接受质子的能力比水强的一类溶剂，其碱性比水强，如乙二胺、丁胺、乙醇胺等。滴定弱酸性物质，用碱性溶剂作介质可增强有机弱酸的酸度。

（3）两性溶剂　既易给出质子又易接受质子的一类溶剂，属于两性溶剂。如甲醇、乙醇、乙二醇等，它们的酸性比水弱，碱性比水强。滴定不太弱的酸或碱时，常用两性溶剂作介质。

2. 非质子性溶剂（非极性溶剂）

（1）非质子亲质子性溶剂　这类溶剂本身无质子，但却有较弱的接受质子的能力。如二甲基甲酰胺等酰胺类、酮类、吡啶类溶剂。

（2）惰性溶剂　既不给出质子，也不接受质子的一类溶剂。如苯、氯仿、四氯化碳等。这类溶剂在滴定中不参与酸碱反应，只对溶质起溶解、分散和稀释溶质的作用。

（3）混合溶剂　将极性溶剂和非极性溶剂混合使用，可增大溶剂对样品的溶解能力，使滴定突跃发生明显变化，有利于指示剂的选择。

（二）溶剂的性质

1. 物质的酸碱性与溶剂的关系

在非水溶剂中，物质的酸碱性不仅与其本身的性质有关，还与溶剂的性质有关。同一种酸在不同的溶剂中，表现出不同的酸强度。如 HCl 在水中能将自身的质子全部转移给水分子，呈强酸性；如果将 HCl 溶解在冰醋酸中，由于冰醋酸接受质子的能力很弱，所以 HCl 不能将自身的质子全部转移给乙酸分子，只能发生部分转移，所以呈弱酸性。而 NH_3 在水中是弱碱，在冰醋酸中是强碱，这是由于冰醋酸给予质子的能力比水强的缘故。

因此，对于弱碱性物质，要使其碱性增强，应选择酸性溶剂；对于弱酸性物质，要使其酸性增强，应选择碱性溶剂。在非水滴定中，测定在水中显弱碱性的胺类，生物碱等可选择和酸性溶剂（如冰醋酸）当中测定，这样可以增强其碱性，使滴定突跃更明显。

2. 拉平效应和区分效应

$HClO_4$、H_2SO_4、HCl 和 HNO_3 在水溶液中都是强酸，这是因为它们给出 H^+ 的能力都很强，而水具有碱性，对质子具有亲和力，四种酸都全部解离形成 H_3O^+。这种把不同类型的酸或碱拉平到相同的强度水平的现象称为拉平效应，具有拉平效应的溶剂称为拉平性溶剂，水就是上述四种酸的拉平性溶剂。

如果将上述四种酸置于冰醋酸中，由于 HAc 的酸性比水强，接受质子的能力比水弱，这四种酸在冰醋酸中不能将其质子全部转移给冰醋酸，给出 H^+ 的能力差别便会显现出来，其酸性就有差异，这四种酸在冰醋酸中的强度顺序是：$HClO_4 > H_2SO_4 > HCl > HNO_3$，溶剂这种能区分不同的酸或碱的强度的作用称为区分效应，具有区分效应的溶剂称为区分性溶剂，冰醋酸就是上述四种酸的区分性溶剂。

拉平效应和区分效应都是相对的。一般来说，碱性溶剂是酸的拉平性溶剂，对于碱具有区分效应。酸性溶剂是碱的拉平性溶剂，对于酸具有区分效应。水能把上述四种强酸拉平，冰醋酸则能区分它们的强度。

利用溶剂的拉平效应可以测定各种酸或碱的总浓度，利用溶剂的区分效应可以分别测定各种酸或碱的含量。惰性溶剂没有明显的酸碱性，也不参与质子转移反应，因而没有拉平效应，当各种物质溶解在惰性溶剂中时，各种物质的酸碱性得以保存，惰性溶剂是很好的区分性溶剂。

3. 溶剂的质子自递反应

分子中能解离出 H^+ 的溶剂称为解离性溶剂，解离性溶剂都可以像水分子一样发生质子自递反应。例如对于溶剂 HS，则有：

$$HS + HS \Longrightarrow H_2S^+ + S^-$$

该反应的平衡常数反映了溶剂分子间发生的质子转移程度的大小，称为质子自递常数，用 K_s 表示。

$$K_s = \frac{[H_2S^+][S^-]}{[HS]^2} = [H_2S^+][S^-] \tag{6-18}$$

对于非水溶剂，影响 K_s 大小的因素只有温度，当温度一定时，K_s 也是定值。表 6-8 给出了部分溶剂的 K_s 值。

表 6-8　常见非水溶剂的 K_s（298K）

溶剂	K_s	PK_s
甲醇	$10^{-16.70}$	16.70
乙醇	$10^{-19.10}$	19.10
冰醋酸	$10^{-14.45}$	14.45
乙酸酐	$10^{-14.50}$	14.50
乙二胺	$10^{-15.30}$	15.30
乙腈	$10^{-28.50}$	28.50

解离性溶剂 K_s 的大小对滴定突跃范围有直接的影响。一般说来，溶剂的 K_s 越小，滴定突跃范围越大，反之越小。因此在非水滴定中，在综合考虑其他条件的情况下，尽可能选用 K_s 比较小的溶剂。

 课堂互动

试计算 298K 时，分别在水中（K_s 为 1×10^{-14}，即水的 K_w）和无水乙醇中（K_s 为 $1 \times 10^{-19.1}$）用 $0.1000 mol \cdot L^{-1}$ NaOH 滴定 $20.00mL$ $0.1000 mol \cdot L^{-1}$ HCl 的滴定范围，并比较其滴定突跃范围的大小与 K_s 大小的关系。

由计算可知，在水中的滴定突跃范围为 4.30～9.70，pH 变化了 5.40 个单位，而在乙醇当中用 0.1000mol·L^{-1} NaOH 滴定 20.00mL 0.1000mol·L^{-1} HCl 时，其滴定突跃范围为 4.30～14.80，pH 变化了 10.50 个单位。

结论 K_s 越小，滴定突跃范围越大。

(三) 溶剂的选择

非水滴定中溶剂的选择是关系到滴定成败的重要因素之一。选择溶剂应遵循如下的原则。

① 能有效增强被测物质的酸碱性　滴定弱酸性物质选择碱性溶剂，滴定弱碱性物质选择酸性溶剂。

② 溶解性要好　应能完全溶解被测样品以及滴定产物，选择溶剂时遵循相似相溶的原则进行。

③ 不发生副反应　例如某些芳伯胺和芳仲胺类化合物能与乙酸酐发生乙酰化反应影响滴定结果，不能选择乙酸酐作为溶剂。

④ 纯度要高　非水溶剂不应含有酸性和碱性杂质。例如水分，既是酸性杂质又是碱性杂质，必须予以除去。

⑤ 选择溶剂还应注意安全、价格低廉、黏度低、挥发性小、易于精制和回收等事项。

二、滴定类型及应用

(一) 碱的滴定

非水溶液酸碱滴定的类型通常分为两类，即碱的滴定和酸的滴定。滴定弱碱通常选择对碱有拉平效应的酸性溶剂。冰醋酸是最常用的酸性溶剂，在冰醋酸中，HClO$_4$ 的酸性最强，而且有机碱的高氯酸盐易溶于有机溶剂，因此，常用 HClO$_4$ 的冰醋酸溶液作为测定弱碱含量的滴定液，用结晶紫为指示剂指示终点，有时也可用电位滴定法判断终点。

《中国药典》(2020 年版) 中应用高氯酸的冰醋酸溶液作为滴定液测定的有机化合物很多，如：有机碱 (如胺类、生物碱等)、有机酸的碱金属盐 (如邻苯二甲酸氢钾、水杨酸钠、乙酸钠、乳酸钠、枸橼酸钠等)、有机碱的氢卤酸盐 (如盐酸麻黄碱、氢溴酸莨菪碱等)、有机碱的有机酸盐 (如马来酸氯苯那敏、重酒石酸去甲肾上腺素等) 等药物含量的测定。

《中国药典》(2020 年版) 高氯酸滴定液的配制采用间接配制法。在配制和标定的过程中应注意以下问题：

① 配制高氯酸滴定液所用的高氯酸和乙酸都含有水分，水的存在将影响滴定分析的结果，因此必须除去。除去的方法是加入计算量的乙酸酐。

$$(CH_3CO)_2O + H_2O = 2CH_3COOH$$

 课堂互动

在非水滴定法中，水分的存在将对分析结果造成何种影响？

② 高氯酸与乙酸酐等有机物混合会发生剧烈反应，并放出大量的热，有可能使溶液沸腾溅出甚至发生爆炸。因此，在配制时应先用无水冰醋酸将高氯酸稀释以后，在不断搅拌下缓缓滴加乙酸酐，并尽可能将温度控制在 25℃ 之内，以保证安全。

③ 标定高氯酸滴定液常用邻苯二甲酸氢钾为基准物质，以结晶紫为指示剂指示终点。由于溶剂和指示剂会消耗一定的滴定液，所以需要做空白试验对结果进行校正。

④ 非水溶剂的体积膨胀系数较大，体积随温度的变化较明显，所以当高氯酸滴定液在实际应用测定样品与标定时温度相差较大，则要进行浓度校正。

若测定时温度与标定时温度相差 ±10℃，则高氯酸滴定液的浓度按照下式进行校正：

$$c_1 = \frac{c_0}{1 + 0.0011(t_1 - t_0)} \tag{6-19}$$

式中，0.0011 是乙酸的体积膨胀系数；t_0 为标定时温度；t_1 为测定样品时的温度；c_0 为标定时的浓度；c_1 为测定样品时的浓度。

 ## 案例分析

地西泮原料药的含量测定

（1）地西泮别名安定，具有抗焦虑、抗惊厥作用，其结构中含有氮原子有弱碱性，《中国药典》（2020 年版）采用非水酸碱滴定法测定其含量。

（2）测定方法：取本品约 0.2g，精密称定，加冰醋酸与乙酸酐各 10mL 使其溶解，加结晶紫指示液 1 滴，用高氯酸滴定液（0.1mol·L^{-1}）滴定至溶液显绿色。每 1mL 高氯酸滴定液（0.1mol·L^{-1}）相当于 28.47mg 的 $C_{16}H_{13}ClN_2O$。

（3）含量计算：质量分数 $w = \dfrac{T \times V \times F \times 10^{-3}}{m_s} \times 100\%$。

（二）酸的滴定

在水中 $cK_a < 10^{-8}$ 的弱酸，不能用碱标准液直接滴定，若选用比水强的碱性溶剂，可以增强弱酸的酸性，增大滴定突跃。滴定不太弱的羧酸时，可用甲醇、乙醇等醇类溶剂；滴定弱酸或极弱酸，则以碱性溶剂乙二胺为拉平性溶剂增强酸性；混合酸的区分滴定以惰性溶剂甲基异丁酮为区分性溶剂。

 ## 提纲挈领

1. 在水以外的溶剂中进行的滴定分析称为非水滴定法。

2. 非水滴定中溶剂的选择是关系到滴定成败的重要因素；滴定弱酸性物质选择碱性溶剂，滴定弱碱性物质选择酸性溶剂。

3. 在 K_s 越小的极性溶剂中进行滴定，滴定突跃范围越大。

4. 碱性溶剂是酸的拉平性溶剂，酸性溶剂是碱的拉平性溶剂。

 ## 达标自测

一、选择题

1. $H_2PO_4^-$ 的共轭碱是（　　）。

A. H_3PO_4 　　　　B. HPO_4^{2-} 　　　　C. PO_4^{3-} 　　　　D. OH^-

2. 根据质子理论，下列不具有两性的物质是（　　）。

A. HCO_3^- 　　　　B. CO_3^{2-} 　　　　C. HPO_4^{2-} 　　　　D. HS^-

3. 按照质子理论，Na_2HPO_4 是（　　）。

A. 中性物质 　　　B. 酸性物质 　　　C. 碱性物质 　　　D. 两性物质

4. 在下述各组相应的酸碱组分中，组成共轭酸碱关系的是（　　）。

A. $H_2AsO_4^- - AsO_4^{3-}$ 　　　　　　　B. $H_2CO_3 - CO_3^{2-}$

C. $NH_4^+ - NH_3$ 　　　　　　　　　　D. $H_2PO_4^- - PO_4^{3-}$

5. 根据酸碱质子理论，氨水解离时的酸和碱分别是（　　）。

A. NH_4^+ 和 OH^-　　B. H_2O 和 OH^-　　C. NH_4^+ 和 NH_3　　D. H_2O 和 NH_3

6. 反应 $HS^- + H_2O \Longrightarrow H_2S + OH^-$ 中，较强的酸和较弱的碱分别是（　　）。

A. H_2S 和 OH^-　　B. H_2S 和 HS^-　　C. H_2O 和 OH^-　　D. H_2S 和 H_2O

7. 313K 时，水的 $K_w = 3.8 \times 10^{-14}$，此时 $[H^+] = 1.0 \times 10^{-7} mol \cdot L^{-1}$ 的溶液是（　　）。

A. 酸性　　　　　　　B. 中性　　　　　　　C. 碱性　　　　　　　D. 缓冲溶液

8. 中性溶液严格地说是指（　　）。

A. pH=7.0 的溶液　　　　　　　　　　B. pOH=7.0 的溶液

C. pHpOH=14.0 的溶液　　　　　　　D. $[H^+] = [OH^-]$ 的溶液

9. $C_6H_5NH_3^+(aq) \Longrightarrow C_6H_5NH_2(aq) + H^+$，$C_6H_5NH_3^+$ 的起始浓度为 c，解离度为 α，则 $C_6H_5NH_3^+$ 的 K_a 值是（　　）。

A. $\dfrac{c\alpha^2}{1-\alpha}$　　　　B. $\dfrac{\alpha^2}{c(1-\alpha)}$　　　　C. $\dfrac{c\alpha^2}{1+\alpha}$　　　　D. $\dfrac{\alpha^2}{c(1+\alpha)}$

10. 已知 $0.01 mol \cdot L^{-1}$ 某弱酸 HA 有 1% 解离，它的解离常数为（　　）。

A. 1×10^{-6}　　B. 1×10^{-5}　　C. 1×10^{-4}　　D. 1×10^{-3}

11. 向 $0.05 mol \cdot L^{-1}$ HAc 溶液中添加溶质，使溶液的总浓度（分析浓度）变为 $0.1 mol \cdot L^{-1}$，则（　　）。

A. 解离常数增大　　B. 解离常数减小　　C. 解离度减小　　D. 解离度增大

12. 1L $0.8 mol \cdot L^{-1}$ HAc 溶液，要使解离度为原来的 2 倍，若不考虑活度变化，应将原溶液稀释到多少？（　　）

A. 2L　　　　　　　B. 3L　　　　　　　C. 4L　　　　　　　D. 4.5L

13. 在 $1 mol \cdot L^{-1}$ $NH_3 \cdot H_2O$ 溶液中，欲使 NH_4^+ 浓度增大，可采取的方法是（　　）。

A. 加水　　　　　　B. 加 KOH　　　　　C. 加 NaOH　　　　　D. 加 $0.1 mol \cdot L^{-1}$ HCl

14. 在水溶液中共轭酸碱对的 K_a 和 K_b 的关系是（　　）。

A. $K_a = K_b$　　　B. $K_a K_b = 1$　　　C. $K_a / K_b = K_w$　　D. $K_a K_b = K_w$

15. 某弱酸 HA 的 $K_a = 1 \times 10^{-4}$，则其 $1 mol \cdot L^{-1}$ 水溶液的 pH 是（　　）。

A. 8.0　　　　　　　B. 2.0　　　　　　　C. 3.0　　　　　　　D. 4.0

16. NH_4^+ 的 $K_a = 10^{-9.26}$，则 $0.1 mol \cdot L^{-1}$ $NH_3 \cdot H_2O$ 水溶液的 pH 是（　　）。

A. 9.26　　　　　　B. 11.13　　　　　　C. 4.47　　　　　　D. 2.87

17. 已知 $0.1 mol \cdot L^{-1}$ 一元弱酸 HR 溶液的 pH=5.0，则 $0.1 mol \cdot L^{-1}$ NaR 溶液的 pH 是（　　）。

A. 9.0　　　　　　　B. 10.0　　　　　　C. 11.0　　　　　　D. 12.0

18. 用纯水将下列溶液稀释 10 倍时，其中 pH 变化最小的是（　　）。

A. $0.1 mol \cdot L^{-1}$ HCl 溶液

B. $0.1 mol \cdot L^{-1}$ $NH_3 \cdot H_2O$ 溶液

C. $0.1 mol \cdot L^{-1}$ HAc 溶液

D. $0.1 mol \cdot L^{-1}$ HAc 溶液 + $0.1 mol \cdot L^{-1}$ NaAc 溶液

19. 欲配制 pH=9 的缓冲溶液，应选用的缓冲对是（　　）。

A. $NH_3 \cdot H_2O(K_b = 1 \times 10^{-5})$　　　　　B. $HAc(K_a = 1 \times 10^{-5})$

C. $HCOOH(K_a = 1 \times 10^{-4})$　　　　　　D. $HNO_2(K_a = 5 \times 10^{-4})$

20. 下列物质中，不可以作为缓冲溶液的是（　　）。

A. 氨水-氯化铵溶液　　　　　　　　B. 乙酸-乙酸钠溶液

C. 碳酸钠-碳酸氢钠　　　　　　　　D. 乙酸-氯化钠

21. 某酸碱指示剂的 $K_{HIn} = 1 \times 10^{-5}$，则从理论上推算，其 pH 变色范围是（   ）。

A. 4～5   B. 4～6   C. 5～7   D. 5～6

22. 酸碱滴定达到化学计量点时，溶液呈（   ）。

A. 中性   B. 酸性   C. 碱性   D. 取决于产物的酸碱性

23. NaOH 滴定液滴定 HAc 至化学计量点时的 [OH⁻] 计算式是（   ）。

A. $\sqrt{K_a c}$ B. $\sqrt{\dfrac{K_w c}{K_a}}$ C. $\sqrt{\dfrac{K_a K_w}{c}}$ D. $K_a \dfrac{c_a}{c_b}$

24. 用 $0.1 mol \cdot L^{-1}$ HCl 溶液滴定同浓度的 NaOH 溶液，滴定的突跃范围 pH 是（   ）。

A. 6.30～10.70   B. 10.70～6.30   C. 5.30～8.70   D. 9.70～4.30

25. 用 $0.1000 mol \cdot L^{-1}$ HCl 滴定 Na_2CO_3 至第一化学计量点，体系的 pH 是（   ）。

A. >7   B. <7   C. 约等于 7   D. 难以判断

26. 标定 NaOH 溶液常用的基准物质是（   ）。

A. 硼砂   B. 邻苯二甲酸氢钾   C. 碳酸钙   D. 无水碳酸钠

二、判断题

1. 解离度和解离常数都能表示解离程度的强弱。（   ）

2. 在酸碱质子理论中，仍有盐的概念。（   ）

3. 将 $0.1 mol \cdot L^{-1}$ HAc 稀释为 $0.05 mol \cdot L^{-1}$ 时，H^+ 浓度也减小为原来的一半。（   ）

4. pH=5 和 pH=9 的两种溶液等体积混合后溶液呈中性。（   ）

5. 酸碱质子理论认为：凡能给出质子的物质是酸，凡能接受质子的物质是碱。（   ）

6. H_2CO_3-CO_3^{2-} 是共轭酸碱对。（   ）

7. 由于解离度随浓度而改变，所以一般不用解离度表示酸或碱的相对强弱。（   ）

8. 在发生同离子效应的同时，总伴随着盐效应的发生。（   ）

9. 酸碱指示剂的变色与溶液的酸度有关，具有一定的 pH 范围。（   ）

10. 标定 HCl 溶液的常用基准试剂有无水碳酸钠和邻苯二甲酸氢钾。（   ）

三、填空题

1. 酸碱滴定曲线描述了随着_____的加入溶液中的_____变化情况。以滴定曲线为依据选择指示剂时，被选择的指示剂的变色范围应_____或_____落入_____范围内。

2. 酸碱指示剂的理论变色范围_____。

3. 将 $0 mol \cdot L^{-1}$、$1 mol \cdot L^{-1}$ HAc 与 $0 mol \cdot L^{-1}$、$1 mol \cdot L^{-1}$ 的 NaOH 等体积混合后，则溶液显_____。

4. 对同一弱电解质溶液来说，溶液越稀，弱电解质的解离度越_____。对相同浓度的不同弱电解质溶液来说，解离常数越大，解离度越_____。

5. 六亚甲基四胺的 $pK_b = 8.85$，用它配制缓冲溶液的 pH 缓冲范围是_____，NH_3 的 $pK_b = 4.76$，其 pH 缓冲范围是_____。

6. 水分子之间存在着质子的传递作用，称为水的_____作用，这个作用的平衡常数在 25℃ 时等于_____。

7. 因一个质子的得失而相互转变的一对酸碱，称为_____。它的 K_a 与 K_b 的关系是_____。

8. 根据酸碱质子理论，NH_3 的共轭酸是_____；HAc 的共轭碱是_____。

四、简答题

1. 质子理论和电离理论相比较，最主要的不同点是什么？

2. 何谓滴定突跃? 它的大小与哪些因素有关? 酸碱滴定中指示剂的选择原则是什么?

3. 若用已吸收少量水的无水碳酸钠标定 HCl 溶液的浓度, 问所标出的浓度偏高还是偏低?

4. 试以 $NH_3 \cdot H_2O-NH_4Cl$ 为例, 简要说明缓冲溶液抵抗外来少量酸 (碱) 和稀释的作用原理。

5. 酸碱滴定曲线能说明哪些问题? 强酸滴定强碱和弱碱的滴定曲线有何不同?

6. 为什么氢氧化钠可以滴定乙酸不能滴定硼酸?

7. 下列酸碱溶液能否用强酸或强碱滴定液直接进行滴定或分步滴定?

(1) $0.1 mol \cdot L^{-1}$ HCN;

(2) $0.1 mol \cdot L^{-1}$ NH_4Cl;

(3) $0.1 mol \cdot L^{-1}$ 乙醇胺 $HOCH_2CH_2NH_2$。($K_b = 3.2 \times 10^{-5}$)

8. 非水滴定法有什么特点? 所使用的溶剂主要有几类?

五、计算题

1. 计算下列溶液的 pH

(1) $c_{NaOH} = 0.001 mol \cdot L^{-1}$ 的 NaOH 溶液;

(2) $c_{NH_3} = 0.01 mol \cdot L^{-1}$ 的 $NH_3 \cdot H_2O$ 溶液; ($K_b = 1.8 \times 10^{-5}$)

(3) $0.200 mol \cdot L^{-1}$ 的氯化铵。

2. 计算下列溶液的 pH

(1) $c_{HAc} = 0.1 mol \cdot L^{-1}$ 的 HAc 和 $c_{NaOH} = 0.1 mol \cdot L^{-1}$ 的 NaOH 等体积混合溶液;

(2) $c_{HAc} = 0.1 mol \cdot L^{-1}$ 的 HAc 和 $c_{NaAc} = 0.1 mol \cdot L^{-1}$ 的 NaAc 等体积混合溶液。

3. 欲配制 1.00L HAc 浓度为 $1.00 mol \cdot L^{-1}$, pH = 4.50 的缓冲溶液, 需加入多少 $NaAc \cdot 3H_2O$ 固体? ($NaAc \cdot 3H_2O$ 的分子量为 136)

4. 称取 $CaCO_3$ 试样 0.2500g, 用 $0.2600 mol \cdot L^{-1}$ 盐酸滴定液 25.00mL 完全溶解, 回滴过量盐酸消耗 $0.2450 mol \cdot L^{-1}$ NaOH 滴定液 16.50mL, 求试样中 $CaCO_3$ 的质量分数。

(本章编写　勇飞飞)

扫码看解答

第七章　氧化还原平衡与氧化还原滴定法

 知识目标

1. 掌握氧化数定义和氧化还原反应本质。
2. 掌握高锰酸钾法、碘量法、亚硝酸钠法的测定原理、特点、指示剂、反应条件以及应用要求，了解其他氧化还原滴定法。
3. 了解氧化还原反应、氧化、还原、氧化剂、还原剂、电极电位基本概念。
4. 理解原电池组成及原理，理解标准电极电位和条件电极电位的意义，了解能斯特方程的计算。
5. 理解不同因素对不同氧化还原滴定的不同影响，学会选择或创造适当的反应条件，使反应符合滴定分析的要求。

扫码看课件

 能力目标

1. 能根据氧化数的变化判断氧化还原反应、氧化剂、还原剂。
2. 能准确配平氧化还原反应方程式。
3. 能准确判断氧化剂和还原剂的相对强弱、氧化还原反应的方向、氧化还原反应进行的程度。
4. 能熟练应用高锰酸钾法、碘量法、亚硝酸钠法进行滴定分析。
5. 能熟练进行氧化还原滴定的计算。

从化学反应过程中是否有电子转移或电子对偏移的角度考虑，可将化学反应划分为两类：一类是氧化还原反应；一类是非氧化还原反应。前面讨论的酸碱反应和沉淀反应均为非氧化还原反应。氧化还原反应作为重要的化学反应类型之一，不仅在金属冶炼、高能燃料和众多化工产品的合成中具有重要意义，而且与医药卫生、生命活动也密切相关，如药物分析中维生素 C 含量的测定、磺胺嘧啶含量测定等。氧化还原反应的特征是反应前后某些元素的氧化数发生了改变，其实质是化学反应中有电子得失或电子对偏移。

 案例

$FeSO_4 \cdot 7H_2O$ 呈绿色，俗称绿矾，在医药上常制成片剂或糖浆，用于治疗缺铁性贫血。

讨论　用何种方法测定硫酸亚铁质量分数？用 $KMnO_4$ 滴定液可直接测定。精密称取硫酸亚铁样品约 0.5000g，加 3mol·L^{-1} H_2SO_4 10mL、纯化水 30mL，振摇，溶解，立即用 0.02mol·L^{-1} 的 $KMnO_4$ 滴定液滴定至溶液为淡红色（30s 内不褪色）。用下式计算 $FeSO_4 \cdot 7H_2O$ 质量分数：

$$w_{FeSO_4 \cdot 7H_2O} = \frac{5c_{KMnO_4} V_{KMnO_4} M_{FeSO_4 \cdot 7H_2O} \times 10^{-3}}{m_s}$$

测定过程中发生了何种化学反应？有哪些注意事项？本章学习以氧化还原反应为基础的滴定分析方法，即氧化还原滴定法。

第一节　氧化还原反应

一、基本概念

1. 氧化数（氧化值）

氧化数又称为氧化值，是某元素一个原子的形式电荷数。这种电荷数的确定是假定把原子间的成键电子指定给电负性较大的原子而求得的。氧化数是表示元素被氧化程度的代数值。

确定氧化数的一般规则如下：

① 在单质中，元素的氧化数为零。如 O_2，Cu，S_8 等物质中，氧、铜、硫的氧化数均为零。

② 简单离子（单原子离子）的氧化数等于该离子的电荷数。如在 Na^+ 和 Cl^- 中，Na 的氧化数为 +1；Cl 的氧化数 −1（此处需注意离子电荷数与氧化数表示方法的差异）。

③ 在多原子离子中各元素原子的氧化数的代数和等于离子所带的电荷数。可由此推算各原子的氧化数。

④ 氧在化合物中的氧化数一般为 −2；在过氧化物（如 H_2O_2、Na_2O_2）中氧化数为 −1；在超氧化物（如 KO_2）中氧化数为 −0.5；在氧的氟化物（如 OF_2）中氧化数为 +2。

⑤ 氢在化合物中的氧化数一般为 +1；在金属氢化物（如 NaH）、硼氢化物（如 B_2H_6）中氧化数为 −1。

⑥ 氟在化合物中的氧化数皆为 −1。

⑦ 在共价化合物中，将属于两个原子的共用电子对指定给电负性较大的原子后，两原子所表现出的形式电荷数就是其氧化数。例如，在 NH_3 中，N 的氧化数为 −3。

⑧ 在中性分子中，各元素原子氧化数的代数和为零。

根据以上规则，可以计算出各种化合物中任一元素的氧化数。

【例题 7-1】 计算 H_2SO_4、$S_2O_3^{2-}$、$S_4O_6^{2-}$ 中 S 的氧化数。

解 设 S 的氧化数为 x，已知 H 的氧化数为 +1，O 的氧化数为 −2。

根据化合物分子中各元素原子的氧化数的代数和等于 0，多原子离子中各元素原子的氧化数的代数和等于该离子所带的电荷数，可得：

在 H_2SO_4 中，$2 \times (+1) + x + 4 \times (-2) = 0$　$x = +6$

在 $S_2O_3^{2-}$ 中，$2x + 3 \times (-2) = -2$　$x = +2$

在 $S_4O_6^{2-}$ 中，$4x + 6 \times (-2) = -2$　$x = +2.5$

即 H_2SO_4、$S_2O_3^{2-}$、$S_4O_6^{2-}$ 中 S 的氧化数分别为 +6、+2、+2.5。

【例题 7-2】 计算 Fe_3O_4 中 Fe 的氧化数。

解 设 Fe 的氧化数为 x，已知 O 的氧化数为 −2。

根据化合物分子中各元素原子的氧化数的代数和等于 0，可得：

$$3x + 4 \times (-2) = 0 \quad x = +\frac{8}{3}$$

根据氧化数的规定可知，氧化数并不是一个元素原子所带的真实电荷数，而是将成键电子指定给某个原子之后的人为规定值，是一种"形式电荷数"。所以，氧化数可以是整数，也可以是分数或小数。它与元素的化合价含义是不相同的。同种元素在同一化合物中，化合价和氧化数可以相同，也可以不同。

 课堂互动

1. 计算 $MnCl_2$、MnO_2、K_2MnO_4、$KMnO_4$ 中 Mn 的氧化数。
2. 计算 C_2H_2、C_2H_4、C_2H_6、CH_4 中 C 的氧化数。

2. 氧化还原反应的本质

我们把化学反应前后元素的氧化数发生变化的反应称为氧化还原反应。氧化铜与氢气的反应是氧化还原反应，反应中各元素原子氧化数的变化情况如下：

得到电子，氧化数降低

$$\overset{+2\ -2}{CuO} + \overset{0}{H_2} = \overset{0}{Cu} + \overset{+1\ -2}{H_2O}$$

失去电子，氧化数升高

某元素的原子得到电子，氧化数降低，此过程称为还原反应；失去电子，氧化数升高，此过程称为氧化反应。氧化还原反应的本质是电子的得失或电子对的偏移（人们习惯将电子的偏移也称作电子的得失），并引起元素氧化数发生变化。

（1）氧化剂和还原剂 在氧化还原反应中，得到电子氧化数降低的物质，称为氧化剂；失去电子氧化数升高的物质，称为还原剂。氧化剂能使其他物质氧化，而本身被还原；还原剂能使其他物质还原，而本身被氧化。例如下列反应：

氧化数降低，被还原

$$\overset{0}{Fe} + \overset{+2}{CuSO_4} = \overset{+2}{FeSO_4} + \overset{0}{Cu}$$

氧化数升高，被氧化

$CuSO_4$ 中 Cu 的氧化数从 +2 降到 0，得到电子，$CuSO_4$ 是氧化剂，它使 Fe 氧化，其本身被还原。Fe 的氧化数从 0 升高到 +2，失去电子，Fe 是还原剂，它使 $CuSO_4$ 还原，其本身被氧化。

一般来说，活泼的非金属单质（如 Cl_2、O_2 等），高价态的金属离子（如 Fe^{3+}、Ce^{4+} 等），某些含高氧化数元素的化合物（如 $K_2Cr_2O_7$、$KMnO_4$ 等）及某些氧化物和过氧化物（如 MnO_2、H_2O_2 等）在氧化还原反应中往往成为氧化剂。

活泼的金属单质（如 Na、Zn 等），低价态的金属离子（如 Fe^{2+}、Cu^+ 等），某些含低氧化数元素的化合物或阴离子（如 $H_2C_2O_4$、SO_3^{2-}、I^- 等）往往成为还原剂。

对于氧化数处于最高值的元素的化合物（如 $K_2Cr_2O_7$、$KMnO_4$ 等）只能作氧化剂；氧化数处于最低值的元素的化合物（如 H_2S、CO 等）只能作还原剂；氧化数处于中间值的元素的化合物（如 H_2O_2、H_2SO_3 等），既可作氧化剂，又可作还原剂。应该指出，一种氧化剂的氧化性或一种还原剂的还原性强弱，与物质的本性有关，元素的氧化数只是必要条件，不是决定因素，如 H_3PO_4 中 P 的氧化数是 +5，是该元素的最高氧化数，但是 H_3PO_4 不具有氧化性。F^- 是处于 F 的最低氧化数，但是它不具有还原性。通常某种物质是氧化剂，是指具有较显著的氧化性，还原剂是指其具有较显著的还原性。

👥 知识链接

　　高锰酸钾是一种很强的氧化剂，紫红色晶体，可溶于水，常用作消毒剂、水净化剂、氧化剂、漂白剂、毒气吸收剂、二氧化碳精制剂等，在临床和日常生活方面有着广泛应用。例如治疗感染创面，当伤口发生化脓，长了疖肿、褥疮等，可用 1∶1000 的高锰酸钾粉清洗，对于肛门疾患如肛瘘、肛裂、痔疮者，可坐浴或外擦患处，具有预防感染、收敛止痛、止痒和消炎的作用。另外，高锰酸钾还能用于治疗妇科炎症，祛除腋臭和脚臭，消毒蔬果和餐具等。在自来水厂净化水的处理过程中，高锰酸钾也是常规添加剂。

　　(2) 氧化还原电对与半反应　在氧化还原反应中，为叙述方便，根据氧化数的升高或降低，可以将氧化还原反应拆分成两个半反应：氧化数升高（失去电子）的半反应，称为氧化反应；氧化数降低（得到电子）的反应，称为还原反应。氧化反应与还原反应相互依存，共同组成氧化还原反应。即在同一反应中，一种元素的氧化数升高，必有另一种元素的氧化数降低，且氧化数升高的总数与氧化数降低的总数相等。

　　例如，对于反应：　　　　　$Cu^{2+} + Zn \Longrightarrow Cu + Zn^{2+}$

　　其氧化反应为：　　　　　$Zn - 2e \Longrightarrow Zn^{2+}$

　　其还原反应为：　　　　　$Cu^{2+} + 2e \Longrightarrow Cu$

　　我们把在半反应中，通过电子的得失而相互转化的一对物质称为一个氧化还原电对。氧化数较高的物质叫氧化态（如 Zn^{2+}、Cu^{2+}），可用 Ox 表示。氧化数较低的物质叫还原态（如 Zn、Cu），可用 Red 表示。

　　氧化还原电对可用"氧化态/还原态"表示。如 Zn^{2+}/Zn、Cu^{2+}/Cu。而半反应可以表示为：

$$氧化态 + ne \Longrightarrow 还原态$$

或　　　　　　　　　　　$$Ox + ne \Longrightarrow Red$$

每一个电对都对应一个氧化还原半反应。如：

Fe^{3+}/Fe^{2+}	$Fe^{3+} + e \Longrightarrow Fe^{2+}$
S/S^{2-}	$S + 2H + 2e \Longrightarrow H_2S$
Ca^{2+}/Ca	$Ca^{2+} + 2e \Longrightarrow Ca$
O_2/OH^-	$O_2 + 2H_2O + 4e \Longrightarrow 4OH^-$

　　物质的氧化性和还原性是相对的，同种物质在不同电对中可表现出不同性质。如在 Cu^{2+}/Cu^+ 电对中，Cu^+ 为还原型，可做还原剂；在 Cu^+/Cu 电对中，Cu^+ 为氧化型，可做氧化剂。应该注意的是，在氧化还原反应中，氧化和还原是指反应过程；氧化剂、还原剂是指参加反应的物质。

　　(3) 氧化还原反应的分类　根据元素氧化数的变化情况，可将氧化还原反应分类。把氧化数的变化发生在不同物质中不同元素上的反应称为一般的氧化还原反应；把氧化数的变化发生在同一物质中不同元素上的反应称为自身氧化还原反应；把氧化数的变化发生在同一物质中同一元素上的氧化还原反应称为歧化反应。

　　① 一般的氧化还原反应，电子的得失或偏移发生在两种不同物质的分子之间。如：

$$Zn + CuSO_4 \Longrightarrow ZnSO_4 + Cu$$

金属锌失去电子，氧化数升高；硫酸铜分子中的铜得到电子，氧化数降低。

　　② 自身氧化还原反应，电子的转移发生在同一分子内的不同原子之间。如：

$$2KMnO_4 \Longrightarrow K_2MnO_4 + MnO_2 + O_2 \uparrow$$

高锰酸钾中的锰得到电子，氧化数降低；而氧失去电子，氧化数升高。

③ 歧化反应，电子的转移发生在同一分子里的同一种价态、同一种元素的原子上。如：

$$Cl_2 + H_2O == HClO + HCl$$

氯气分子中的氯既得到电子，氧化数降低；又失去电子，氧化数升高。

二、氧化还原反应方程式的配平

氧化还原反应方程式一般较复杂，用观察法往往不易配平，需按一定方法配平。配平氧化还原反应方程式的方法很多，主要有电子得失法、氧化数法、离子-电子法等，这里只介绍氧化数法。配平时首先明确反应物和生成物，并遵循下列配平原则。

一是电荷守恒：氧化剂中元素氧化数降低的总数（氧化剂得到的电子总数）和还原剂中元素氧化数升高的总数（还原剂失去的电子总数）相等。

二是质量守恒：反应前后原子种类和数目相等。

配平的主要步骤如下：

① 根据反应事实，写出反应物和生成物的化学式，中间用"——"隔开。

② 标出氧化数发生变化的元素的氧化数，并求出升高值和降低值。

③ 根据氧化剂氧化数降低总数等于还原剂氧化数升高总数，按最小公倍数确定氧化剂和还原剂化学式前的系数。

④ 根据反应前后原子种类和数目相等的原则，用观察法确定其他物质的系数，并把"——"改成"=="。

下面以 $KMnO_4$ 和 $FeSO_4$ 在稀 H_2SO_4 溶液中的反应为例说明其配平步骤。

第一步，写出反应物和生成物的化学式：

$$KMnO_4 + FeSO_4 + H_2SO_4 —— MnSO_4 + Fe_2(SO_4)_3 + K_2SO_4 + H_2O$$

第二步，标出氧化数发生变化的元素的氧化数，并求出升高值和降低值：

第三步，按最小公倍数法确定氧化剂和还原剂化学式前的系数：

第四步，用观察法确定其他物质的系数：

生成物中共有 18 个 SO_4^{2-}，需在左边再加上 8 个 H_2SO_4 分子。这样左边有 16 个 H 原子，右边可以生成 8 个 H_2O 分子，得到方程式：

$$2KMnO_4 + 10FeSO_4 + 8H_2SO_4 == 2MnSO_4 + 5Fe_2(SO_4)_3 + K_2SO_4 + 8H_2O$$

再核对方程式两边的 O 都是 80，该方程式已配平。

【例题 7-3】 配平碘与硫代硫酸钠的反应方程式。

解 （1）写出反应物和生成物的化学式：

$$I_2 + Na_2S_2O_3 —— NaI + Na_2S_4O_6$$

（2）标出氧化数发生变化的元素的氧化数，并求出升高值和降低值：

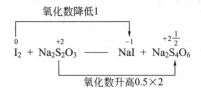

（3）按最小公倍数法确定氧化剂和还原剂化学式前的系数：

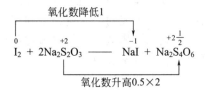

（4）配平其他物质：

$$I_2 + 2Na_2S_2O_3 === 2NaI + Na_2S_4O_6$$

最后再核对一下各元素的原子个数是否相等。

 课堂互动

用氧化数法配平下列反应：

$$S + HNO_3 —— SO_2 + NO + H_2O$$
$$KIO_3 + KI + H^+ —— I_2 + K^+ + H_2O$$

必须强调指出：在配平方程式时，如果是分子方程式，则不能出现离子；如果是离子方程式，配平时反应方程式的两边不仅各元素的原子个数相等，电荷总数也应相等，但配平的切入点是电荷平衡。另外，在酸性介质中的反应，产物中不能出现碱；在碱性介质中的反应，产物中不能出现酸。

 提纲挈领

1. 氧化数是某元素一个原子所带的"形式电荷数"。

2. 在氧化还原反应中，氧化剂具有氧化性，在反应中得到电子，氧化数降低，本身被还原剂还原而生成还原产物，该半反应称为还原反应。

3. 在氧化还原反应中，还原剂具有还原性，在反应中失去电子，氧化数升高，本身被氧化剂氧化而生成氧化产物，该半反应称为氧化反应。

4. 在氧化还原反应中，氧化剂氧化数降低总数和还原剂氧化数升高总数相等，这是配平氧化还原方程式的原则依据。

第二节　电极电位

不同的氧化剂（还原剂）的氧化能力（还原能力）是不同的，即使是同一种氧化剂或者还原剂，因浓度、温度、介质条件的不同，其氧化能力或者还原能力也是相应变化的。氧化剂的氧化能力和还原剂的还原能力的大小，可用电极电位来衡量。要了解电极电位，先对原电池做一简介。

一、原电池

在一个盛有 $ZnSO_4$ 溶液的烧杯中插入一块 Zn 片，在另一个盛有 $CuSO_4$ 溶液的烧杯中插入一块 Cu 片，将两个烧杯中的溶液用一个倒置的装满饱和 KCl 溶液和琼脂做成冻胶的 U 形管（称为盐桥）连接起来，再将 Zn 片和 Cu 片用导线连接起来，并在导线中间接上检流计，这就构成了一个铜锌原电池，如图 7-1 所示。当合上开关 K 时，就会看到检流计的指针发生偏转，这说明在外电路中有电流通过，说明此装置中确实有电子的转移，并且电子是沿一定方向有规则地流动，这种借助氧化还原反应产生电流，将化学能转变成电能的装置称为原电池，原电池的工作原理本质上就是氧化还原反应。

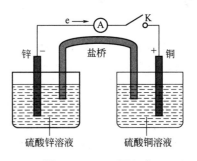

图 7-1　Cu-Zn 原电池

任何一个原电池都由两部分组成。如上述铜锌原电池中一个烧杯是由 Cu 片和 $CuSO_4$ 溶液组成；另一个烧杯是由 Zn 片和 $ZnSO_4$ 溶液组成，它们分别称为半电池或一个电极。通常叫做铜电极（铜半电池）和锌电极（锌半电池），分别对应 Cu^{2+}/Cu 电对和 Zn^{2+}/Zn 电对。

当原电池工作时，两个电极便开始发生化学反应。在锌电极，由于锌是活泼的金属，所以单质锌失去电子生成锌离子，其失去的电子通过导线流入铜电极，由于铜是不活泼的金属，所以铜离子接受电子生成单质铜。

锌电极　　　　$Zn-2e \rule[0.5ex]{2em}{0.4pt} Zn^{2+}$　　　氧化反应

铜电极　　　　$Cu^{2+}+2e \rule[0.5ex]{2em}{0.4pt} Cu$　　　还原反应

我们把上述电极上发生的反应称为电极反应或半电池反应。

锌电极是电子流出（即正电荷流入）的电极，称为负极，发生的是氧化反应；铜电极是电子流入（即正电荷流出）的电极，称为正极，发生的是还原反应。

随着反应进行，盐桥中的负离子就向 $ZnSO_4$ 溶液中移动，中和由于 Zn^{2+} 进入溶液而产生的过剩的正电荷以保持溶液的电中性；正离子就向 $CuSO_4$ 溶液中移动，中和由于 Cu^{2+} 沉积在铜片上而产生的过剩的负电荷，这样原电池反应会持续进行，电子不断从负极流向正极，这就是原电池产生电流的原理。两个电极反应之和即为电池反应：

$$Zn+Cu^{2+} \rule[0.5ex]{2em}{0.4pt} Zn^{2+}+Cu$$

为方便起见，原电池常用符号表示，称为电池组成或电池符号。如铜锌原电池可以表示为：

$$(-)Zn(s) \mid ZnSO_4(c_1) \parallel CuSO_4(c_2) \mid Cu(s)(+)$$

书写原电池符号应遵循以下规则：

① 负极写在左边，正极写在右边。

② 写电极的化学组成时，若电极物质是溶液要注明其浓度，是气体要注明其分压。

③ 用"$\mid$"表示电极与溶液的界面，用"，"区分同一相中的不同组分，用"$\parallel$"表示盐桥。

④ 若电对中没有金属单质，则要用不活泼的金属或石墨做电极，这种电极不参与电极反应，只起导电作用，称为惰性电极，在电池符号中也要表示出惰性电极。常见的惰性电极材料为 Pt、C 等。例如由 H^+/H_2 电对和 Fe^{3+}/Fe^{2+} 电对组成原电池，采用惰性电极 Pt，可表示为：

$$(-)Pt \mid H_2(p) \mid H^+(c_1) \parallel Fe^{3+}(c_2), Fe^{2+}(c_3) \mid Pt(+)$$

负极反应	$H_2 - 2e \Longrightarrow 2H^+$	氧化反应
正极反应	$Fe^{3+} + e \Longrightarrow Fe^{2+}$	还原反应
原电池反应	$H_2 + Fe^{3+} \Longrightarrow 2H^+ + Fe^{2+}$	

知识链接

盐桥的作用

盐桥通常由饱和 KCl 溶液和琼脂溶胶装入 U 形管后经过冷冻制成，离子可在其中自由移动，起到沟通两个半电池、保持电荷平衡、使反应持续进行的作用。Zn 片上的 Zn 给出电子后转变为 Zn^{2+} 进入 $ZnSO_4$ 溶液的瞬间，溶液中 Zn^{2+} 浓度增加，正电荷过剩。同时 $CuSO_4$ 溶液中的 Cu^{2+} 通过导线获得电子，变成 Cu 析出的瞬间造成溶液中 Cu^{2+} 减少，SO_4^{2-} 相对增加，负电荷过剩，阻止反应继续进行。两个半电池用盐桥连通后，盐桥中的正负离子会向两个半电池扩散。Cl^- 较快地向 Zn 半电极扩散而 K^+ 较快向 Cu 半电极扩散，少量的 SO_4^{2-}、Zn^{2+}、Cu^{2+} 也可以通过盐桥分别向 $ZnSO_4$ 溶液和 $CuSO_4$ 溶液移动，这样可保持溶液中的电荷平衡，从而使电流持续产生，反应继续进行。

二、电极电位与标准氢电极

1. 电极电位的产生

金属由金属原子、金属离子和自由移动的电子构成，它们以金属键相结合，将金属插入其盐溶液时，在金属与盐溶液的界面上就会发生两个相反的过程。一方面金属表面的金属离子受到水分子的作用，脱离金属表面溶解进入溶液，电子则留在金属表面，金属越活泼，溶液越稀，金属溶解的倾向越大；另一方面溶液中的金属离子也有从金属表面获得电子而沉积在金属表面的倾向，金属越不活泼，溶液越浓，离子沉积的倾向越大。这两个过程最终达到平衡。

$$M \Longrightarrow M^{n+} + ne$$

若金属溶解的倾向大于沉积的倾向，金属表面就会积累过多的电子而带负电荷，溶液中金属离子受到金属表面负电荷的吸引而较多地分布于金属表面附近，于是在两相之间的界面层就会形成一个双电层[图 7-2(a)]。若金属离子沉积的倾向大于金属溶解的倾向，将使金属表面带正电荷，溶液中阴离子受到金属表面正电荷的吸引而较多地分布于金属表面附近，在两相之间的界面层也形成一个双电层 [图 7-2(b)]。这种产生在双电层之间的电位差称为金属电极的电极电位。

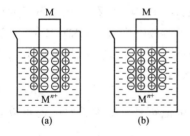

图 7-2　金属的电极电位

两个电极用导线相连接有电流产生，说明两个电极的电位是不相等的，有电位差。电流从电位高处向电位低处流动，如同有水位差水会自然从高处向低处流一样。在没有电流通过的情况下，正、负两极的电极电位之差称为原电池的电动势，用 E 表示。

$$E = \varphi_+ - \varphi_-$$

式中，φ_+ 为正极的电极电位；φ_- 为负极的电极电位。

单个电极的电极电位无法测量，但是原电池的电动势可以准确测定。可选定某一电极作为比较标准，被测电极与之组成原电池，测出两个电极的电极电位差值，即求得该被测电极的电极电位相对值，所以通常所说的某电极的"电极电位"即相对电极电位。

按照国际纯粹与应用化学联合会（IUPAC）的建议，采用标准氢电极作为标准电极。

如果将某种电极和标准氢电极组成原电池，测定该原电池的电动势，即得该电极的电极电位。

2. 标准氢电极

标准氢电极的结构如图 7-3 所示。将镀有一层多孔铂黑的 Pt 片浸入含有 H^+ 浓度（严格说应为活度）为 $1mol\cdot L^{-1}$ 的溶液中，并不断地通入压力为 101.325kPa 的纯 H_2，使铂黑电极上吸附的 H_2 达到饱和，即构成了标准氢电极。电极反应如下：

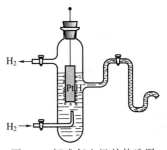

$$2H^+(ag)+2e \Longrightarrow H_2(g)$$

规定在 298.15K 时，标准氢电极的电极电位的值为 0V，即：$\varphi^{\ominus}_{H^+/H_2}=0.0000V$。

图 7-3   标准氢电极的构造图

某电极在标准状态下的电极电位，称为该电极的标准电极电位。用 $\varphi^{\ominus}$ 表示，SI 单位为 V。所谓标准状态是指温度为 298.15K，所有溶液态作用物的浓度（严格说应为活度）为 $1mol\cdot L^{-1}$，所有气体作用物的分压为 101.325kPa，液体或固体都是纯净物质。

如果原电池的两个电极均为标准电极，此电池即为标准电池，对应的电动势为标准电动势，用 $E^{\ominus}$ 表示。即：

$$E^{\ominus}=\varphi^{\ominus}_{+}-\varphi^{\ominus}_{-} \tag{7-1}$$

测定某电极的标准电极电位时，可在标准状态下将待测电极与标准氢电极组成原电池，用电位计测出这个原电池的标准电动势即为该电极的标准电极电位。

如测定铜电极的标准电极电位时，将标准氢电极与标准铜电极组成下列原电池：

$$(-)Pt \mid H_2(101.325kPa) \mid H^+(1mol\cdot L^{-1}) \parallel Cu^{2+}(1mol\cdot L^{-1}) \mid Cu(+)$$

298.15K 时，测得该电池的标准电动势 $E^{\ominus}=0.3419V$。

根据 $E^{\ominus}=\varphi^{\ominus}_{Cu^{2+}/Cu}-\varphi^{\ominus}_{H^+/H_2}$ 和 $\varphi^{\ominus}_{H^+/H_2}=0.0000V$，

求得 $\varphi^{\ominus}_{Cu^{2+}/Cu}=0.3419V$，即铜电极的标准电极电位为 0.3419V。

又如要测定锌电极的标准电极电位，可将标准锌电极与标准氢电极组成原电池，由于 Zn 比 H_2 更易给出电子，所以 Zn 极为负极，H_2 极为正极。可组成如下原电池：

$$(-)Zn \mid Zn^{2+}(1mol\cdot L^{-1}) \parallel H^+(1mol\cdot L^{-1}) \mid H_2(101.325kPa) \mid Pt(+)$$

298.15K 时，测得该电池的电动势 $E^{\ominus}=0.7618V$。

根据 $E^{\ominus}=\varphi^{\ominus}_{H^+/H_2}-\varphi^{\ominus}_{Zn^{2+}/Zn}$ 和 $\varphi^{\ominus}_{H^+/H_2}=0.0000V$，

求得 $\varphi^{\ominus}_{Zn^{2+}/Zn}=-0.7618V$，即锌电极的标准电极电位为 $-0.7618V$。

用同样的方法可以测量并计算其他电极的标准电极电位。表 7-1 列出了在 298.15K 时，一些常见的氧化还原电对的标准电极电位（更多电对的标准电极电位数值见附录7）。

表 7-1   部分常用电对的标准电极电位值（298.15K）

电极反应	$\varphi^{\ominus}/V$
$Zn^{2+}+2e \Longrightarrow Zn$	-0.7618
$2CO_2+2H^++2e \Longrightarrow H_2C_2O_4$	-0.49
$2H^++2e \Longrightarrow H_2$	0.0000
$Sn^{4+}+2e \Longrightarrow Sn^{2+}$	0.151
$Cu^{2+}+2e \Longrightarrow Cu$	0.3419
$I_2+2e \Longrightarrow 2I^-$	0.5345
$O_2+2H^++2e \Longrightarrow H_2O_2$	0.695
$Fe^{3+}+e \Longrightarrow Fe^{2+}$	0.771
$MnO_2+4H^++2e \Longrightarrow Mn^{2+}+2H_2O$	1.224
$MnO_4^-+8H^++5e \Longrightarrow Mn^{2+}+4H_2O$	1.51

　　在实际测定标准电极电位的过程中，由于标准氢电极是气体电极，使用时不方便，常采用甘汞电极作为参比电极，不仅使用方便且性质稳定。应该指出的是本书采用的标准电极电位是还原电位，即电池反应为还原反应，如 $Fe^{3+} + e \xrightarrow{\hspace{1cm}} Fe^{2+}$。还原电位表示电对中氧化型物质得电子被还原的趋势大小。如果采用氧化电位，则与还原电位大小相等，符号相反。$\varphi^{\ominus}$ 是电极在标准状态下达到平衡时表现出来的特征值，与电极反应式的写法无关。

⊟ 深度解析

　　标准电极电位是在一定温度下，氧化态和还原态的活度系数均为 $1 mol \cdot L^{-1}$ 时的电极电位。在实际工作中，通常知道的是各物质的浓度而并非活度。并且各物质在溶液中常发生酸效应、配位效应、沉淀反应等副反应，都会引起电极电位的改变。为此，在氧化还原反应中采用条件电极电位。

　　条件电极电位是指在一定介质中，当氧化态和还原态的总浓度都为 $1 mol \cdot L^{-1}$ 或者两者浓度比值为 1 时，校正了各种外界因素影响后的实际电极电位。条件电极电位反映了离子强度与各种副反应影响的总结果，在条件不变时为一常数，条件改变数值随之改变。条件电极电位均由实验测得，它更能说明电对的氧化还原能力，用能斯特公式表示如下：

$$\varphi_{Ox/Red} = \varphi_{Ox/Red}^{\ominus\prime} + \frac{0.059}{n} \lg \frac{c_{Ox}^{a}}{c_{Red}^{b}}$$

　　$\varphi_{Ox/Red}^{\ominus\prime}$：条件电极电位。进行计算时，最好采用条件电位，但由于目前数值较少，没有条件电位数值的可以采用标准电极电位代替。

三、电极电位的应用

1. 判断原电池的正负极

　　任何一个氧化还原反应，原则上都可以设计成原电池。当原电池的电动势 $\varphi^{\ominus}$ 大于 0 时，电池反应将正向自发进行。根据公式 $E^{\ominus} = \varphi_{+}^{\ominus} - \varphi_{-}^{\ominus}$，只有 $\varphi_{+}^{\ominus} > \varphi_{-}^{\ominus}$ 时，才能满足 $E^{\ominus} > 0$，所以在原电池中，正极的 $\varphi^{\ominus}$ 一定大于负极的 $\varphi^{\ominus}$，例如查表得：$\varphi_{Cu^{2+}/Cu}^{\ominus} = 0.3419V$，$\varphi_{Zn^{2+}/Zn}^{\ominus} = -0.7618V$，所以铜电极为正极，锌电极为负极。

2. 判断氧化剂和还原剂的相对强弱

　　标准电极电位的大小是氧化剂氧化能力或还原剂还原能力强弱的标志。电对的 $\varphi^{\ominus}$ 值越大，表明电对中该物质的氧化态越容易获得电子，氧化能力越强。如 $Cr_2O_7^{2-}$、MnO_4^{-} 等都是强的氧化剂；反之，$\varphi^{\ominus}$ 值越小，表明电对中该物质的还原态越容易失去电子，还原能力越强。如 Li、Na、K 等都是强的还原剂。

　　【例题 7-4】 查表得知 $\varphi_{MnO_4^-/Mn^{2+}}^{\ominus} = 1.51V$，$\varphi_{Fe^{3+}/Fe^{2+}}^{\ominus} = 0.771V$，$\varphi_{Cu^{2+}/Cu}^{\ominus} = 0.3419V$，试回答哪些物质可以作还原剂，哪些可以作氧化剂？请排列各氧化型物质的氧化能力及还原型物质的还原能力的强弱顺序。

　　解　氧化还原电对中其氧化型可作氧化剂 MnO_4^-、Fe^{3+}、Cu^{2+}；
氧化还原电对中其还原型可作还原剂 Mn^{2+}、Fe^{2+}、Cu。
电对中 MnO_4^-/Mn^{2+} 的 $\varphi^{\ominus}$ 值最大，说明其氧化型是最强的氧化剂，电对中 Cu^{2+}/Cu 的 $\varphi^{\ominus}$ 值最小，说明其还原型是最强的还原剂。
各氧化型物质的氧化能力从强到弱为 $MnO_4^- > Fe^{3+} > Cu^{2+}$；
各还原型物质的还原能力从强到弱为 $Cu > Fe^{2+} > Mn^{2+}$。

3. 根据标准电极电位，可判定氧化还原反应进行的方向

任何一个氧化还原反应，都是争夺电子的反应，反应总是在得电子能力大的氧化剂和失电子能力大的还原剂之间进行，即：

$$强氧化剂 1 + 强还原剂 2 \Longleftrightarrow 弱还原剂 1 + 弱氧化剂 2$$

根据附录表中的标准电极电位值，位于表下方的氧化型物质可和上方的还原型物质自发发生氧化还原反应。如有几种物质可能同时发生氧化还原反应，电极电位差值越大，则相互反应的趋势就越大。

【**例题 7-5**】 试判断反应 $Fe^{2+} + Ce^{4+} \Longleftrightarrow Fe^{3+} + Ce^{3+}$ 在标准状态下进行的方向。

解 查表： $Fe^{3+} + e \Longleftrightarrow Fe^{2+}$ $\qquad \varphi^{\ominus}_{Fe^{3+}/Fe^{2+}} = 0.771V$

$\qquad\qquad\quad Ce^{4+} + e \Longleftrightarrow Ce^{3+}$ $\qquad \varphi^{\ominus}_{Ce^{4+}/Ce^{3+}} = 1.72V$

由反应式可知，Ce^{4+} 是比 Fe^{3+} 强的氧化剂，Fe^{2+} 是比 Ce^{3+} 强的还原剂。氧化还原反应在 Ce^{4+} 和 Fe^{2+} 之间发生，即：

$$Fe^{2+} + Ce^{4+} \Longleftrightarrow Fe^{3+} + Ce^{3+}$$

故上述反应能自发向正反应方向进行。

事实上，氧化还原反应总是在 $\varphi^{\ominus}$ 大的电对中的氧化型的物质和 $\varphi^{\ominus}$ 小的电对中的还原型的物质之间进行，或者说氧化剂所在电对的 $\varphi^{\ominus}$ 一定大于还原剂所在电对的 $\varphi^{\ominus}$。$\varphi^{\ominus}_+ > \varphi^{\ominus}_-$，即 $E^{\ominus} = \varphi^{\ominus}_+ - \varphi^{\ominus}_- > 0$ 反应正向进行，$\varphi^{\ominus}_+ < \varphi^{\ominus}_-$，即 $E^{\ominus} = \varphi^{\ominus}_+ - \varphi^{\ominus}_- < 0$ 反应逆向进行。上述反应，$E^{\ominus} = \varphi^{\ominus}_+ - \varphi^{\ominus}_- = 1.72 - 0.771 = 0.949V > 0$，反应正向进行。

另外，根据氧化还原反应中的两个电对的电极电位值以及反应的平衡常数值还可判断反应进行的完全程度。氧化剂和还原剂电对的 $\varphi^{\ominus}$ 值差值越大，反应的平衡常数也越大，反应进行得越完全。

 课堂互动

用标准电极电位判断该反应 $2Ag + Zn(NO_3)_2 \Longleftrightarrow Zn + 2AgNO_3$ 能否从左向右进行？

 提纲挈领

1. 原电池的负极发生氧化反应；正极发生还原反应。

2. 利用标准电极电位可判断氧化剂或还原剂氧化、还原能力的大小；也可判断氧化还原反应自发进行的方向。

第三节 氧化还原滴定法介绍

一、概述

氧化还原滴定法是以氧化还原反应为基础的一类滴定分析方法。氧化还原滴定法在药品检验中应用范围广泛。例如，抗菌类药物磺胺嘧啶的含量测定方法、维生素 C 的含量测定方法、消毒剂过氧化氢的含量测定方法等，都采用氧化还原滴定法。常用的氧化还原滴定法有高锰酸钾法、重铬酸钾法、碘量法、亚硝酸钠法等。

滴定分析对精度、效率等都有一定的要求，并不是所有的氧化还原反应均可应用于滴定分析。氧化还原滴定法须具备以下条件：

① 反应必须进行完全，滴定物质对应的电对的条件电极电位差大于 $0.4V$。

② 反应必须迅速进行。

③ 反应必须按照一定的计量关系进行，不得出现副反应。

④ 有适当的指示终点的方法。

1. 氧化还原滴定法的分类

根据氧化还原反应中氧化剂或者还原剂的种类，常用的氧化还原滴定法有以下几类，详见表 7-2。

表 7-2　常见的氧化还原滴定法

名称	滴定液种类	反应原理
高锰酸钾法	K_2MnO_4	$MnO_4^- + 8H^+ + 5e == Mn^{2+} + 4H_2O$
直接碘量法	I_2	$I_3^- + 2e == 3I^-$
间接碘量法	$Na_2S_2O_3$	$2S_2O_3^{2-} - 2e == S_4O_6^{2-}$
亚硝酸钠法	Na_2NO_2	重氮化反应 亚硝基化反应
铈量法	$Ce(SO_4)_2$	$Ce^{4+} + e == Ce^{3+}$
重铬酸钾法	$K_2Cr_2O_7$	$Cr_2O_7^{2-} + 14H^+ + 6e == 2Cr^{3+} + 7H_2O$
溴酸钾法	$KBrO_3 + KBr$	$BrO_3^- + 6H^+ + 6e == Br^- + 3H_2O$

2. 氧化还原滴定法的指示剂

根据指示剂变色原理不同，氧化还原滴定法指示剂有以下几类。

（1）自身指示剂　滴定液或者待测组分，反应前后在颜色上有明显差异，利用滴定液或者待测组分的颜色变化，可以判定反应体系中的进行情况，这类指示剂称为自身指示剂。

在高锰酸钾滴定法中，滴定液 $KMnO_4$ 溶液本身呈紫红色，在酸性溶液中其还原产物 Mn^{2+} 则几乎无色。滴定过程中，溶液显示 Mn^{2+} 的颜色，反应计量点后，稍过量的高锰酸钾使溶液显示浅粉色，提示待测物质消耗完，滴定结束。

（2）专属指示剂　有些物质能与滴定液或被测物质特异性结合，产生特殊的颜色，从而指示出滴定终点，这类指示剂称为专属指示剂或显色指示剂。

如淀粉遇碘变蓝色。在碘量法中，使用淀粉作指示剂，根据颜色变化，可以判断溶液中是否有碘存在。

（3）氧化还原指示剂　氧化还原指示剂，本身具有氧化还原性，并且在被氧化还原前后，颜色存在明显差异。滴定终点时，稍过量的滴定液氧化成还原指示剂，从而便显出显著的颜色变化。

如用 $KMnO_4$ 滴定液滴定 Fe^{2+} 时，使用二苯胺磺酸钠作指示剂。二苯胺磺酸钠的氧化态呈紫红色，还原态是无色。到化学计量点时，稍过量的 $KMnO_4$ 把指示剂二苯胺磺酸钠由无色的还原态氧化为紫红色的氧化态，从而指示出滴定终点，常见的氧化还原指示剂见表 7-3。

表 7-3　常用的氧化还原指示剂的 $\varphi_{In}^{\ominus}$ 及颜色变化

指示剂	氧化态颜色	还原态颜色	$\varphi_{In}^{\ominus}(pH=0)/V$
二苯胺磺酸钠	紫红色	无色	$+0.85$
二苯胺	紫色	无色	$+0.76$

续表

指示剂	氧化态颜色	还原态颜色	$\varphi_{In}^{\ominus}(pH=0)/V$
邻二氮菲-亚铁	浅蓝色	红色	+1.06
邻氨基苯甲酸	紫红色	无色	+0.89
亚甲蓝	蓝色	无色	+0.53

 课堂互动

举例说明什么是自身指示剂？什么是专属指示剂？

二、高锰酸钾法

1. 基本原理

高锰酸钾滴定法是以 $KMnO_4$ 溶液为滴定液，在强酸性溶液中直接或间接地测定还原性或氧化性物质含量的滴定分析法。

$KMnO_4$ 是强氧化剂，其氧化能力及还原产物都与溶液的酸度有关。

在强酸性溶液中，MnO_4^- 被还原成 Mn^{2+}。

$$MnO_4^- + 8H^+ + 5e = Mn^{2+} + 4H_2O \qquad \varphi^{\ominus} = 1.51V$$

在弱酸性、中性、弱碱性溶液中，MnO_4^- 被还原成 MnO_2。

$$MnO_4^- + 2H_2O + 3e = MnO_2 \downarrow + 4OH^- \qquad \varphi^{\ominus} = 0.59V$$

在强碱性溶液中，MnO_4^- 被还原成 MnO_4^{2-}。

$$MnO_4^- + e = MnO_4^{2-} \qquad \varphi^{\ominus} = 0.56V$$

由此可见，高锰酸钾法可在酸性条件下使用，也可在中性或者碱性条件下使用。由于 $KMnO_4$ 在强酸性溶液中氧化能力最强，同时生成几乎无色的 Mn^{2+}，便于滴定终点的观察，因此高锰酸钾法通常在强酸性溶液中进行，一般用 H_2SO_4 调节其溶液的酸度在 $0.5 \sim 1 mol \cdot L^{-1}$。但是高锰酸钾在碱性条件下氧化有机物的反应速率比在酸性条件下快，所以也可在 NaOH 浓度大于 $2 mol \cdot L^{-1}$ 的碱性溶液中，用高锰酸钾法测定有机物。

 课堂互动

1. 高锰酸钾滴定法通常是在什么酸碱性条件下使用？

2. 在高锰酸钾法中，能否用盐酸或硝酸来调节溶液的酸度？

有些物质与 $KMnO_4$ 在常温下反应速率较慢，为了加快反应速率，可在滴定前将溶液加热，趁热滴定，或加入 Mn^{2+} 作催化剂来加快反应速率。但在空气中易氧化或加热易分解的物质（如 Fe^{2+}、H_2O_2 等），则不能加热。

用高锰酸钾法滴定无色或浅色溶液时，一般不需要另加指示剂，可利用 $KMnO_4$ 作自身指示剂来指示滴定终点。

高锰酸钾法的优点是：$KMnO_4$ 的氧化能力强，可直接或间接地测定许多无机物和有机物，滴定时自身可作指示剂；缺点是：$KMnO_4$ 试剂常含有少量杂质，其滴定液不够稳定。另外由于它的氧化能力强，可以和许多还原性物质发生反应，因此干扰也比较严重。

高锰酸钾法应用范围很广，可根据被测组分的性质选择不同的滴定方法。

（1）直接滴定法　许多还原性较强的物质，如 Fe^{2+}、Sb^{2+}、H_2O_2、$C_2O_4^{2-}$、AsO_3^{3-}、NO_2^- 等均可用 $KMnO_4$ 滴定液直接滴定。

（2）返滴定法　某些氧化性物质不能用 $KMnO_4$ 滴定液直接滴定，可采用返滴定法进行测定。如测定 MnO_2 的含量时，可在 H_2SO_4 溶液存在下，加入准确过量的基准物质 $Na_2C_2O_4$，待 MnO_2 及 $Na_2C_2O_4$ 反应完全后，再用 $KMnO_4$ 滴定液滴定剩余的 $Na_2C_2O_4$，从而求出 MnO_2 的含量。

（3）间接滴定法　某些非氧化还原性物质，不能用直接滴定法或返滴定法进行滴定，但这些物质能与另一氧化剂或还原剂定量反应，可采用间接滴定法进行测定。如测定 Ca^{2+} 含量时，首先将 Ca^{2+} 沉淀为 CaC_2O_4，过滤后，再用稀 H_2SO_4 将 CaC_2O_4 溶解，然后用 $KMnO_4$ 滴定液滴定溶液中的 $C_2O_4^{2-}$，从而间接求得 Ca^{2+} 含量。凡是能与 $C_2O_4^{2-}$ 定量反应生成草酸盐沉淀的金属离子，如 Ba^{2+}、Ni^{2+}、Cd^{2+}、Cu^{2+}、Zn^{2+}、Pb^{2+}、Hg^{2+}、Ag^+ 等均能以此方法测定。

2. 高锰酸钾标准滴定溶液

（1）配制　因市售的 $KMnO_4$ 试剂中常含有少量的 MnO_2 和其他杂质如硫酸盐、氯化物、硝酸盐等，纯化水中也常含有微量还原性物质，可以与 $KMnO_4$ 反应生成 $MnO(OH)_2$ 沉淀，$MnO(OH)_2$ 又能进一步促进 $KMnO_4$ 溶液的分解，此外，热、光、酸和碱也能促进 $KMnO_4$ 分解，故要用间接法配制 $KMnO_4$ 标准滴定液。即先配成近似浓度的溶液，再用基准物质进行标定。为了配制较稳定的 $KMnO_4$ 滴定液，常采取以下措施：

① 称取固体 $KMnO_4$ 的质量应稍多于理论计算量，将其溶解于一定体积的蒸馏水中。

② 将配好的 $KMnO_4$ 滴定液加热至沸腾，并保持微沸约 1h，然后冷却放置 2～3d，使溶液中存在的还原性物质充分氧化。

③ 使用前用垂熔玻璃滤器过滤，除去溶液中的沉淀。

④ 过滤后的 $KMnO_4$ 滴定液摇匀后贮存在棕色瓶中，置于阴凉、干燥处密闭保存，再进行标定。

如称取高锰酸钾 3.2g，加蒸馏水 1000mL，溶解后煮沸 15min，转入棕色瓶中密闭避光保存，2d 以后过滤等待标定。

（2）标定　常用 $Na_2C_2O_4$、$H_2C_2O_4 \cdot 2H_2O$ 等基准物质来标定 $KMnO_4$ 滴定液。其中 $Na_2C_2O_4$ 不含结晶水，性质稳定，容易提纯，是常用的基准物质。

在酸性溶液中（常用 H_2SO_4）$KMnO_4$ 与 $C_2O_4^{2-}$ 的反应方程式如下：

$$2MnO_4^- + 5C_2O_4^{2-} + 16H^+ == 2Mn^{2+} + 10CO_2 \uparrow + 8H_2O$$

为使标定反应定量而迅速地完成，应掌握好以下滴定条件：

① 温度　为了加快反应速率，滴定前可将溶液加热到 75～85℃，趁热滴定。低于 55℃ 反应速率太慢；温度超过 90℃，会使 $H_2C_2O_4$ 部分分解。

$$H_2C_2O_4 == CO_2 \uparrow + CO \uparrow + H_2O$$

② 酸度　为使标定反应正常进行，反应体系必须保持一定的酸度。酸度太低，部分 $KMnO_4$ 能被还原为 MnO_2；酸度太高，$H_2C_2O_4$ 易分解。所以，开始滴定时溶液的酸度一般保持在 0.5～1.0mol·L^{-1}，到滴定终点酸度即变为 0.2～0.5mol·L^{-1}。

③ 滴定速度　此反应即使在 75～85℃ 的酸性溶液中，反应速率也是比较慢的，但生成的 Mn^{2+} 对该反应有催化作用。这种生成物本身起催化作用的反应叫自动催化反应。滴定开始时，溶液中没有 Mn^{2+} 催化，反应速率很慢，第一滴 $KMnO_4$ 滴定液滴入后，红色很难褪去，这时需红色消失后再滴加第二滴。$KMnO_4$ 与 $C_2O_4^{2-}$ 反应生成 Mn^{2+} 后，Mn^{2+} 的催化作用使反应速率明显加快，可适当加快滴定速度，但也不能滴得太快，因为 $KMnO_4$ 如果来不及与 $C_2O_4^{2-}$ 反应会发生分解，影响标定结果。

$$4MnO_4^- + 12H^+ == 4Mn^{2+} + 5O_2\uparrow + 6H_2O$$

若在滴定开始前就加入几滴 MnO_4 溶液，则滴定开始时反应速率就较快。

④ 终点判断　$KMnO_4$ 可作为自身指示剂，滴定至化学计量点时，$KMnO_4$ 微过量就可使溶液呈粉红色，若 30s 不褪色即为滴定终点。

注意：标定过的 $KMnO_4$ 滴定液应避光、避热且不宜长期存放；使用久置的 $KMnO_4$ 滴定液时，应将其过滤并重新标定。另高锰酸钾法滴定终点不太稳定，由于空气中的还原性气体或杂质落入溶液中会使 $KMnO_4$ 缓慢分解，导致粉红色消失，所以经过 30s 不褪色即为终点已到。

 课堂互动

标定 $KMnO_4$ 滴定液为什么要保持一定的酸度？

3. 应用示例

（1）H_2O_2 含量的测定（直接滴定法）　在稀 H_2SO_4 溶液中，H_2O_2 能定量被 $KMnO_4$ 氧化生成 O_2 和 H_2O，因此，可用 $KMnO_4$ 溶液直接测定 H_2O_2 的质量分数。反应式为：

$$2MnO_4^- + 5H_2O_2 + 6H^+ == 2Mn^{2+} + 5O_2\uparrow + 8H_2O$$

反应在室温下于 H_2SO_4 介质中进行。开始滴定时，反应速率较慢，但因 H_2O_2 不稳定，受热易分解，因此不能加热。随着反应的进行，由于生成 Mn^{2+} 的自动催化作用，反应速率逐渐加快，因而能顺利地到达滴定终点。滴定前也可加入 2 滴 $MnSO_4$ 以提高反应速率。用下式计算 H_2O_2 的质量浓度：

$$\rho_{H_2O_2} = \frac{\dfrac{5}{2}c_{KMnO_4}V_{KMnO_4}M_{H_2O_2} \times 10^{-3}}{V_s}$$

式中　$\rho_{H_2O_2}$——H_2O_2 质量浓度（含量），$g \cdot mL^{-1}$；

c_{KMnO_4}——$KMnO_4$ 滴定液的物质的量浓度，$mol \cdot L^{-1}$；

V_{KMnO_4}——消耗的 $KMnO_4$ 滴定液的体积，mL；

$M_{H_2O_2}$——H_2O_2 的摩尔质量，$g \cdot mol^{-1}$；

V_s——H_2O_2 样品溶液的体积，mL。

（2）有机酸质量分数测定（返滴定法）　在强碱性溶液中过量的 $KMnO_4$ 能定量地氧化甘油、甲酸、甲醇、苯酚和葡萄糖等有机化合物，生成绿色的 MnO_4^{2-}。利用这一反应可定量测定有机化合物。例如测定 $HCOOH$ 时，向试液中加入 $NaOH$ 使溶液呈碱性，再加入准确过量的 $KMnO_4$ 溶液，反应式为：

$$2MnO_4^- + HCOO^- + 3OH^- == 2MnO_4^{2-} + CO_3^{2-} + 2H_2O$$

反应完成后将溶液酸化，用 Fe^{2+}（还原剂）滴定液滴定剩余的 MnO_4^{2-}。根据已知过量的 $KMnO_4$ 和 Fe^{2+} 滴定液的浓度和消耗的体积，即可计算出 $HCOOH$ 的质量分数。

（3）Ca^{2+} 质量分数测定（间接滴定法）　先向试样中加过量的 NaC_2O_4，使其中的 Ca^{2+} 沉淀为 CaC_2O_4，沉淀经过滤、洗涤后用适当浓度的 H_2SO_4 溶解，然后用 $KMnO_4$ 滴定液滴定溶液中的 $H_2C_2O_4$，间接求得 Ca^{2+} 的质量分数。有关反应式为：

$$Ca^{2+} + C_2O_4^{2-} == CaC_2O_4\downarrow$$

$$CaC_2O_4 + 2H^+ == Ca^{2+} + H_2C_2O_4$$

$$2MnO_4^- + 5H_2C_2O_4 + 6H^+ == 2Mn^{2+} + 10CO_2\uparrow + 8H_2O$$

用下式计算 Ca^{2+} 的质量分数：

$$w_{\mathrm{Ca}^{2+}} = \frac{\frac{5}{2}c_{\mathrm{KMnO_4}}V_{\mathrm{KMnO_4}}M_{\mathrm{Ca}}\times 10^{-3}}{m_{\mathrm{s}}}$$

式中　$w_{\mathrm{Ca}^{2+}}$——Ca^{2+} 质量分数；

$c_{\mathrm{KMnO_4}}$——$\mathrm{KMnO_4}$ 滴定液的物质的量浓度，$\mathrm{mol\cdot L^{-1}}$；

$V_{\mathrm{KMnO_4}}$——消耗的 $\mathrm{KMnO_4}$ 滴定液的体积，mL；

M_{Ca}——Ca 的摩尔质量，$\mathrm{g\cdot mol^{-1}}$；

m_{s}——样品的质量，g。

三、碘量法

(一) 基本原理

碘量法是利用 I_2 的氧化性或 I^- 的还原性进行滴定的分析方法。其半电池反应为：

$$I_2 + 2e === 2I^- \qquad E^{\ominus} = 0.534\mathrm{V}$$

I_2 在水中溶解度很小，为增大其溶解度，通常将 I_2 溶解在 KI 溶液中，使 I_2 以 I_3^- 的形式存在。为了简便和强调化学计量关系，习惯上仍将 I_3^- 写成 I_2。

I_2 是较弱的氧化剂，可与较强的还原剂作用；而 I^- 是中等强度的还原剂，能与许多氧化剂反应生成 I_2。因此，碘量法又可分为直接碘量法和间接碘量法。

(1) 直接碘量法　直接碘量法又称碘滴定法。它是利用 I_2 溶液作滴定液，在酸性、中性或弱碱性溶液中直接测定电极电位比 $E^{\ominus}_{I_2/I^-}$ 低的还原性物质含量的分析方法。

如果溶液的 pH>9，则会发生下列副反应：

$$3I_2 + 6OH^- === IO_3^- + 5I^- + 3H_2O$$

即使是在酸性条件下，也只有少数还原能力强且不受 H^+ 浓度影响的物质才能与 I_2 发生定量反应。因此，直接碘量法的应用有一定的局限性。

(2) 间接碘量法　间接碘量法又称为滴定碘法。它是利用 I^- 的还原性来测定氧化性物质含量的分析方法。其原理是：将电极电位比 $E^{\ominus}_{I_2/I^-}$ 高的待测氧化性物质与过量的 I^- 作用析出定量的 I_2，然后再用 $Na_2S_2O_3$ 滴定液滴定析出的 I_2，从而测出氧化性物质的含量。其反应式为：

$$2I^- - 2e === I_2$$
$$I_2 + 2S_2O_3^{2-} === 2I^- + S_4O_6^{2-}$$

凡是能够和 KI 作用定量析出 I_2 的氧化性物质均能用间接碘量法测定。间接碘量法是在中性或弱酸性溶液中进行的，因在强酸性溶液中 $Na_2S_2O_3$ 会分解，I^- 也容易被空气中的 O_2 氧化。其反应为：

$$S_2O_3^{2-} + 2H^+ === SO_2\uparrow + S\downarrow + H_2O$$
$$4I^- + 4H^+ + O_2 === 2I_2 + 2H_2O$$

在碱性溶液中 $Na_2S_2O_3$ 与 I_2 会发生如下副反应：

$$S_2O_3^{2-} + 4I_2 + 10OH^- === 2SO_4^{2-} + 8I^- + 5H_2O$$

 知识拓展 ....

碘量法误差主要来源

碘量法误差主要来源是 I_2 的挥发和 I^- 在酸性溶液中被空气中的 O_2 氧化，光照会促使 I^- 被空气氧化，因此，在测定时要加入过量的 KI 以增大 I_2 的溶解度；在室温下使用碘量瓶滴定；滴定前要密塞、封水和避光放置；滴定时不要剧烈摇动。

碘量法常用淀粉作指示剂，根据蓝色的出现或消失指示滴定终点。在使用时应注意以下几个问题：

① 淀粉指示剂在室温及有少量 I^- 存在的弱酸性溶液中最灵敏。

② 直链淀粉遇 I_2 显蓝色且显色反应可逆性好、敏锐。

③ 淀粉指示剂不宜久放，配制时加热时间不宜过长并应迅速冷却至室温。

④ 直接碘量法淀粉可在滴定前加入，根据蓝色的出现确定终点；间接碘量法淀粉应在近终点时加入，根据蓝色的消失确定终点。

（二）滴定液

1. I_2 滴定液

（1）配制　用升华法制得的纯 I_2 可直接配制滴定液。但由于 I_2 有挥发性且对分析天平有一定的腐蚀作用，所以通常采用间接法配制。I_2 在水中的溶解度很小且易挥发，所以配制时先称取一定量的 I_2 和 KI（I_2：KI＝1：3）置于研钵中加入少量水润湿研磨，待 I_2 全部溶解后加纯化水稀释到一定体积。将溶液贮于带玻璃塞的棕色瓶中，置于阴暗处保存。

（2）标定　常用基准物质 As_2O_3 来标定 I_2 滴定液。As_2O_3 难溶于水，易溶于碱溶液生成亚砷酸盐，故可将准确称取的 As_2O_3 溶于 NaOH 溶液中，然后以酚酞为指示剂，用 HCl 中和过量的 NaOH 至中性或弱酸性，再加入过量的 $NaHCO_3$，保持溶液的 pH≈8，以淀粉为指示剂，用待标定的 I_2 滴定液滴定至溶液由无色变为浅蓝色（30s 内不褪色）即为终点。其反应式为：

$$As_2O_3 + 6NaOH == 2Na_3AsO_3 + 3H_2O$$

$$Na_3AsO_3 + I_2 + 2NaHCO_3 == Na_3AsO_4 + 2NaI + 2CO_2\uparrow + H_2O$$

根据 As_2O_3 的质量及消耗的 I_2 滴定液体积，即可计算出 I_2 滴定液的准确浓度。

$$c_{I_2} = \frac{2m_{As_2O_3}}{M_{As_2O_3}V_{I_2}\times10^{-3}}$$

2. $Na_2S_2O_3$ 滴定液

（1）配制　硫代硫酸钠晶体（$Na_2S_2O_3 \cdot 5H_2O$）易风化、潮解，且含有少量 S、$Na_2S_2O_3$、NaCl、Na_2CO_3 等杂质，故不能用直接法配制。$Na_2S_2O_3$ 溶液不稳定易分解，其浓度会随时间的变化而改变，其原因如下：

① 纯化水中的 CO_2 会促使 $Na_2S_2O_3$ 分解：

$$Na_2S_2O_3 + CO_2 + H_2O == NaHCO_3 + NaHSO_3 + S\downarrow$$

② 空气中的 O_2 可氧化 $Na_2S_2O_3$，使其浓度降低：

$$2Na_2S_2O_3 + O_2 == 2Na_2SO_4 + 2S\downarrow$$

③ 纯化水中嗜硫菌等微生物及微量的 Cu^{2+}、Fe^{3+} 等会促使 $Na_2S_2O_3$ 分解：

$$Na_2S_2O_3 == Na_2SO_3 + S\downarrow$$

因此，配制 $Na_2S_2O_3$ 滴定液时，应使用新煮沸放冷的纯化水，以减少溶解在水中的 CO_2、O_2，并加入少量的 Na_2CO_3，使溶液呈微碱性，以抑制微生物的生长，防止 $Na_2S_2O_3$ 分解。将配好的 $Na_2S_2O_3$ 溶液贮于棕色瓶中，放置 7～15d 后再进行标定。

（2）标定　常用 $K_2Cr_2O_7$、KIO_3、$KBrO_3$ 等基准物质来标定 $Na_2S_2O_3$ 滴定液。其中 $K_2Cr_2O_7$ 因性质稳定且易精制，最为常用。标定方法如下：

准确称取一定量的 $K_2Cr_2O_7$ 基准品于碘量瓶中，加纯化水溶解，加 H_2SO_4 酸化后，加入过量的 KI，待反应进行完全后，加纯化水稀释，用待标定的 $Na_2S_2O_3$ 滴定液滴定析出

的 I_2 至近终点（浅黄绿色）时，加淀粉指示剂，继续滴定至溶液由蓝色变为亮绿色即为终点。有关反应式和计算公式如下：

$$Cr_2O_7^{2-} + 6I^- + 14H^+ \rightleftharpoons 2Cr^{3+} + 3I_2 + 7H_2O$$

$$I_2 + 2S_2O_3^{2-} \rightleftharpoons 2I^- + S_4O_6^{2-}$$

$$c_{Na_2S_2O_3} = \frac{6m_{K_2Cr_2O_7}}{M_{K_2Cr_2O_7} V_{Na_2S_2O_3} \times 10^{-3}}$$

（三）应用示例

（1）直接碘量法测维生素 C 含量　维生素 C 又名抗坏血酸，在其分子结构中含有烯二醇基，具有较强的还原性，能被 I_2 定量氧化成二酮基。其反应如下：

从反应式可以看出，在碱性条件下更有利于平衡向右移动，但因维生素 C 的还原性较强，在碱性溶液中更易被空气中的 O_2 氧化，所以滴定时应用新煮沸的冷纯化水溶解样品，加入适量的 CH_3COOH 溶液，保持酸性环境。溶解后立即滴定，减少维生素 C 被空气中的 O_2 氧化的机会。操作过程中也应注意避光防热。

用下式计算维生素 C 的含量：

$$w_{C_6H_8O_6} = \frac{c_{I_2} V_{I_2} M_{C_6H_8O_6} \times 10^{-3}}{m_s}$$

式中　$w_{C_6H_8O_6}$——维生素 C 的质量分数；

　　　　c_{I_2}——I_2 滴定液的物质的量浓度，$mol \cdot L^{-1}$；

　　　　V_{I_2}——消耗的 I_2 滴定液的体积，mL；

$M_{C_6H_8O_6}$——维生素 C 的摩尔质量，$g \cdot mol^{-1}$；

　　　　m_s——样品的质量，g。

（2）间接碘量法测焦亚硫酸钠含量　焦亚硫酸钠（$Na_2S_2O_5$）具有较强的还原性，常用作药品制剂的抗氧剂，可用返滴定法测定其含量。先加入准确过量的 I_2 液，待 I_2 液与 $Na_2S_2O_5$ 完全反应后，再用 $Na_2S_2O_3$ 溶液回滴定剩余的 I_2，近终点时加入淀粉指示剂，继续滴定至蓝色消失，并将滴定结果用空白试验校正。其反应式和计算公式为：

$$Na_2S_2O_5 + 2I_2(过量) + 3H_2O \rightleftharpoons Na_2SO_4 + H_2SO_4 + 4HI$$

$$I_2(剩余) + 2Na_2S_2O_3 \rightleftharpoons Na_2S_4O_6 + 2NaI$$

$$w_{Na_2S_2O_5} = \frac{\frac{1}{4}c_{Na_2S_2O_3}(V_0 - V_{Na_2S_2O_3})M_{Na_2S_2O_5} \times 10^{-3}}{m_s}$$

式中　$w_{Na_2S_2O_5}$——$Na_2S_2O_5$ 的质量分数；

　$c_{Na_2S_2O_3}$——$Na_2S_2O_3$ 滴定液的物质的量浓度，$mol \cdot L^{-1}$；

　　　　V_0——空白试验消耗的 $Na_2S_2O_3$ 滴定液的体积，mL；

$V_{Na_2S_2O_3}$——回滴实验消耗的 $Na_2S_2O_3$ 滴定液的体积，mL；

$M_{Na_2S_2O_5}$——$Na_2S_2O_5$ 的摩尔质量，$g \cdot mol^{-1}$；

　　　　m_s——样品的质量，g。

四、亚硝酸钠法

1. 基本原理

亚硝酸钠法是以 $NaNO_2$ 为滴定液，测定芳香族伯胺和芳香族仲胺类化合物含量的滴定分析法。

用 $NaNO_2$ 滴定液滴定芳伯胺类化合物的方法称为重氮化滴定法，其反应为：

$$Ar—NH_2 + NaNO_2 + 2HCl \Longrightarrow [Ar—N^+ \equiv N]Cl^- + NaCl + 2H_2O$$

用 $NaNO_2$ 溶液滴定芳仲胺类化合物的方法称为亚硝基化滴定法，其反应为：

$$\overset{Ar}{\underset{R}{>}}NH + NaNO_2 + HCl \Longrightarrow \overset{Ar}{\underset{R}{>}}N—NO + NaCl + H_2O$$

影响亚硝酸钠滴定法的因素有：

(1) 酸的种类和浓度 $NaNO_2$ 法的反应速率与酸的种类有关。在 HBr 中比在 HCl 中快，在 H_2SO_4 或 HNO_3 中较慢。因 HBr 价格较贵，故常用 HCl。酸度一般控制在 $1mol \cdot L^{-1}$ 左右为宜。酸度过高，会引起亚硝酸分解，妨碍芳伯胺的游离；酸度不足，反应速率慢，生成的重氮盐不稳定易分解，而且容易与未反应的芳伯胺发生偶合反应，使测定结果偏低。

$$[Ar—N^+ \equiv N]\,Cl^- + Ar—NH_2 \Longrightarrow Ar—N \equiv N—NH—Ar + HCl$$

(2) 滴定速度与温度 $NaNO_2$ 法的反应速率随温度的升高而加快。但温度升高又会促使亚硝酸的分解。实验证明，温度在 5℃ 以下测定结果较准确。如果在 30℃ 以下可采用快速滴定法。即将滴定管尖插入液面下 2/3 处，在不断搅拌下，迅速滴定至临近终点，再将管尖提出液面，继续缓慢滴定至终点。这样开始生成的 HNO_2 在剧烈搅拌下向四方扩散并立即与芳伯胺反应，来不及分解、逸失，即可作用完全。

(3) 芳环上取代基的影响 在氨基的对位上，如果有—X、—COOH、—NO_2、—SO_3H 等吸电子基团，可使反应速率加快；有—CH_3、—OH、—OR 等供电子基团，可使反应速率减慢。对于较慢的反应可加入适量的 KBr 作催化剂，以加快反应速率。

亚硝酸钠法现在一般采用永停滴定法确定终点。

2. 滴定液

(1) 配制 $NaNO_2$ 溶液不稳定，久置时浓度会显著下降，因此要用间接法配制。但 pH 在 10 左右，$NaNO_2$ 溶液的稳定性很高，三个月内其浓度可保持稳定。故配制时常加入少量 Na_2CO_3 作稳定剂。$NaNO_2$ 溶液见光易分解，应贮于玻璃塞的棕色瓶中，密闭保存。

(2) 标定 常用基准物质对氨基苯磺酸来标定 $NaNO_2$ 滴定液。对氨基苯磺酸为分子内盐，在水中溶解缓慢，需加入氨试液使其溶解，再加盐酸，使其成为对氨基苯磺酸盐。标定反应为：

$$HO_3S—\langle\!\!\!\bigcirc\!\!\!\rangle—NH_2 + NaNO_2 + 2HCl \Longrightarrow [HO_3S—\langle\!\!\!\bigcirc\!\!\!\rangle—N^+ \equiv N]\,Cl^- + NaCl + 2H_2O$$

如用天平称取 7.2g $NaNO_2$ 晶体，加 0.1g 无水 Na_2CO_3，溶于新煮沸的冷水中，加蒸馏水稀释成 1000mL，摇匀等待标定。分析天平精密称取在 120℃ 干燥至恒重的基准试剂对氨基苯磺酸 0.5000g，在烧杯中，加 30mL 蒸馏水和浓氨溶液 3mL，溶解后加盐酸 20mL，搅拌，在 30℃ 以下用 $NaNO_2$ 滴定液快速滴定，滴定管尖插入液面下 2/3 处，在不断搅拌下，迅速滴定至临近终点，再将管尖提出液面，用少量水洗涤尖端，继续缓慢滴定，用永停法确定终点。计算公式为：

$$c_{NaNO_2} = \frac{m_{C_6H_7O_3NS}}{V_{NaNO_2} M_{C_6H_7O_3NS} \times 10^{-3}}$$

3. 应用示例

重氮化滴定法主要用于测定芳伯胺类药物，如盐酸普鲁卡因、盐酸普鲁卡因胺、氨苯砜和磺胺类药物等。还可测定水解后生成芳伯胺类的药物，如酞磺胺噻唑、对乙酰氨基酚、非那西丁等。亚硝基化法可用于测定芳仲胺类药物，如磷酸伯氨喹等。

（1）盐酸普鲁卡因含量的测定　盐酸普鲁卡因（$C_{13}H_{21}O_2N_2Cl$）具有芳伯胺结构，在酸性条件下可与 $NaNO_2$ 发生重氮化反应，滴定前加入 KBr，以加快重氮化反应速率。用永停滴定法确定终点。其滴定反应和质量分数计算公式为：

$$H_2N\!-\!\!\!\bigcirc\!\!\!-COOCH_2CH_2N\!-\!(C_2H_5)_2 \cdot HCl + NaNO_2 + HCl \Longrightarrow$$

$$Cl^-[N\!\equiv\!N^+\!-\!\!\!\bigcirc\!\!\!-COOCH_2CH_2N\!-\!(C_2H_5)_2] + NaCl + 2H_2O$$

$$w_{C_{13}H_{21}O_2N_2Cl} = \frac{c_{NaNO_2} V_{NaNO_2} M_{C_{13}H_{21}O_2N_2Cl} \times 10^{-3}}{m_s}$$

（2）扑热息痛的测定　扑热息痛为常用的解热镇痛药，其分子结构中有酰氨基，水解后可得到游离的芳伯胺，因此可用重氮化滴定法测定其含量，以淀粉碘化钾指示剂指示滴定终点。其滴定反应以及计算公式为：

$$HO\!-\!\!\!\bigcirc\!\!\!-NH\!-\!COCH_3 + H_2O \xrightarrow[\triangle]{H_2SO_4} HO\!-\!\!\!\bigcirc\!\!\!-NH_2 + CH_3COOH$$

$$HO\!-\!\!\!\bigcirc\!\!\!-NH_2 + NaNO_2 + 2HCl \xrightarrow{KBr} [HO\!-\!\!\!\bigcirc\!\!\!-N^+\!\equiv\!N]Cl^- + NaCl + 2H_2O$$

按下列公式计算扑热息痛质量分数：

$$w_{C_8H_9NO_2} = \frac{c_{NaNO_2} V_{NaNO_2} M_{C_8H_9NO_2} \times 10^{-3}}{m_s}$$

 提纲挈领

1. 氧化还原滴定法是以氧化还原反应为基础的滴定分析方法。
2. 氧化还原滴定法常用指示剂为氧化还原指示剂、自身指示剂和专属指示剂。
3. 高锰酸钾法可分为直接滴定法、返滴定法、间接滴定法。$KMnO_4$ 滴定液用间接法制备。在酸性介质中，以自身作指示剂，用基准物 $Na_2C_2O_4$ 标定。
4. 碘量法分为直接碘量法和间接碘量法。I_2 滴定液用间接法制备，在 $pH \approx 8$ 的条件下，以淀粉作指示剂，用基准物 As_2O_3 标定；$Na_2S_2O_3$ 滴定液用间接法制备，在酸性介质中，用基准物 $K_2Cr_2O_7$ 与过量的 KI 反应，以淀粉作指示剂进行标定。
5. 亚硝酸钠法分为测定芳伯胺类化合物的重氮化滴定法和测定芳仲胺类化合物的亚硝基化滴定法。$NaNO_2$ 滴定液用间接法制备，用基准物对氨基苯磺酸标定。

 达标自测

一、单项选择题

1. 高锰酸钾法应在下列哪种溶液中进行（　　）。
A. 强酸性溶液　　　　B. 弱酸性溶液　　　　C. 弱碱性溶液　　　　D. 强碱性溶液
2. 不属于氧化还原滴定法的是（　　）。
A. 亚硝酸钠法　　　　B. 高锰酸钾法　　　　C. 铬酸钾指示剂法　　D. 碘量法
3. 高锰酸钾滴定法中，调节溶液酸度使用的是（　　）。
A. H_2SO_4　　　　　B. $HClO_4$　　　　　C. HNO_3　　　　　D. HCl

4. 高锰酸钾滴定法指示终点用的是 （　　　）。

A. 酸碱指示剂　　　　B. 金属指示剂　　　　C. 吸附指示剂　　　　D. 自身指示剂

5. 用直接碘量法测定维生素 C 的含量，调节溶液酸度的物质是 （　　　）。

A. 乙酸　　　　　　　B. 盐酸　　　　　　　C. 氢氧化钠　　　　　D. 氨水

6. 间接碘量法所用的滴定液是 （　　　）。

A. I_2　　　　　　　B. $Na_2S_2O_3$　　　　C. I_2 和 $Na_2S_2O_3$　　D. I_2 和 KI

7. 间接碘量法中加入淀粉指示剂的适宜时间是 （　　　）。

A. 滴定开始时　　　　　　　　　　　B. 滴定液滴加到一半时

C. 滴定至近终点时　　　　　　　　　D. 滴定到溶液呈无色时

8. 间接碘量法中，滴定至终点后 5min 内的溶液变为蓝色的原因是 （　　　）。

A. 空气中 O_2 的作用　　　　　　　B. 待测物与 KI 反应不完全

C. 溶液中淀粉过多　　　　　　　　　D. 反应速率太慢

9. 在亚硝酸钠法中，能用重氮化滴定法测定的物质是 （　　　）。

A. 芳伯胺　　　　　　B. 芳仲胺　　　　　　C. 生物碱　　　　　　D. 季铵盐

10. 配制 $Na_2S_2O_3$ 溶液时，要加入少许 Na_2CO_3，其目的是 （　　　）。

A. 中和 $Na_2S_2O_3$ 溶液的酸性　　　B. 防止微生物生长和 $Na_2S_2O_3$ 分解

C. 增强 $Na_2S_2O_3$ 的还原性　　　　D. 调节溶液呈微碱性

11. 标定 $KMnO_4$ 滴定液时常用的基准物质是 （　　　）。

A. $K_2Cr_2O_7$　　　　B. KIO_3　　　　　　C. $Na_2C_2O_4$　　　　D. $Na_2S_2O_3$

12. 下列滴定液在反应中作还原剂的是 （　　　）。

A. 高锰酸钾　　　　　B. 碘　　　　　　　　C. 硫代硫酸钠　　　　D. 亚硝酸钠

13. 在酸性溶液中，用 $KMnO_4$ 滴定液滴定 $Na_2C_2O_4$ 反应由慢而快的原因是 （　　　）。

A. 反应物浓度不断降低　　　　　　　B. 反应温度降低

C. 反应中〔H^+〕增加　　　　　　　D. 反应中有 Mn^{2+} 生成

14. 在酸性溶液中，下列哪种物质不能使 $KMnO_4$ 溶液褪色 （　　　）。

A. SO_3^{2-}　　　　　B. $C_2O_4^{2-}$　　　　C. I^-　　　　　　　D. CO_3^{2-}

15. 直接碘量法应控制的反应条件是 （　　　）。

A. 强酸性　　　　　　B. 强碱性　　　　　　C. 中性或弱碱性　　　D. 任何条件均可

二、多项选择题

1. 碘量法中为了防止 I_2 的挥发，应采取的措施是 （　　　）。

A. 加过量 KI　　　B. 室温下滴定　　　C. 降低溶液的酸度

D. 使用碘量瓶　　　E. 滴定时不要剧烈振摇

2. 直接碘量法与间接碘量法的不同之处有 （　　　）。

A. 滴定液不同　　　B. 指示剂不同　　　C. 加入指示剂的时间不同

D. 终点的颜色不同　　　E. 反应的机制不同

3. 可用 $KMnO_4$ 法测定的物质有 （　　　）。

A. $Na_2C_2O_4$　　　B. CH_3COOH　　　C. H_2O_2

D. $FeSO_4$　　　E. NaOH

4. 间接碘量法的酸度条件为 （　　　）。

A. 强酸性　　　　　　B. 弱酸性　　　　　　C. 强碱性

D. 弱碱性　　　　　　E. 中性

5. 碘量法中为了防止 I^- 被空气氧化应 （　　　）。

A. 避免阳光直接照射　　B. 碱性条件下滴定　　C. 强酸性条件下滴定

D. 滴定速度适当快些　　E. I$_2$ 完全析出后立即滴定

三、简答题

1. 用 KMnO$_4$ 溶液测定 H$_2$O$_2$ 含量时，能否用 HNO$_3$ 或 HCl 控制溶液的酸度？为什么？

2. 标定 Na$_2$S$_2$O$_3$ 滴定液时，在 K$_2$Cr$_2$O$_7$ 溶液中加入过量 KI 和稀 H$_2$SO$_4$ 后，应怎样操作？何时加入淀粉指示剂？为什么？

3. 亚硝酸钠法为什么常用 HCl 控制溶液的酸度？酸度过高或过低对测定结果有何影响？

4. K$_2$Cr$_2$O$_7$、Na$_2$C$_2$O$_4$、H$_2$O$_2$、维生素 C 可用何种方法测定？写出有关化学反应方程式和计算公式。

四、计算题

1. 精密吸取 H$_2$O$_2$ 溶液 25.00mL，置于 250mL 容量瓶中，加纯化水稀释至标线，混匀。从上述稀释好的溶液中精密吸出 25.00mL 于锥形瓶中，加 H$_2$SO$_4$ 酸化，用 0.02700mol·L^{-1} KMnO$_4$ 滴定液滴定至终点，消耗了 KMnO$_4$ 滴定液 35.86mL。计算此样品中 H$_2$O$_2$ 的质量分数。（$M_{H_2O_2} = 34.02$g·mol^{-1}）

2. 精密称取 0.1936g 基准 K$_2$Cr$_2$O$_7$，加纯化水溶解后，加酸酸化，加入过量的 KI，待反应完成后，用 Na$_2$S$_2$O$_3$ 滴定液滴定至终点，消耗了 Na$_2$S$_2$O$_3$ 滴定液 33.61mL，计算 Na$_2$S$_2$O$_3$ 溶液的物质的量浓度。（$M_{K_2Cr_2O_7} = 294.18$g·mol^{-1}）

（本章编写　杨彩英）

扫码看解答

第八章 配位平衡与配位滴定法

知识目标

1. 掌握配位化合物的概念、组成和命名原则。
2. 掌握 EDTA 与金属离子配位反应的特点。
3. 掌握金属指示剂的变色原理和常用金属指示剂；EDTA 滴定液的配制和标定。
4. 理解影响配位平衡移动的因素。
5. 了解影响配位反应平衡的因素；配位滴定酸度条件的选择及配位滴定法在药品、食品中的应用。

扫码看课件

能力目标

1. 能正确命名配位化合物，理解 EDTA 与金属离子配位反应的特点。
2. 学会 EDTA 滴定液的配制与标定，为药品、食品中含金属离子的含量测定奠定基础。

案例

生活中我们注意到这样的一个现象，在用自来水烧水后水壶里常常看到一层发白或发泥黄的水垢，正是钙、镁等化合物在水烧开后沉淀下来。钙镁离子是人体每天必需的微量元素，如果水有一定硬度（我国将水中溶解的钙、镁换算成碳酸钙，以每升水中碳酸钙含量为计算单位，表示饮用水的硬度），通过饮水就可以补充一定量的钙镁离子。但饮用水的硬度偏高或者偏低都不好，因为水的硬度和一些疾病有密切关系。硬度标准卡在 $150 \sim 714 \mathrm{mg/L}$ 的饮用水，是最有利于人体健康的。

讨论 用什么方法测定水的硬度呢？在测定过程中用到哪些有关的知识和技能呢？在学习本章内容后，就可以解决这些问题。

第一节 配合物

配位化合物是含有配位键的化合物，简称配合物。广泛地存在于自然界中，是现代无机化学的重要研究对象。现代理论化学、量子力学以及计算和信息技术的进步，使配位化合物的研究和应用得到了快速的发展，并成为一门独立的化学分支科学——配位化学。配位化合物的种类繁多，广泛应用于医药、食品、生物、环保、材料、信息等领域。

知识链接

配合物的来源、发展

人们很早就开始接触配位化合物，最早有记载的配合物是 18 世纪初普鲁士人在染料作坊中用作染料的普鲁士蓝，1704 年，普鲁士染料厂的一名叫狄斯巴赫的工人将兽皮、兽血和碳酸钠在铁锅中一起煮沸，得到一种蓝色染料，即普鲁士蓝 $Fe_4[Fe(CN)_6]_3$。当时的配合物大多用于日常生活，原料也基本上是由天然取得的，比如杀菌剂胆矾和用作染料的普鲁士蓝。

配合物的研究始于 1798 年，法国化学家塔萨厄尔首次用二价钴盐、氯化铵与氨水制备出 $CoCl_3(NH_3)_6$，并发现铬、镍、铜、铂等金属与 Cl^-、H_2O、CN^-、CO 等也可以生成类似的化合物。1893 年瑞士化学家维尔纳首次提出了现代的配位键、配位数和配位化合物结构等一系列基本概念，也史称为"配位化学之父"，1913 年荣获诺贝尔化学奖。

现代配位化学在研究新类型配合物如夹心配合物和簇合物方面取得卓越成果，其中一个典型的例子便是蔡斯盐 $K[Pt(C_2H_4)Cl_3]$ 等，配合物作为一类抗癌新型药物在医疗临床应用上的研究也具有非常重要的意义。

一、配合物的组成

在蓝色的 $CuSO_4$ 溶液中加入过量的氨水，溶液就变成了深蓝色。实验证明，这种深蓝色的化合物是 $CuSO_4$ 和 NH_3 形成的复杂的分子间化合物 $[Cu(NH_3)_4]SO_4$。它在溶液中全部解离成复杂的 $[Cu(NH_3)_4]^{2+}$ 和 SO_4^{2-}：

$$[Cu(NH_3)_4]SO_4 \rightleftharpoons [Cu(NH_3)_4]^{2+} + SO_4^{2-}$$

溶液中 $[Cu(NH_3)_4]^{2+}$ 是大量的，它像弱电解质一样是难解离的。若向此溶液中滴加 $NaOH$ 溶液，没有蓝色的 $Cu(OH)_2$ 沉淀析出，这说明溶液中 Cu^{2+} 浓度很低。这是因为 NH_3 分子中的 N 原子有未成键的孤对电子，Cu^{2+} 的外层具有能接受孤对电子的空轨道，它们以配位键结合形成稳定的配位单元 $[Cu(NH_3)_4]^{2+}$。同样，$[Pt(NH_3)_2Cl_2]$ 是由 1 个 Pt^{2+} 和 2 个 NH_3、2 个 Cl^- 以配位键结合成的配位单元。这些由一个简单离子（或原子）与一定数目的阴离子或中性分子以配位键结合而成的具有一定特性的稳定的复杂离子或化合物称为配位单元。带电荷的配位单元称为配离子。根据配离子所带电荷的不同，可分为配位阳离子和配位阴离子，如 $[Cu(NH_3)_4]^{2+}$、$[Fe(CN)_6]^{4-}$。不带电荷的称为配位分子。含有上述类型配位单元的复杂化合物被称为配位化合物，通常以酸、碱、盐形式存在，也可以电中性的配位分子形式存在，如 $[Cu(NH_3)_4]SO_4$、$K_4[Fe(CN)_6]$、$[Fe(CO)_5]$ 等。配合物和配离子的定义虽有所不同，但在使用上没有严格的区分，习惯上把配离子也称为配合物。配合物的组成如图 8-1 所示。

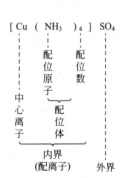

图 8-1　配合物的组成示意图

（1）中心离子　配合物的中心离子位于配合物的中心，是配合物的形成体，一般为带正电荷的过渡金属阳离子，其价电子层上具有接受孤对电子的空轨道，如 Cu^{2+}、Zn^{2+}、Ag^+、Cd^{2+}、Hg^{2+}、Fe^{3+} 和 Co^{2+} 等都是常见的中心离子。此外，中心离子还可以是高氧化数的非金属元素的阳离子或金属原子，如 $[SiF_6]^{2-}$ 中的 Si（Ⅳ）和 $[Ni(CO)_4]$ 中的 Ni 原子。

（2）配位体　在中心离子的周围并与其以配位键结合的阴离子或中性分子称为配位体，简称配体，与中心离子处于配合物的内界。如 F^-、CN^-、SCN^-、NH_3、CO、乙二胺等。提供配位体的物质称为配位剂，如 NaF、$KSCN$ 等。有时配位剂本身就是配位体，如 NH_3、H_2O 等。

在配位体中，提供孤对电子并与价层有空轨道的中心离子以配位键结合的原子称为配位原子，如 NH_3 的 N 原子、H_2O 中的 O 原子。配位原子通常是位于周期表中右上方的电负性较大的非金属原子，如 F、Cl、Br、I、N、O、S、C 等。

根据配位体中所含配位原子的数目不同，可将配位体分为单齿（又叫单基）配体和多齿（又叫多基）配体，如表 8-1 和表 8-2 所示。单齿配体是指只含有一个配位原子的配体，如 NH_3、X^-、CN^- 等。多齿配体是指一个配体中含有两个或两个以上配位原子（同时形成两个或两个以上配位键），如乙二胺分子（en）中含有两个配位原子，为二齿配体；乙二胺四乙酸（EDTA）分子中含有六个配位原子，为六齿配体。

表 8-1　常见的单齿配体

中性分子	配位原子	阴离子	配位原子	阴离子	配位原子
NH_3	N	F^-	F	—CN	C
H_2O	O	Cl^-	Cl	—NO_2（硝基）	N
CO（羰基）	C	Br^-	Br	—ONO（亚硝基）	O
CH_3NH_2（甲胺）	N	I^-	I	SCN^-（硫氰酸根）	S
H_2O	N	—OH（羟基）	O	NCS^-（异硫氰酸根）	O

表 8-2　常见的多齿配体

结构式	配位原子	名称（缩写）	结构式	配位原子	名称（缩写）
$^-O-C-C-O^-$（草酸根）	O	草酸根（OX）	（邻二氮菲结构）	N	邻二氮菲（o-pHen）
$H_2N-CH_2-CH_2-NH_2$	N	乙二胺（en）	$^-OOCCH_2 \quad H^+ \quad H^+ \quad CH_2COOH$ $HOOCCH_2 \quad NCH_2-CH_2N \quad CH_2COO^-$	N O	乙二胺四乙酸（EDTA）

由中心离子与多齿配体结合而成的具有环状结构的配合物称为螯合物，如 $[Cu(en)_2]^{2+}$。其配位体又称为螯合剂，螯合物中形成的环称为螯环，其结构以五元环或六元环最为稳定。由于螯环的形成，使螯合物比一般配合物稳定得多，而且环越多，螯合物越稳定。这种由于螯环的形成而使螯合物稳定性增加的作用称为螯合反应。

（3）配位数　在配合物中，与中心离子直接以配位键相结合的配位原子的总数，称为该中心离子的配位数。对单齿配位体，中心离子的配位数等于配位体的数目。

如在 $[Cu(NH_3)_4]SO_4$ 中，NH_3 是单齿配位体，则 Cu^{2+} 的配位数为 4，配位数等于配位体数。而对多齿配体，中心离子的配位数等于配体的数目乘以该配体的齿数。如在 $[Cu(en)_2]^{2+}$ 中，配位体的数目为 2，en 为二齿配体，所以 Cu^{2+} 的配位数是 4。

一般情况下，中心离子的配位数为 2～9，常见的是 2、4、6。配位数的多少主要取决于中心离子和配位体的性质（其电荷、半径、核外电子排布等）以及配合物形成时的外界条件（如浓度、温度）。增大配体浓度、降低反应温度将有利于形成高配位数的配合物。

（4）配离子的电荷　配离子的电荷等于中心离子和配位体所带电荷的代数和。由于配合物是电中性的，因此也可根据外界离子的电荷数来确定配离子的电荷。如在配合物 $[Cu(NH_3)_4]SO_4$ 中，外界离子 SO_4^{2-} 所带电荷为 -2，可以确定出配离子所带电荷为 $+2$。

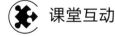 课堂互动

请指出配合物 $Na_2[SiF_6]$ 和 $[Cr(NH_3)(H_2O)_3Cl_2]SO_4$ 的内界、外界、中心离子、配位体、配原子和配位数。

二、配合物的命名

1. 配合物的化学式

书写配离子化学式时应先写中心离子的元素符号，再写阴离子和中性分子配位体，并在配位体的右下角注明数目，配离子要写在方括号内。

值得注意的是，在书写阴离子配位体时，不需表明阴离子所带的电荷数；含有两种以上配位体的配离子，配位体则是按照先阴离子、后中性分子的顺序排列。若配位体均为阴离子或中性分子，则按照配位原子的英文字母顺序排列。

配合物分子的内界和外界则是按照先阳离子、后阴离子的顺序排列。

2. 配合物的命名原则

配位化合物组成较复杂，需按统一的规则命名，规则如下。

（1）配离子的命名　按照配位体的个数（用中文一、二、三等注明）——→配位体的名称——→"合"——→中心离子的名称——→中心离子的氧化数（加括号，用罗马数字注明）——→配离子的顺序依次进行命名。如 $[FeF_6]^{3-}$ 命名为六氟合铁（Ⅲ）配离子；氧化数为零的也可以不标出"配离子"，如 $[Fe(CO)_5]$ 命名为五羰基合铁。

如果配离子中包含两种或两种以上的配位体，不同配位体的名称之间可以用圆点"·"分开。不同配位体命名的先后顺序为：先无机配位体，后有机配位体；先阴离子后中性分子；如果是相同类型的配位体，则按配位原子元素符号英文字母顺序排列。

例如：$[Co(NH_3)_5H_2O]^{3+}$ 命名为五氨·一水合钴（Ⅲ）配离子。

在命名配离子时应注意以下问题：

①　某些配位体具有相同的化学式，但由于配位原子不同，应用不同的名称来表示。如 SCN^- 表示硫氰酸根，硫原子是配位原子；NCS^- 表示异硫氰酸根，氮原子为配位原子。

②　某些配位体采用习惯命名，如"CO"通常称为羰基，"NO_2"称为硝基，而 SCN^- 和 CN^- 则简称为硫氰和氰等。

③　在有关配合物的文献中，广泛采用缩写符号，如"en"表示乙二胺、"pn"表示丙二胺、"py"表示吡啶等。

（2）配合物的命名　配合物的命名遵循一般无机化合物的命名原则，即按照"阴离子在前，阳离子在后"的原则进行命名。

如果配离子为阳离子，而外界为简单阴离子，则称为"某化某"，如 $[Mn(H_2O)_6]Cl_2$，命名为氯化六水合锰（Ⅱ）。

如果配离子为阳离子，而外界为复杂的酸根离子，则称为"某酸某"，如 $[Cu(NH_3)_4]SO_4$ 命名为硫酸四氨合铜（Ⅱ）。

如果配离子为阴离子，则可将其视为酸根进行命名，即在配离子与外界之间用"酸"字连接。若外界为氢离子，则在配阴离子之后缀以"酸"字即称为"酸"。如 $H_2[PtCl_6]$ 命名为六氯合铂（Ⅳ）酸，而 $K_2[PtCl_6]$ 则可命名为六氯合铂（Ⅳ）酸钾。

 课堂互动

请用系统命名法命名下列配合物：

1. $H_4[Fe(CN)_6]$　2. $[Ag(NH_3)_2]OH$　3. $[CrCl_2(H_2O)_4]Cl$　4. $[Co(NO_2)_3(NH_3)_3]$

 提纲挈领

1. 配合物的组成　中心离子、配位体、配位原子、配位数。

2. 配离子的命名 按照配位体的个数（用中文一、二、三等注明）——→配位体的名称——→"合"——→中心离子的名称——→中心离子的氧化数（加括号，用罗马数字注明）——→配离子的顺序依次进行命名。

3. 配合物的命名 配合物的命名遵循一般无机化合物的命名原则，即按照"阴离子在前，阳离子在后"的原则进行命名。

第二节 配位平衡

一、配位平衡常数

在配位反应中，配合物的形成与解离处于相对平衡时，反应达到了平衡状态。

$$M + nL \rightleftharpoons ML_n$$

其平衡常数为：

$$K = \frac{[ML_n]}{[M][L]^n} \tag{8-1}$$

式中，M 表示金属离子；L 表示配位剂。该常数反映了配合物 ML_n 稳定性的大小，称为配合物的稳定常数，用 $K_稳$ 或 $\lg K_稳$ 表示。K 值越大，表明配合物越稳定。不同的配合物，其稳定常数不同。应当注意，在书写配合物的稳定常数表达式时，所有浓度均为平衡浓度。

对于 ML_n 型的配合物，其反应生成配合物的过程一般是分步进行的，每一步都有配位平衡状态及其相应的平衡常数，称为分步稳定常数或逐级稳定常数。

配位平衡　　　　　　各级稳定常数

$$M + L \rightleftharpoons ML \qquad K_1 = \frac{[ML]}{[M][L]}$$

$$ML + L \rightleftharpoons ML_2 \qquad K_2 = \frac{[ML]}{[ML][L]}$$

$$\vdots \qquad\qquad \vdots$$

$$ML_{n-1} + L \rightleftharpoons ML_n \qquad K_n = \frac{[ML_n]}{[ML_{n-1}][L]}$$

总反应为：　$M + nL \rightleftharpoons ML_n \qquad K_稳 = \frac{[ML_n]}{[M][L]^n}$

根据多重平衡规则，得：

$$K_稳 = K_1 K_2 \cdots K_n \tag{8-2}$$

在多配位体配位平衡中，配合物的逐级稳定常数之间一般相差不大，说明各级配合物成分都占有一定的比例，这就使得计算配合物溶液中各种型体的浓度变得比较复杂。在实际工作中，一般总是加入过量的配位剂。这时，配位平衡会最大限度地向生成配合物的方向移动，可以认为溶液中的主要成分是最高配位数的配合物，而其他型体的配合物可以忽略不计，然后利用配合物的总稳定常数进行相关计算，可以使计算大大简化。

二、配位平衡的移动

金属离子 M 和配位体 L 通过配位键结合成的配合物或配离子 ML_n，在水溶液中存在配合解离平衡：

$$M + nL \rightleftharpoons ML_n$$

配位平衡也是一种动态平衡状态，改变平衡的影响条件之一，平衡就会发生移动。它同溶液的 pH 值、沉淀反应、氧化还原反应等有密切关系。

1. 酸度的影响

在配合物中，很多配体是弱酸阴离子或弱碱，改变溶液的酸度可使配位平衡发生移动。如 $[Fe(CN)_6]^{3-}$，增加 H^+ 浓度，解离程度增大；相反，降低溶液的酸度，金属离子有可能发生水解，当 OH^- 浓度增加到一定程度时，会生成氢氧化物沉淀，使配离子发生解离，导致平衡移动。所以，为使配离子在溶液中稳定存在，必须将溶液的酸度控制在一定范围。

2. 沉淀平衡的影响

在配离子的溶液中，加入适当的沉淀剂，可使中心离子生成难溶物质，配位平衡遭到破坏。如在 $[Cu(NH_3)_4]^{2+}$ 配离子的溶液中加入 S^{2-}，S^{2-} 与配离子解离出来的 Cu^{2+} 生成难溶物质 CuS，而使配位平衡发生移动。

3. 氧化还原平衡的影响

在配位平衡体系中，加入能与中心离子发生反应的氧化剂或还原剂，也可使配位平衡移动。氧化还原电对的电极电位会因配合物的生成而改变，相应物质的氧化还原能力也会发生改变。

如在加入 $[Fe(CN)_6]^{4-}$ 的溶液中加入 Cu^+，发生下列反应：

$$[Fe(CN)_6]^{4-} + Cu^+ \rightleftharpoons [Fe(CN)_6]^{3-} + Cu$$

4. 配位反应之间的转化

在配合物溶液中，加入一种能与中心离子生成新配离子的配体，可能出现两种情况，一是新生成的配离子稳定性小于原配离子，这使新配离子不能存在，溶液中的配位平衡不受影响；二是新生成的配离子的稳定性大于原配离子，则溶液中配位平衡将遭到破坏，平衡向新配离子生成的方向移动。

 提纲挈领

1. 在配位反应中，配合物的形成与解离处于相对平衡时，反应达到了平衡状态。其平衡常数为：$K = \dfrac{[ML_n]}{[M][L]^n}$。$K$ 值越大，表明配合物越稳定。

2. 配位平衡也是一种动态平衡状态，改变平衡的影响条件之一（主要受酸度、沉淀平衡、氧化还原平衡、配位反应之间的转化的影响），平衡就会发生移动。

第三节   EDTA 及其配合物

一、EDTA 的性质及其解离平衡

乙二胺四乙酸是一种四元弱酸，习惯上缩写符号用 H_4Y 表示。乙二胺四乙酸在水中的溶解度较小，室温时在水中溶解度很小，约 0.02g/100g 水，不宜作配位滴定的滴定剂，所以分析上通常采用它的二钠盐 $Na_2H_2Y \cdot 2H_2O$ 代替，一般也用 EDTA 表示。EDTA 二钠盐易溶于水，在室温下，每 100mL 水能溶解 11.1g，其饱和水溶液的浓度约为 $0.3mol \cdot L^{-1}$。

在水溶液中，EDTA 两个羧基上的 H^+ 转移到 N 原子上，形成双偶极离子，其结构为：

$$\begin{array}{c} {}^-OOCCH_2 \\ HOOCCH_2 \end{array} \!\!\!\!\!\diagdown \!\!\!\!\! \begin{array}{c} H^+ \\ NCH_2 - CH_2N \\ {} \end{array} \!\!\!\!\!\diagup\!\!\!\!\! \begin{array}{c} H^+ \\ CH_2COOH \\ CH_2COO^- \end{array}$$

当 EDTA 溶解于酸度很高的溶液中时，它的两个羧基可再接受 H^+ 而形成 H_6Y^{2+}，这样 EDTA 就相当于六元酸：

$$H_6Y^{2+} \Longrightarrow H^+ + H_5Y \qquad K_{a1} = 1.26 \times 10^{-1}$$

$$H_5Y^+ \Longrightarrow H^+ + H_4Y \qquad K_{a2} = 2.51 \times 10^{-2}$$

$$H_4Y \Longrightarrow H^+ + H_3Y^- \qquad K_{a3} = 1.00 \times 10^{-2}$$

$$H_3Y^- \Longrightarrow H^+ + H_2Y^{2-} \qquad K_{a4} = 2.16 \times 10^{-3}$$

$$H_2Y^{2-} \Longrightarrow H^+ + HY^{3-} \qquad K_{a5} = 6.92 \times 10^{-7}$$

$$HY^{3-} \Longrightarrow H^+ + Y^{4-} \qquad K_{a6} = 5.50 \times 10^{-11}$$

因此 EDTA 在水溶液中有七种型体。为书写简便，常将电荷略去，表示为 H_6Y、H_5Y、H_4Y、H_3Y、H_2Y、HY 和 Y，其中只有 Y 型体能与金属离子形成配合物。这七种型体在不同 pH 条件下的分布如表 8-3 和图 8-2 所示。

表 8-3　EDTA 七种型体在不同 pH 条件下的存在形式

pH 值	主要存在型体
pH<0.9	H_6Y^{2+}
0.9~1.6	H_5Y^+
1.6~2.16	H_4Y
2.16~2.67	H_3Y^-
2.67~6.16	H_2Y^{2-}
6.16~10.2	HY^{3-}
10.2~12	主要 Y^{4-}
pH≥12	几乎全部 Y^{4-}

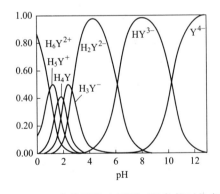

图 8-2　EDTA 七种型体在不同 pH 条件下分布情况

二、EDTA 与金属离子配位的特点

在配位滴定中测定金属离子最常用的配位剂是 EDTA，其作为六齿配位体可与大多数金属离子形成稳定的配合物，具有以下特点。

（1）形成的配合物组成一定　一般情况下，EDTA 与大多数金属离子反应的配位比均为 $1:1$，而与金属离子的价态无关，计量关系简单。忽略去电荷数。反应式可简写成通式：

$$M + Y \Longrightarrow MY$$

只有极少数高价金属离子，如锆（Ⅳ）、钼（Ⅵ）等与 EDTA 形成 21 型配合物。

（2）形成的配合物相当稳定　除一价碱金属离子外，大多数金属离子与 EDTA 形成的配合物都是非常稳定的。EDTA 为六齿配位体，其中四个羧基氧和两个氨基氮，均可与金属离子发生配位反应，形成具有多个五元环的螯合物，增大了 EDTA 与金属离子形成配合物的稳定性。

（3）配位反应比较迅速　大多数金属离子与 EDTA 形成配合物时的反应瞬间即可完成，只有极少数金属离子室温下反应较慢，如 Cr^{3+}、Fe^{3+}、Al^{3+}。

（4）形成的配合物易溶于水　EDTA 分子中含有四个亲水的羧氧基团，因而与金属离子形成的配合物多带电且可溶。而且，EDTA 与无色金属离子形成无色配合物，如 CaY、ZnY、AlY 等；而与有色金属离子形成的配合物则颜色加深，如 CoY 为玫瑰色、CuY 为深蓝色、FeY 为黄色等。

（5）配位能力随着 pH 增大而增强　EDTA 与金属离子的配位能力随溶液 pH 增大而增强，这是 EDTA 解离产生的 Y^{4-} 的浓度随溶液 pH 增大而增大的缘故。

上述特性表明 EDTA 与金属离子的配合反应符合滴定分析的要求，是一种良好的配位滴定剂。但也有不足之处，比如方法的选择性较差，有时生成的配合物颜色太深时，使终点观察困难等。

三、EDTA 配合物的解离平衡

（一）EDTA 与金属离子形成配合物的稳定常数

EDTA 与金属离子反应，生成 1:1 的配合物，反应通式为：

$$M + Y \rightleftharpoons MY$$

在配位滴定法中，这个反应是配位滴定的主反应，到达平衡时配合物的稳定常数为：

$$K_{稳} = \frac{[MY]}{[M][Y]} \tag{8-3}$$

$K_{稳}$ 也可以用 K_{MY} 表示。EDTA 与常见金属离子所生成配合物的稳定常数如表 8-4。

表 8-4　EDTA 与金属离子形成配合物的稳定常数

金属离子	$\lg K_{MY}$	金属离子	$\lg K_{MY}$	金属离子	$\lg K_{MY}$
Na^+	1.66	Ce^{3+}	15.98	Hg^{2+}	21.80
Li^+	2.79	Al^{3+}	16.10	Sn^{2+}	22.10
Ag^+	7.32	Co^{2+}	16.31	Th^{4+}	23.20
Ba^{2+}	7.86	Cd^{2+}	16.46	Cr^{2+}	23.40
Sr^{2+}	8.73	Zn^{2+}	16.50	Fe^{3+}	25.42
Mg^{2+}	8.64	Pb^{2+}	18.04	U^{4+}	25.80
Ca^{2+}	11.00	Y^{2+}	18.09	V^{3+}	25.90
Mn^{2+}	13.80	Ni^{2+}	18.66	Bi^{2+}	27.94
Fe^{2+}	14.30	Cu^{2+}	18.83	Sn^{4+}	34.50

注：溶液离子强度 $I = 0.1$，温度 20℃。

由表 8-4 可以看出，不同的金属离子与 EDTA 所形成配合物的稳定常数并不相同，这与金属离子本身的结构和性质有关。金属离子电荷数越高，离子半径越大，电子层结构越复杂，配合物的稳定常数就越大。

上述稳定常数是当金属离子与 EDTA 在没有任何副反应发生的条件下所生成配合物的稳定常数，我们把它称为绝对稳定常数。一般说来，当 $\lg K_{稳} \geqslant 8$ 时，配合物比较稳定，该金属离子可以用配位滴定法进行滴定。

(二) 影响配位平衡的因素

在配位滴定中，除了待测金属离子 M 与 Y 的主反应外，溶液中反应物 M 与 Y 及反应产物 MY 都可能受到其他因素（如溶液的酸度、其他配位剂、共存离子等）的影响而发生副反应。副反应的存在将影响主反应进行的程度和配合物 MY 的稳定性。其综合影响如下式所示：

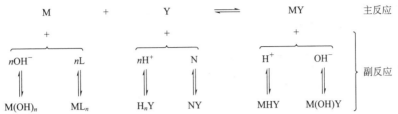

综合反应式中，L 为其他辅助配位剂，N 为共存干扰离子。除主反应外，其他反应皆称为副反应。

在各种副反应中，若反应物 M 或 Y 发生了副反应，则不利于主反应的进行；若反应产物 MY 发生了副反应，则有利于主反应的进行。下面主要讨论对配位平衡影响较大的 EDTA 的酸效应和金属离子 M 的配位效应。

1. EDTA 的酸效应和酸效应系数

当金属离子 M 与 Y 进行主反应的同时，溶液中的 H^+ 也会与 Y 结合，生成其各种形式的共轭酸，使游离 Y 的浓度下降，不利于 MY 的形成，从而降低了 MY 的稳定性，Y 的配位能力随着 H^+ 浓度的增加而降低。这种由于溶液中 H^+ 的存在，使配位剂 EDTA 参加主反应的能力降低的现象称为 EDTA 的酸效应。可表示如下：

$$M \ + \ Y \rightleftharpoons \ MY$$
$$+$$
$$H^+$$
$$\Updownarrow$$
$$HY$$
$$\vdots$$
$$H_6Y$$

其影响程度的大小可用酸效应系数 $\alpha_{Y(H)}$ 表示（Y 表示配体，H 表示由溶液中的 H^+ 引起的副反应，即酸效应）。酸效应系数表示在一定 pH 条件下未参加配位反应的 EDTA 各种型体总浓度 C_Y 与游离滴定剂 Y 的平衡浓度 $[Y]$ 之比：

$$\alpha_{Y(H)} = \frac{c_Y}{[Y]} \tag{8-4}$$

式中，c_Y 为 EDTA 的总浓度，$c_Y = [Y] + [HY] + [H_2Y] + [H_3Y] + [H_4Y] + [H_5Y] + [H_6Y]$。

可见，$\alpha_{Y(H)}$ 在一定的 pH 条件下，未与金属离子发生配位的 EDTA 各种型体的总浓度是游离的 Y 平衡浓度的多少倍，显然 $\alpha_{Y(H)}$ 是 Y 的分布分数 δ_Y 的倒数。并可根据 EDTA 的各级解离常数及溶液中的 H^+ 浓度计算出来。

$$\alpha_{Y(H)} = \frac{[Y] + [HY] + [H_2Y] + [H_3Y] + [H_4Y] + [H_5Y] + [H_6Y]}{[Y]} = \frac{1}{\delta_Y}$$

经推导、整理得：

$$\alpha_{Y(H)} = 1 + \frac{[H^+]}{K_{a6}} + \frac{[H^+]^2}{K_{a5}K_{a6}} + \cdots + \frac{[H^+]^6}{K_{a1}K_{a2}K_{a3}K_{a4}K_{a5}K_{a6}} \tag{8-5}$$

显然，$\alpha_{Y(H)}$ 与溶液的酸度有关，溶液的酸度越高，$\alpha_{Y(H)}$ 越大，表示参加配位反应的 Y 的浓度越小，即酸效应引起的副反应越严重。当 $\alpha_{Y(H)} = 1$ 时，才说明 Y 没有发生副反应。此时，Y 的配位能力是最强的。

$\alpha_{Y(H)}$ 是 EDTA 滴定中常用的重要副反应系数，是判断 EDTA 能否滴定某种金属离子的重要参数。表 8-5 列出了 EDTA 在不同 pH 时的酸效应系数。

表 8-5　不同 pH 时 EDTA 的 $\lg\alpha_{Y(H)}$

pH	$\lg\alpha_{Y(H)}$	pH	$\lg\alpha_{Y(H)}$	pH	$\lg\alpha_{Y(H)}$
0.0	23.64	3.4	9.70	6.8	3.55
0.4	21.32	3.8	8.85	7.0	3.32
0.8	19.08	4.0	8.44	7.5	2.78
1.0	18.01	4.4	7.64	8.0	2.27
1.4	16.02	4.8	6.84	8.5	1.77
1.8	14.27	5.0	6.45	9.0	1.28
2.0	13.51	5.4	5.69	9.5	0.83
2.4	12.19	5.8	4.98	10.0	0.45
2.8	11.09	6.0	4.65	11.0	0.07
3.0	10.06	6.4	4.06	12.0	0.01

由表 8-5 可以看出，只有当溶液的 pH 大于 12 时，酸效应系数近似等于 1，此时 EDTA 的配位能力是最强的；pH 小于 12 时，酸效应系数都是大于 1 的。

2. 金属离子的配位效应及配位效应系数

当金属离子 M 与滴定剂 EDTA 发生配位时，溶液中如有其他能与金属离子 M 反应的配合剂 L 存在，L 与 M 也会发生配位反应，会使金属离子 M 参加主反应的能力降低，同时也降低了 MY 的稳定性。

这种由于其他配位剂存在，使金属离子参加主反应能力降低的现象，称为金属离子的配位效应。配位效应对主反应的影响程度通常用配位效应系数来衡量。配位效应系数是指未与 Y 发生配位反应的各种金属离子总浓度 c_M 与游离的金属离子浓度 [M] 之比，用符号 $\alpha_{M(L)}$ 表示。

$$\alpha_{M(L)} = \frac{c_M}{[M]} \tag{8-6}$$

式中，c_M 为金属离子的总浓度，$c_M = [M] + [ML] + [ML_2] + [ML_3] + \cdots + [ML_n]$。

$\alpha_{M(L)}$ 的大小与溶液中其他配位剂 L 的浓度及其与金属离子 M 的配位能力有关。若配位剂 L 的配位能力越强，浓度越大，则 $\alpha_{M(L)}$ 越大，表示金属离子被 L 配位得越完全，游离金属离子 M 的浓度越小，即金属离子 M 的副反应程度越严重。

3. 配合物的条件稳定常数

当没有任何副反应存在时，配合物 MY 的稳定常数用 $K_{稳}$ 或 K_{MY} 来表示，它不受溶液浓度、酸度等外界条件的影响，所以又称绝对稳定常数。它只有在 EDTA 全部解离成 Y 的时候，并且金属离子 M 的浓度没有受到其他外界条件的影响时才适用。但在实际条件下，配位滴定中伴随着各种副反应的发生，用绝对稳定常数 $K_稳$ 来衡量金属离子 M 与 EDTA 反应进行的程度显然是不准确的，为此引入条件稳定常数的概念。

条件稳定常数也称为表观稳定常数，它是将各种副反应如酸效应、配位效应、共存离子效应、羟基化效应等因素综合考虑之后所得到的 MY 的实际稳定常数，用 $K'_稳$ 或 K'_{MY} 表示。

在各种影响 EDTA 与金属离子 M 配位的副反应中，EDTA 的酸效应和金属离子的配位效应是最突出的两种因素。若只考虑这两种因素的影响，则条件稳定常数 $K'_稳$ 的计算式为：

$$K'_稳 = \frac{[MY]}{c_M c_Y} \tag{8-7}$$

将式（8-4）和式（8-6）代入上式：

$$K'_稳 = \frac{[MY]}{[M]\alpha_{M(L)}[Y]\alpha_{M(H)}} = \frac{K_稳}{\alpha_{M(L)}\alpha_{M(H)}} \tag{8-8}$$

转换成为对数式，可以表示为：

$$\lg K'_稳 = \lg K_稳 - \lg \alpha_{M(L)} - \lg \alpha_{Y(H)} \tag{8-9}$$

这些溶液不存在其他配位剂 L 或者尽量存在配位剂 L，但其不与待测金属离子 M 发生反应，只需考虑酸效应对配位平衡的影响，则：

$$\lg K'_稳 = \lg K_稳 - \lg \alpha_{Y(H)} \tag{8-10}$$

上式表明，配合物的稳定性受溶液酸度的影响。其稳定常数 K 随溶液 pH 的不同而变化，其大小反映了在相应的 pH 条件下形成配合物的实际稳定程度。因为酸效应系数 $\alpha_{Y(H)}$ 除了在 pH≥12 时等于 1，其他条件下都大于 1，所以 $K'_稳$ 一般都小于 $K_稳$。

在配位滴定中选择和控制滴定的最佳酸度时，K 有着重要的意义，它是判断配位滴定可能性的重要依据，只有当 $\lg K'_稳 ≥ 8$ 时，EDTA 和金属离子的浓度都是大约 0.01mol·L^{-1} 的条件下，该金属离子才能用 EDTA 准确滴定。

【例题 8-1】 若只考虑酸效应，计算 pH＝2.0 和 pH＝5.0 时 ZnY 的条件稳定常数 $\lg K'_稳$ 值。

解 查表 8-4 可知 $\lg K_稳 = 16.50$

（1）pH＝2.0 时，查表 8-5，可得 $\lg \alpha_{Y(H)} = 13.51$

则 $\lg K'_稳 = \lg K_稳 - \lg \alpha_{Y(H)} = 16.50 - 13.51 = 2.99$

（2）pH＝5.0 时，查表 8-5，可得 $\lg \alpha_{Y(H)} = 6.45$

则 $\lg K'_稳 = \lg K_稳 - \lg \alpha_{Y(H)} = 16.50 - 6.45 = 10.05$

由计算可知，在 pH＝2.0 时，由于酸效应严重，$\lg K'_稳$ 仅为 2.99，说明 ZnY 配合物在此条件下很不稳定，因而不能用 EDTA 准确滴定 Zn^{2+}。而在 pH＝5.0 时，酸效应的影响大幅度下降，$\lg \alpha_{Y(H)}$ 仅为 6.45，$\lg K'_稳$ 达到了 10.05，表明 ZnY 在此条件下相当稳定，配位反应能进行完全，因此，可以用 EDTA 准确滴定 Zn^{2+}。

4. 配位滴定中酸度的选择

在配位滴定中，溶液的酸度会影响配合物的稳定性和配位反应进行的完全程度。溶液的 pH 越大，酸度越低，$\lg \alpha_{Y(H)}$ 越小，$\lg K'_稳$ 越大，配合物的稳定性越高，滴定反应进行得越完全，对滴定分析越有利。

对于绝对稳定常数 $\lg K_稳$ 小于 8 的金属离子，因其与 EDTA 生成的配合物稳定性差，配位反应进行得不完全，所以不能用配位滴定法测定。

对于绝对稳定常数 $\lg K_稳 ≥ 8$ 的金属离子，在配位滴定中必须考虑酸度对配位反应的影响。由于 $\lg K'_稳 = \lg K_稳 - \lg \alpha_{Y(H)}$，若溶液 pH 降低（酸度升高），$\lg \alpha_{Y(H)}$ 增大，$\lg K'_稳$ 将降低，当溶液的 pH 降低到一定值时，金属离子与 EDTA 生成的配合物的稳定性不再符合配位滴定要求，该金属离子在该酸度条件下不能用 EDTA 进行滴定。因此，把该 pH 称为测定该金属离子的最低 pH，也称最高酸度。不同金属离子的 $K_稳$ 不同，其滴定时所允许的最低 pH 也不相同。

要确定各种金属离子 M 滴定时允许的最低 pH，可以通过如下的方法进行求得。

一般滴定分析的允许误差为 0.1%，现假设 M 和 EDTA 的初始浓度约 $0.02\text{mol} \cdot \text{L}^{-1}$，滴定到达化学计量点时，溶液体积增大了一倍，配位反应基本完全，形成配合物 MY，此时，$[MY] \approx 0.01\text{mol} \cdot \text{L}^{-1}$，$[M] = [Y] \approx 0.1\% \times 0.01\text{mol} \cdot \text{L}^{-1} = 10^{-5}\text{mol} \cdot \text{L}^{-1}$，代入平衡常数表达式，即当 $\log K'_{MY} \geqslant 8$ 时才能得到准确的分析结果，若只考虑酸效应的而其他各种影响因素忽不计，则：

$$\lg K'_{MY} = \lg K_{MY} - \lg \alpha_{Y(H)} \geqslant 8$$

即：

$$\lg \alpha_{Y(H)} \leqslant \lg K_{MY} - 8$$

依据上式求出，然后查表 8-3 得到对应的 pH，即为滴定某金属离子时所允许的最低 pH。

【例题 8-2】 已知 Mg^{2+} 和 EDTA 的浓度都是 $0.01\text{mol} \cdot \text{L}^{-1}$。试求：（1）pH=6.0 时的 $\lg K'_{MgY}$，并判断能否用 EDTA 准确滴定；（2）若在 pH=6.0 时不能用 EDTA 准确滴定 Mg^{2+}，试确定滴定允许的最低 pH。

解 查表 8-4 得 $\lg K_{MgY} = 8.64$

（1）pH=6.0 时，查表 8-5 得 $\lg \alpha_{Y(H)} = 4.65$，则：

$$\lg K'_{MgY} = \lg K_{MgY} - \lg \alpha_{Y(H)} = 8.64 - 4.65 = 3.99 < 8$$

所以，在 pH=6.0 时不能用 EDTA 准确滴定 Mg^{2+}。

（2）在 Mg^{2+} 和 EDTA 的浓度都是 $0.01\text{mol} \cdot \text{L}^{-1}$ 时，如果 Mg^{2+} 能够被 EDTA 准确滴定，则必须使 $\lg K'_{MgY} \geqslant 8$，即：

$$\lg K'_{MgY} = \lg K_{MgY} - \lg \alpha_{Y(H)} \geqslant 8$$

即：

$$\lg \alpha_{Y(H)} \leqslant \lg K_{MgY} - 8 = 8.64 - 8 = 0.64$$

查表 8-5 得 $\alpha_{Y(H)} = 0.64$ 时，对应的 pH ≈ 10.0，这一 pH 即为滴定 Mg^{2+} 的最低 pH，在 pH ≥ 10.0 的溶液中，用 EDTA 可以准确滴定 Mg^{2+}。

不同金属离子与 EDTA 生成的配合物的稳定性不同，绝对稳定常数也不同，所以其所对应的最低 pH 也不相同。金属离子的绝对稳定常数 K 越大，其所对应的最低 pH 越低。

 提纲挈领

1. EDTA 在水溶液中有七种型体。为书写简便，常将电荷略去，表示为 H_6Y、H_5Y、H_4Y、H_3Y、H_2Y、HY 和 Y。其中只有 Y 型体能与金属离子形成配合物。

2. EDTA 与金属离子配位有以下特点：形成的配合物组成一定；形成的配合物相当稳定；配位反应比较迅速；形成的配合物易溶于水；配位能力随着 pH 增大而增强。

 知识拓展

酸效应曲线及其应用

将常见金属离子的稳定常数的对数值 $\lg K_{MY}$ 与滴定所允许的最低 pH 绘成 $\text{pH-}\lg K_{MY}$ 曲线，称为 EDTA 的酸效应曲线，如图 8-3 所示。

酸效应曲线可以用来确定滴定所允许的最低 pH，判断滴定干扰情况，以及用来控制酸度进行连续滴定。

（1）确定滴定时所允许的最低 pH 条件。从图 8-3 曲线上对应确定滴定各金属离子所允

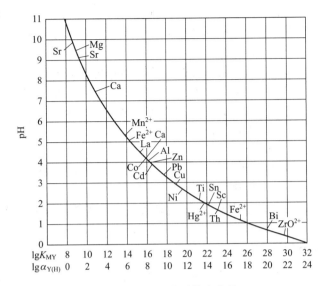

图 8-3　EDTA 的酸效应曲线

许的最低 pH。如果小于该 pH，则金属离子与 EDTA 就配位不完全，甚至完全不能配位。例如，滴定 Fe^{3+} 时，pH 必须大于 1；滴定 Zn^{2+} 时，pH 必须大于 4。实际滴定时所采用的 pH 要比允许的最低 pH 高一些，这样可以保证被滴定的金属离子配位更完全。但要注意，过高的 pH 可能会引起金属离子的羟基化反应（或水解反应），形成羟基化合物（或氢氧化物沉淀）。例如，滴定 Mg^{2+} 时，pH 应大于 10.0，但 pH 要小于 12，否则 Mg^{2+} 将生成 $Mg(OH)_2$ 沉淀而不与 EDTA 配位。

（2）判断滴定干扰情况。从曲线上可以判断在一定 pH 条件下滴定某金属离子时，哪些离子有干扰。一般而言，酸效应曲线上待测金属离子右下方的离子都干扰测定。例如，在 pH＝4 时滴定 Zn^{2+}，若溶液中存在 Pb^{2+}、Cu^{2+} 等，它们都能与 EDTA 配位而干扰 Zn^{2+} 的测定。

（3）控制溶液酸度进行连续滴定。从曲线上可以看出，通过控制溶液酸度的办法，在同一溶液中连续滴定几种金属离子。一般来说，曲线上相隔越远的离子越容易用控制溶液酸度的方法来进行选择性的滴定或连续滴定。例如，溶液中含有 Bi^{3+}、Zn^{2+} 和 Mg^{2+}，可在 pH＝1 时滴定 Bi^{3+}，然后调节溶液 pH 为 5～6 时滴定 Zn^{2+}，最后再调节溶液 pH＝10.0 时滴定 Mg^{2+}。

需要特别说明的是，酸效应曲线是在一定条件和要求下得出的，它以被滴定金属离子的分析浓度 c_M 为 $0.01mol \cdot L^{-1}$、测定时允许的相对误差为 $\pm 0.1\%$ 作为特定条件，且只考虑了酸度对 EDTA 的影响，而没有考虑溶液 pH 对金属离子 M 和配合物 MY 的影响，也没考虑其他配位剂存在的影响。所以由此得出的是较粗略的结果，实际分析时应视具体情况灵活运用。

第四节　配位滴定法

一、EDTA 标准溶液的配制与标定

1. EDTA 标准溶液的配制

由于乙二胺四乙酸在水中的溶解度小，所以常用其含有两个结晶水的二钠盐，也称为

EDTA 二钠（$Na_2H_2Y \cdot 2H_2O$）来配制。对于纯度较高的 EDTA 可用直接配制法配制标准溶液，但其提纯方法比较复杂，且试剂常含有湿存水及少量其他杂质，故 EDTA 标准溶液一般采用间接法配制。

配位滴定对蒸馏水的要求比较高，若配制溶液的水中含有 Ca^{2+}、Mg^{2+}、Pb^{2+}、Sn^{2+} 等，会消耗部分 EDTA，随测定情况的不同对测定结果产生不同的影响。若水中含有 Al^{3+}、Cu^{2+} 等，会对某些指示剂有封闭作用，使终点难以判断。因此，在配位滴定中为保证质量，最好选用去离子水或二次蒸馏水，即应符合 GB/T 6682—2008《分析实验室用水规格》中二级用水标准。

常用 EDTA 标准溶液的浓度为 $0.01 \sim 0.1 mol \cdot L^{-1}$，配制时称取一定质量的 EDTA 二钠盐，加适量蒸馏水溶解（必要时可加热），冷却后稀释至所需体积，摇匀。

为防止 EDTA 溶液溶解玻璃中 Ca^{2+} 形成 CaY，EDTA 溶液应储存在聚乙烯塑料瓶或硬质玻璃瓶中。

2. EDTA 标准溶液的标定

标定 EDTA 溶液的基准试剂很多，如纯金属锌、铜、铅、氧化锌、碳酸钙等。国家标准中采用氧化锌作基准试剂，使用前 ZnO 应该在 $800℃ \pm 50℃$ 的高温炉中灼烧至恒重，然后置于干燥器中。称取一定质量的氧化锌加盐酸溶解后加入适量水，用氨水调解溶液 pH 为 $7 \sim 8$，加氨-氯化铵缓冲溶液（pH ≈ 10），以铬黑 T 为指示剂，用待标定 EDTA 溶液滴定至溶液由酒红色变纯蓝色。其标定反应及指示剂颜色变化为：

滴定开始前　　　　$Zn^{2+} + 铬黑 T \longrightarrow Zn^{2+}\text{-}铬黑 T$

滴定过程中　　　　$Zn^{2+} + Y \longrightarrow ZnY$

化学计量点　　　　$Zn^{2+}\text{-}铬黑 T + Y \longrightarrow ZnY + 铬黑 T$

　　　　　　　　　　　（酒红色）　　　　　　　　　（纯蓝色）

标定 EDTA 标准溶液时应同时做空白试验，EDTA 标准溶液的浓度按下式计算：

$$c_{EDTA} = \frac{m_{ZnO} \times 10^3}{M_{ZnO}(V - V_0)}$$

式中，V 为标定时消耗 EDTA 溶液的体积，mL；V_0 为空白试验时消耗 EDTA 溶液的体积，mL。

配位滴定的测定条件与待测组分及指示剂的性质有关。为了消除系统误差，提高测定的准确度，在选择基准试剂时应注意使标定条件与测定条件尽可能一致。如测定 Ca^{2+}、Mg^{2+} 用的 EDTA，最好用 $CaCO_3$ 作基准试剂进行标定。

二、金属离子指示剂

1. 金属指示剂的作用原理

在配位滴定中可以采用多种方法指示滴定终点，但最常用的是金属指示剂法。

金属指示剂通常是一种配位剂（可用 In 表示），它能和金属离子 M 生成与其本身的颜色（甲色）明显不同的有色配合物（乙色）。

$$M + In \rightleftharpoons MIn$$

　　　　指示剂（甲色）　　指示剂-金属配合物（乙色）

例如，铬黑 T 在 pH = 10 的水溶液中呈纯蓝色，与 Mg^{2+} 所形成配合物的颜色为酒红色。若在 pH = 10 时用 EDTA 滴定 Mg^{2+}，滴定开始前加入指示剂铬黑 T，铬黑 T 与溶液中的部分 Mg^{2+} 发生反应，生成酒红色配合物 Mg^{2+}-铬黑 T。随着 EDTA 的加入，EDTA 逐渐与 Mg^{2+} 反应，在化学计量点附近，Mg^{2+} 的浓度降低，滴入的 EDTA 进而夺取了 Mg^{2+}-

铬黑 T 当中的 Mg^{2+}，使铬黑 T 游离出来而呈现其本身的纯蓝色，指示滴定终点的到达。

滴定开始前 　　　$Mg^{2+} + 铬黑\ T \Longrightarrow Mg^{2+}\text{-}铬黑\ T$
　　　　　　　　　　　　　　　　　　（酒红色）

滴定过程中 　　　$Mg^{2+} + Y \Longrightarrow MgY$

滴定终点时 　　　$Mg^{2+}\text{-}铬黑\ T + Y \Longrightarrow MY + 铬黑\ T$
　　　　　　　（酒红色）　　　　　　　（纯蓝色）

金属指示剂应具备的条件：

① 变色敏锐　在滴定的 pH 范围内，金属指示剂与金属离子生成的配合物的颜色与金属指示剂本身的颜色应有明显的差别。

② 可逆性好　金属指示剂与金属离子的配位反应要灵敏、快速、并具备良好的变色可逆性。

③ K_{MIn} 大小要适当　金属指示剂与金属离子形成的配合物 MIn 的稳定性要适当，既要有足够的稳定性（$K_{MY}/K_{MIn} \geqslant 10^4$），又要比金属离子与 EDTA 形成的配合物 MY 的稳定性小（要求 $K_{MY}/K_{MIn} > 100$）。如果稳定性太低，终点过早出现；如果稳定性太高，终点拖后，且有可能到达计量点时，因 EDTA 不能迅速从 MIn 置换出指示剂而无法显示颜色变化，这种现象称为指示剂的封闭现象。

金属指示剂的封闭现象可以由被测离子本身引起，其他的干扰离子也可能对指示剂产生封闭作用。

④ 性能稳定　金属指示剂的化学性质要稳定，不易氧化或者分解，便于储存和使用。

此外，指示剂与金属离子生成的配合物 MIn 应易溶于水，如果生成胶体溶液或沉淀，到达化学计量点时，EDTA 从 MIn 中置换出指示剂的反应进行缓慢，使终点变色不敏锐，这种现象称为指示剂的僵化。

2. 常用金属指示剂

配位滴定中常用的金属指示剂如表 8-6 所示。

表 8-6　配位滴定中常用的金属指示剂

指示剂	适用的 pH 范围	指示剂颜色变化		直接滴定的离子	配制方法	干扰离子
		In	MIn			
铬黑 T（EBT）	7~10	蓝色	红色	Mg^{2+}、Zn^{2+}、Cd^{2+}、Pb^{2+}、Mn^{2+} 及稀土元素	1：100NaCl（研磨）	Al^{3+}、Fe^{3+}、Cu^{2+}、Co^{2+}、Ni^{2+} 等
钙指示剂（NN）	10~13	纯蓝色	酒红色	pH 12~13，Ca^{2+}	1：100NaCl（研磨）	Al^{3+}、Fe^{3+}、Cu^{2+}、Co^{2+}、Ni^{2+}、Mn^{2+} 等
二甲酚橙（XO）	<6	亮黄色	红紫色	pH<1，ZrO^{2+}；pH 1~3，Bi^{3+}、Th^{4+}；pH 5~6，Zn^{2+}、Pb^{2+}、Cd^{2+}、Hg^{2+} 及稀土元素	0.5%水溶液（$5g \cdot L^{-1}$）	Al^{3+}、Fe^{3+}、Th^{4+}、Ni^{2+} 等
酸性铬蓝 K	8~13	蓝色	红色	pH=10，Mg^{2+}、Zn^{2+}、Mn^{2+}；pH=13，Ca^{2+}	1：100NaCl（研磨）	

（1）铬黑 T　简称 EBT，为黑褐色固体粉末，其固体性质相当稳定，水溶液容易产生聚合，聚合后不能与金属离子显色。铬黑 T 在不同的 pH 条件下发生解离而呈现不同的颜色，在 pH<6.3 时呈酒红色，pH 为 8~10 时呈蓝色，pH>11.6 时为橙色。由于铬黑 T 与

金属离子形成的配合物呈红色，因此使用铬黑 T 最适合的 pH 为 8～10。铬黑 T 常用于 EDTA 直接滴定 Mg^{2+}、Zn^{2+}、Cd^{2+}、Pb^{2+}、Mn^{2+}、Ba^{2+} 等离子，终点时溶液由酒红色变为纯蓝色。Fe^{3+}、Al^{3+}、Ni^{2+} 等离子对铬黑 T 具有封闭作用，通常可以加入三乙醇胺（掩蔽 Fe^{3+}、Al^{3+}）和 KCN（掩蔽 Ni^{2+}）消除干扰。

(2) 钙指示剂 简称 NN，又称钙红。为紫色固体粉末。钙指示剂与 Ca^{2+} 形成酒红色配合物，常在 pH=12～13 时，作为滴定 Ca^{2+} 的指示剂，终点时溶液由酒红色变成蓝色。

(3) 二甲酚橙 简称 XO，为紫红色固体粉末，易溶于水。二甲酚橙与金属离子形成的配合物呈红色，在 pH<6.3 的酸性溶液中，可作为 EDTA 直接滴定 Cd^{2+}、Pb^{2+}、Hg^{2+} 等离子时的指示剂，终点时溶液由红色变为亮黄色。

(4) 酸性铬蓝 K 棕红色或暗红色粉末，溶于水和乙醇，水溶液呈玫瑰红色，在碱性溶液中呈灰蓝色。在碱性溶液中，酸性铬蓝 K 与 Ca^{2+}、Mg^{2+}、Zn^{2+}、Mn^{2+} 等离子容易形成红色配合物，因此它适宜于在碱性溶液中使用。它对 Ca^{2+} 的灵敏度比 EBT 高。为了提高终点的敏锐性，一般用酸性铬蓝 K 和萘酚绿 B 的混合指示剂（简称 K-B 指示剂）在 pH=8～13 呈蓝色的性质，其中萘酚绿 B 在滴定过程中没有颜色变化，只起衬托终点颜色的作用，终点为蓝绿色。

三、配位滴定的方式及应用

1. 配位滴定的方式

在配位滴定中，采用不同的滴定方式，不但可以扩大配位滴定的应用范围，而且可以提高配位滴定的选择性。

(1) 直接滴定法 直接滴定法是配位滴定法的基本滴定方式。这种方法是将待测组分的溶液调节至所需要的酸度，加入必要的试剂（如掩蔽剂）和指示剂，直接用 EDTA 标准滴定溶液滴定。许多金属离子如 Mg^{2+}、Ca^{2+}、Zn^{2+}、Cd^{2+}、Pb^{2+}、Ba^{2+}、Cu^{2+}、Co^{2+}、Bi^{3+} 等在一定的酸度条件下，都可以用 EDTA 标准溶液进行直接滴定。

采用直接滴定法必须满足下列条件：

① 待测离子与 EDTA 的配位速率应该很快，其配合物应满足 $\lg(c_M K'_{MY}) \geqslant 6$；

② 在选用的滴定条件下，应有变色敏锐的指示剂，且没有封闭现象；

③ 在选用的滴定条件下，被测离子不发生其他反应。

(2) 返滴定法 返滴定法是在试液中加入一定过量的 EDTA 标准滴定溶液，待测组分反应完全后，再用另一种金属离子的标准滴定溶液滴定剩余的 EDTA。

返滴定法主要适用于下列情况：

① 采用直接滴定法时，缺乏符合要求的指示剂，或待测离子对指示剂产生封闭作用；

② 待测离子与 EDTA 的配位速率缓慢；

③ 待测离子发生副反应，影响测定。

例如测定 Al^{3+} 的含量，由于 Al^{3+} 对指示剂有封闭作用，所以可以先向 Al^{3+} 试液中加入定量且过量的 EDTA 标准溶液，加热以使 Al^{3+} 与 EDTA 完全反应，冷却后加入二甲酚橙指示剂，用 Zn^{2+} 标准溶液返滴过量的 EDTA，通过计算求出 Al^{3+} 的含量。

对于由干扰离子产生的封闭现象可以通过控制溶液的酸度进行选择性滴定，也可以利用加入适当的掩蔽剂进行掩蔽的方法消除干扰。所谓掩蔽剂是指无须分离干扰物质，能使干扰物质转变为稳定的配合物、沉淀或者发生价态变化而消除干扰作用的试剂。

常用的掩蔽方法有配位掩蔽法、沉淀掩蔽法、氧化还原掩蔽法等。表 8-7 为常用的配位掩蔽剂。

表 8-7　常用的配位掩蔽剂

掩蔽剂	pH 范围	被掩蔽的离子	备注
KCN	pH>8	Co^{2+}、Ni^{2+}、Cu^{2+}、Zn^{2+}、Hg^{2+}、Cd^{2+}、Ag^+、Tl^+ 及铂族元素(钌、铑、钯、锇、铱、铂)离子	
NH_4F	pH=4～6 pH=10	Al^{3+}、$Ti(Ⅳ)$、Sn^{4+}、Zr^{4+}、$W(Ⅵ)$等 Al^{3+}、Mg^{2+}、Ca^{2+}、Sr^{2+}、Ba^{2+} 及稀土元素	用 NH_4F 比 NaF 好,优点是加入后溶液 pH 变化不大
三乙醇胺	pH=10 pH=11～12	Al^{3+}、Sn^{4+}、$Ti(Ⅳ)$、Fe^{3+} Fe^{3+}、Al^{3+} 及少量 Mn^{2+}	与 KCN 并用可提高掩蔽效果
二巯基丙醇	pH=10	Hg^{2+}、Cd^{2+}、Zn^{2+}、Bi^{3+}、Pb、Ag^+、As^{3+}、Sn^{4+} 及少量 Cu^{2+}、Co^{2+}、Ni^{2+}、Fe^{3+}	
铜试剂	pH=10	能与 Cu^{2+}、Hg^{2+}、Pb^{2+}、Cd^{2+}、Bi^{3+} 生成沉淀,其中 Cu-DDTC 为褐色,Bi-DDTC 为黄色,故其中存在量应分别为小于 2mg 和 10mg	
酒石酸	pH=1.2 pH=2 pH=5.5 pH=6～7.5 pH=10	Sb^{3+}、Sn^{4+}、Fe^{3+} 及 5mg 以下的 Cu^{2+} Fe^{3+}、Sn^{4+}、Mn^{2+} Fe^{3+}、Al^{3+}、Sn^{4+}、Ca^{2+} Mg^{2+}、Cu^{2+}、Fe^{3+}、Al^{3+}、Mo^{4+}、Sb^{3+}、$W(Ⅵ)$ Al^{3+}、Sn^{4+}	在抗坏血酸存在条件下
邻二氮菲	pH=5～6	Cu^{2+}、Ni^{2+}、Co^{2+}、Zn^{2+}、Cd^{2+}、Hg^{2+}、Mn^{2+}	
硫脲	pH=5～6	Cu^{2+}、Hg^{2+}、Tl^+	
乙酰丙酮	pH=5～6	Fe^{3+}、Al^{3+}、Be^{2+}	

（3）间接滴定法　对于某些不能与 EDTA 形成稳定配合物的金属离子（如 Li^+、Na^+、K^+ 等）以及不能与 EDTA 发生反应的非金属离子如 SO_4^{2-}、PO_4^{3-} 等可通过间接滴定法进行测定。例如测定 Na^+ 的含量,由于 Na^+ 不能与 EDTA 形成稳定配合物,所以无法用 ED-TA 标准溶液进行直接滴定。可先加入乙酸铀酰锌试剂将 Na^+ 沉淀为乙酸铀酰锌钠,将沉淀经过滤洗涤后溶解,用 EDTA 标准溶液滴定 Zn^{2+},间接求得 Na^+ 的含量。

（4）置换滴定法　置换滴定法是利用置换反应置换出相应数量的金属离子或者 EDTA,然后用适当的标准溶液滴定置换出的金属离子或者 EDTA,从而求得被测物质含量。例如 Ag^+ 与 EDTA 生成的配合物不稳定,不能用 EDTA 直接滴定。可在溶液中加入过量的 $[Ni(CN)_4]^{2-}$,此时 Ni^{2+} 可被 Ag^+ 定量地置换出来,然后用 EDTA 标准溶液滴定 Ni^{2+},即可求出 Ag^+ 的含量。

置换滴定法主要适用于下列情况:
① 待测离子与 EDTA 的配位速率较慢;
② 杂质离子的存在严重干扰测定结果;
③ 在选定的滴定条件下,没有变色敏锐的指示剂;
④ 在选定的滴定条件下,生成的配合物 MY 不稳定。

2. 应用实例

（1）水中钙、镁总量的测定　水中钙、镁含量是衡量生活用水和工业用水水质的一项重要指标。如锅炉给水,经常要进行此项分析,为水的处理提供依据。各国对水中钙、镁含量表示的方法不同,我国通常采用以下两种方法来表示。

① 将水中 Ca^{2+}、Mg^{2+} 的总含量折合为 $CaCO_3$ 后,以每升水中所含 Ca^{2+}、Mg^{2+} 的总量相

当于 $CaCO_3$ 的质量（单位为 mg）表示，即以 $CaCO_3$ 的质量浓度 ρ_{CaCO_3} 表示，单位为 $mg \cdot L^{-1}$。

② 将水中 Ca^{2+}、Mg^{2+} 的总含量以物质的量浓度 c 来表示，单位为 $mmol \cdot L^{-1}$。

测定水中 Ca^{2+}、Mg^{2+} 的总含量，通常在 pH＝10 的氨水-氯化铵缓冲溶液中，以铬黑T作指示剂，用 EDTA 标准溶液直接滴定，溶液由酒红色变为纯蓝色为终点。滴定时，水中少量的 Fe^{3+}、Al^{3+} 等干扰离子可用三乙醇胺掩蔽，Cu^{2+}、Pb^{2+} 等重金属离子可用 KCN、Na_2S 来掩蔽。

测定过程中有 CaY、MgY、Mg-铬黑T、Ca-铬黑T 四种配合物生成，其稳定性依次为 CaY＞MgY＞Mg-铬黑T＞Ca-铬黑T。

当加入指示剂铬黑T后，它首先与 Mg^{2+} 结合，生成酒红色的配合物 Mg-铬黑T，当滴入 EDTA 时，首先与之结合的是 Ca^{2+}，其次是游离态的 Mg^{2+}，到达化学计量点附近时，EDTA 夺取 Mg-铬黑T 当中的 Mg^{2+}，使铬黑T游离出来，溶液的颜色有酒红色变为纯蓝色，到达滴定终点。

滴定前　　　　　　　 $Mg^{2+} +$ 铬黑T $\longrightarrow Mg^{2+}$-铬黑T

滴定过程　　　　　　 $Ca^{2+} + Y \rightleftharpoons CaY$

化学计量点　　　　　 Mg^{2+}-铬黑T $+ Y \rightleftharpoons MgY +$ 铬黑T

　　　　　　　　　　（酒红色）　　　　　　　　（纯蓝色）

设消耗 EDTA 的体积为 V_{EDTA}，水中钙、镁总量可按照下式计算：

钙、镁总量　　 $\rho_{CaCO_3} = \dfrac{c_{EDTA} V_{EDTA} M_{CaCO_3} \times 10^3}{V_{水样}} \ (mg \cdot L^{-1})$

钙、镁总量　　 $c = \dfrac{c_{EDTA} V_{EDTA} \times 10^3}{V_{水样}} \ (mmol \cdot L^{-1})$

【例题 8-3】 吸取 100.00mL 水样置于锥形瓶中，加氨水-氯化铵缓冲溶液，调节 pH 约为 10，加入适量铬黑T指示剂，在不断摇动下，用 $0.02464 mol \cdot L^{-1}$ EDTA 标准溶液，滴定水样，溶液由酒红色刚好转变为纯蓝色即为终点，消耗 EDTA 标准溶液 11.76mL。试计算水的硬度（用两种方式表示）。

解　钙、镁总量　 $\rho_{CaCO_3} = \dfrac{c_{EDTA} V_{EDTA} M_{CaCO_3} \times 10^3}{V_{水样}}$

　　　　　　　　　　　 $= \dfrac{0.02464 \times 11.76 \times 100.09 \times 10^3}{100.00}$

　　　　　　　　　　　 $= 290.0 (mg \cdot L^{-1})$

钙、镁总量　　 $c = \dfrac{c_{EDTA} V_{EDTA} \times 10^3}{V_{水样}}$

　　　　　　　　　 $= \dfrac{0.02464 \times 11.76 \times 10^3}{100.00}$

　　　　　　　　　 $= 2.898 (mmol \cdot L^{-1})$

（2）铝盐含量的测定　铝盐在食品药品中均有广泛应用，如在食品加工中用作膨松剂的食品添加剂硫酸铝钾。在药物中常见的有氢氧化铝、复方氢氧化铝片、氢氧化铝凝胶等。对铝盐含量，采用配位滴定法测定，其中的 Al^{3+} 与 EDTA 反应较慢需要加热，而且 Al^{3+} 本身对指示剂具有封闭作用，因此通常采用返滴定法或置换滴定法。

例如氢氧化铝凝胶的含量测定，该铝盐为抗酸药，有抗酸、吸着、局部止血和保护溃疡面等作用。主要用于胃酸过多，胃及十二指肠溃疡病的治疗。

取氢氧化铝凝胶 8g，精密称定，加盐酸 10mL 与蒸馏水 10mL，煮沸 10min 后放冷至室温，过滤后将滤液置于 250mL 的容量瓶中，用蒸馏水稀释至刻度。精密量取 25mL，加氨试液至恰析出白色沉淀，再滴加稀盐酸至沉淀恰好溶解为止。加 HAc-NH₄Ac 缓冲溶液 10mL，再精密加入 EDTA 滴定液（0.05mol·L⁻¹）25mL，煮沸加热 3～5min，放冷至室温，补充适量水分。加 0.2% 二甲酚橙指示液 1mL，用锌液（0.05mol·L⁻¹）滴定至溶液由黄色变为淡紫红色。滴定反应如下：

滴定前　　　　　　　　$Al^{3+} + Y(过量,定量) \Longleftrightarrow AlY$

滴定过程　　　　　　　$Zn^{2+} + Y(剩余量) \Longleftrightarrow ZnY$

终点时　　　　XO(二甲酚橙) $+ Zn^{2+} \Longleftrightarrow$ Zn-XO

　　　　　　　　　（黄色）　　　　　　　　（淡紫红色）

因为 1mol Al_2O_3 相当于 2mol EDTA，相当于 2mol Zn^{2+}。

所以得：

$$w_{Al_2O_3} = \frac{\frac{1}{2}\left[c_{EDTA}V_{EDTA} - c_{Zn^{2+}}V_{Zn^{2+}}\right]M_{Al_2O_3} \times 10^{-3}}{m_s \times \dfrac{25.00}{250.00}} \times 100\%$$

（3）铝镁合金粉中铝含量的测定　我国有色金属行业标准 YS/T 617.2—2007 规定，铝镁合金粉中铝含量的测定采用氟化物置换配位滴定法。试样用盐酸溶解，在 pH 为 2.5～2.8 的条件下，Al^{3+} 及其他金属离子与 EDTA 配位。在 pH 为 5～6 时，以 Zn^{2+} 标准滴定溶液滴定过量的 EDTA，然后用氟化物置换铝，并释放出定量的 EDTA，再用 Zn^{2+} 标准滴定溶液滴定释放出来的 EDTA，记下此时消耗 Zn^{2+} 标准滴定溶液的体积，借此测定铝含量。铝镁合金粉中铝含量以质量分数 w_{Al} 表示，按下式计算：

$$w_{Al} = \frac{c_{Zn^{2+}}V_{Zn^{2+}} \times 0.4127}{m_s}$$

式中　0.4127——锌换算为铝的换算因子，即 $\dfrac{M_{Al}}{M_{Zn}} = \dfrac{26.982}{65.38}$。

 提纲挈领

1. 对于纯度较高的 EDTA 可用直接配制法配制标准溶液，但其提纯方法比较复杂，且试剂常含有湿存水及少量其他杂质，故 EDTA 标准溶液一般采用间接法配制。标定 EDTA 溶液的基准试剂很多，如纯金属锌、铜、铅、氧化锌、碳酸钙等。

2. 配位滴定的方式：直接滴定法、返滴定法、间接滴定法、置换滴定法。

 达标自测

一、选择题

1. 在 EDTA 的七种存在型体中，能与金属离子发生配位的是（　　）。

A. Y^{4-} 　　　　　　B. HY^{3-} 　　　　　　C. H_2Y^{2-} 　　　　　　D. H_5Y^+

2. EDTA 的有效浓度 [Y] 与酸度有关，它随着溶液 pH 值增大而（　　）。

A. 增大　　　　　　B. 减小　　　　　　C. 不变　　　　　　D. 先增大后减小

3. EDTA 与金属离子多是以（　　）的关系配合。

A. 1:5　　　　　　B. 1:4　　　　　　C. 1:2　　　　　　D. 1:1

4. 配位滴定终点所呈现的颜色是（　　）。

A. 游离金属指示剂的颜色

B. EDTA 与待测金属离子形成配合物的颜色

C. 金属指示剂与待测金属离子形成配合物的颜色

D. 上述 A 与 C 的混合色

5. 在 EDTA 配位滴定中，下列有关酸效应系数的叙述，正确的是（　　　）。

A. 酸效应系数越大，配合物的稳定性愈大

B. 酸效应系数越小，配合物的稳定性愈大

C. pH 值愈大，酸效应系数愈大

D. 酸效应系数愈大，配位滴定曲线的 pM 突跃范围愈大

6. 产生金属指示剂的封闭现象是因为（　　　）。

A. 指示剂不稳定　　　　　　　　　　　　B. MIn 溶解度小

C. $K'_{MIn} < K'_{MY}$　　　　　　　　　　　D. $K'_{MIn} > K'_{MY}$

二、判断题

1. EDTA 的七种型体中，只有 Y^{4-} 能与金属离子直接配位，溶液的酸度越低，Y^{4-} 的浓度就越大。（　　　）

2. 配位数就等于中心离子的配位体的数目。（　　　）

3. 乙二胺四乙酸（EDTA）是多齿配体。（　　　）

4. EDTA 与金属离子的配位能力随溶液的 pH 增大而增强。（　　　）

5. 在 pH > 12 时，EDTA 的配位能力最强，故 EDTA 的酸效应可以忽略。（　　　）

三、填空题

1. EDTA 的化学名称为_____。配位滴定常用水溶性较好的_____来配制标准溶液。

2. EDTA 的结构式中含有两个_____和四个_____，是可以提供六个_____的螯合剂。

3. EDTA 与金属离子配合，不论金属离子是几价，绝大多数都是以_____的关系配合。

4. EDTA 配合物的有效浓度是指_____而言，它随溶液的_____升高而_____。

5. 用 EDTA 滴定 Ca^{2+}、Mg^{2+} 总量时，以_____为指示剂，溶液的 pH 必须控制在_____。滴定 Ca^{2+} 时，以_____为指示剂，溶液的 pH 必须控制在_____。

6. 配合物 $[Cu(NH_3)_4]SO_4$ 的名称为_____，中心离子的氧化数为_____，配位数为_____，配位原子为_____。

四、计算题

1. 称取含钙试样 0.2000g，溶解后转入 100mL 容量瓶中，稀释至标线。吸取此溶液 25.00mL，以钙指示剂为指示剂，在 pH = 12.0 时用 $0.02000mol \cdot L^{-1}$ EDTA 标准溶液滴定，消耗 EDTA 19.86mL，求试样中 $CaCO_3$ 的质量分数。

2. 测定水中钙、镁总量时，取 100.0mL 水样，以铬黑 T 作指示剂，用 $0.01000mol \cdot L^{-1}$ EDTA 溶液滴定，共消耗 EDTA 溶液 2.41mL。计算水中钙、镁总量，分别以 ρ_{CaCO_3}（$mg \cdot L^{-1}$）和 c（$mmol \cdot L^{-1}$）表示。

（本章编写　蒋雨来）

扫码看解答

第九章　沉淀溶解平衡与沉淀滴定法

 知识目标

　　1. 掌握溶度积与溶解度概念；溶度积的计算；溶度积规则及控制沉淀生成、溶解、转化、分步沉淀的规律及有关计算。

　　2. 熟悉溶度积与溶解度的相互换算；银量法的基本原理及指示终点的原理。

　　3. 了解影响沉淀生成与溶解的主要因素。

扫码看课件

 能力目标

　　1. 掌握硝酸银标准溶液的配制和标定。

　　2. 掌握银量法滴定终点的判断。

　　沉淀滴定法是建立在沉淀反应基础上的滴定分析法，常用于含有卤素离子的化妆品、药品、食品、土壤的检测与含量测定。在生物体内，沉淀的生成与溶解也同样有重要意义，如临床常见的病理结石症、龋齿等就与沉淀的生成与溶解有关。

 案例

生理盐水中氯化钠含量的测定

　　移液管精确移取生理盐水 10.00mL 置于 250mL 锥形瓶中，加入 40mL 水，再加入 5% K_2CrO_4 指示剂 1mL，用 $AgNO_3$ 溶液（$0.1mol \cdot L^{-1}$）滴定至溶液由黄色变为砖红色，记录消耗 $AgNO_3$ 滴定液的体积。平行测定 3 次，计算生理盐水氯化钠含量。

　　讨论　生理盐水中氯化钠含量的测定方法属于沉淀滴定法，沉淀滴定法中的沉淀反应有哪些滴定条件呢？

第一节　难溶电解质的溶度积

　　任何难溶电解质在水中会或多或少发生溶解，绝对不溶的物质是不存在的，其溶解的部分是全部解离的。在难溶电解质的饱和溶液中，未溶解的固体和溶解产生的离子之间存在着沉淀溶解平衡。

一、溶度积常数

1. 沉淀溶解平衡

　　难溶电解质在水中的溶解过程是一个可逆过程。例如，一定温度下，将 $BaCO_3$ 投入水中，将有两个过程：一方面，部分 Ba^{2+} 和 CO_3^{2-} 从 $BaCO_3$ 固体表面以水合离子的形式进入水中，这一过程称为溶解。另一方面，水中的 Ba^{2+} 和 CO_3^{2-} 水合离子在溶液中不断运动，

碰到 $BaCO_3$ 固体又能重新回到其表面，这一过程称为沉淀。当溶解速率与沉淀速率相等时，便达到一种动态平衡，这时的溶液称为饱和溶液。$BaCO_3$ 的沉淀溶解平衡可表示为：

$$BaCO_3(s) \Longrightarrow Ba^{2+}(aq) + CO_3^{2-}(aq)$$

2. 溶度积常数

实验表明，对于上述 $BaCO_3$ 饱和溶液，达到沉淀溶解平衡时，可写出其平衡常数为：

$$K = \frac{[Ba^{2+}][CO_3^{2-}]}{[BaCO_3]}$$

式中，$BaCO_3$ 为固体，$[BaCO_3]$ 可看作常数。因此 K_{BaCO_3} 也为常数，称为溶度积常数，用符号 K_{sp} 表示。即：

$$K = [Ba^{2+}][CO_3^{2-}] = K_{sp}$$

溶度积常数的意义：一定温度下，难溶电解质的饱和溶液中，各组分离子浓度以系数为幂次的乘积为一常数。

对于一般沉淀反应：

$$A_m B_n(s) = m A^{n+}(aq) + n B^{m-}(aq)$$

其溶度积常数的表达式为：　$K_{sp} = [A^{n+}]^m [B^{m-}]^n$

K_{sp} 只与难溶电解质的本性和温度有关。

二、溶度积与溶解度的关系

溶解度和溶度积都可以表示难溶电解质的溶解能力，两者之间既有区别又有联系。溶解度表示在一定温度下，一定量的饱和溶液中所含溶质的量，用符号 S 表示。溶度积 K_{sp} 与溶解度 S 可以相互换算。

以 $A_m B_n$ 难溶电解质为例，若溶解度为 S $mol \cdot L^{-1}$，则在其饱和溶液中：

$$A_m B_n(s) \Longrightarrow m A^{n+}(aq) + n B^{m-}(aq)$$

平衡浓度/$mol \cdot L^{-1}$ $\qquad\qquad\qquad mS \qquad\qquad nS$

则：
$$K_{sp} = [A^{n+}]^m [B^{m-}]^n = (mS)^m (nS)^n$$
$$= m^m n^n S^{(m+n)}$$

根据上式可推导出：

对于 1∶1 型（$m = n = 1$）难溶电解质，如 AgCl，有：$K_{sp} = S^2$。

对于 1∶2 或 2∶1 型（$m∶n = 1∶2$ 或 $m∶n = 2∶1$）难溶电解质，如 Ag_2CrO_4，有：$K_{sp} = 4S^3$。

【例题 9-1】　25℃时，AgBr 在水中的溶解度为 5.35×10^{-13} $mol \cdot L^{-1}$，求该温度下 AgBr 的溶度积。

解　因 AgBr 属于 1∶1 型难溶电解质，则有：
$$K_{sp} = S^2$$
$$= (5.35 \times 10^{-13})^2$$
$$= 2.9 \times 10^{-25}$$

【例题 9-2】　25℃时，AgCl 的 K_{sp} 为 1.77×10^{-10}，Ag_2CrO_4 的 K_{sp} 为 1.12×10^{-12}，求 AgCl 和 Ag_2CrO_4 的溶解度。

解　因 AgCl 属于 1∶1 型难溶电解质，则有：$K_{sp} = S^2$

可得：
$$S = \sqrt{K_{sp}} = \sqrt{1.77 \times 10^{-10}}$$
$$= 1.3 \times 10^{-5} (mol \cdot L^{-1})$$

因 Ag_2CrO_4 属于 $2:1$ 型难溶电解质，故：$K_{sp}=4S^3$

则：
$$S=\sqrt[3]{\frac{K_{sp}}{4}}=\sqrt[3]{\frac{K_{sp}}{4}}$$
$$=\sqrt[3]{\frac{1.12\times10^{-12}}{4}}$$
$$=6.54\times10^{-5}(mol\cdot L^{-1})$$

溶度积和溶解度虽都能表示物质的溶解能力，但溶度积大的难溶电解质其溶解度不一定也大。对于不同类型的难溶电解质，不能用它们的溶度积直接比较它们溶解度的大小；对同一类型的难溶电解质（如 AgCl、AgBr 和 AgI），在一定温度下，K_{sp} 的大小可反映物质的溶解能力和生成沉淀的难易，同一温度下，溶解度大者，其溶度积也较大。反之亦然。

三、溶度积规则

难溶电解质溶液中，在任意状态下，各离子浓度以系数为幂次的乘积称为离子积，用符号 Q_i 表示。对某一难溶电解质来说，在一定条件下，沉淀能否生成或溶解，可以从 Q_i 和 K_{sp} 的关系判断出来：

$$A_mB_n(s)\rightleftharpoons mA^{n+}+nB^{m-} \qquad Q_i=c_{A^{n+}}^m c_{B^{m-}}^n$$

$Q_i<K_{sp}$，为不饱和溶液，若体系中有固体存在，固体将溶解直至饱和为止。所以 $Q_i<K_{sp}$ 是沉淀溶解的条件。

$Q_i=K_{sp}$，为饱和溶液，处于动态平衡状态。

$Q_i>K_{sp}$，为过饱和溶液，有沉淀析出，直至饱和。所以 $Q_i>K_{sp}$ 是沉淀生成的条件。

以上 Q_i 与 K_{sp} 的关系称为溶度积规则。运用这三条规则，可控制溶液离子浓度，使沉淀生成或溶解。

 提纲挈领

1. 溶度积常数

一定温度下，难溶电解质的饱和溶液中，各组分离子浓度以系数为幂次的乘积为一常数，用符号 K_{sp} 表示，称为溶度积常数。

$$A_mB_n(s)=mA^{n+}(aq)+nB^{m-}(aq)$$
$$K_{sp}=[A^{n+}]^m[B^{m-}]^n$$

其中，m 和 n 分别为离子 A^{n+} 和 B^{m-} 在沉淀-溶解平衡方程式中的化学计量系数。

2. 溶度积与溶解度的关系

$1:1$ 型（$m=n=1$）难溶电解质，有：$K_{sp}=S^2$；

$1:2$ 或 $2:1$ 型（$m:n=1:2$ 或 $m:n=2:1$）难溶电解质，有：$K_{sp}=4S^3$。

3. 溶度积规则

$Q_i<K_{sp}$，为不饱和溶液，若体系中有固体存在，固体将溶解直至饱和为止。

$Q_i=K_{sp}$，为饱和溶液，处于动态平衡状态。

$Q_i>K_{sp}$，为过饱和溶液，有沉淀析出，直至饱和。

第二节　难溶电解质沉淀的生成和溶解

一、沉淀的生成

根据溶度积规则，在难溶电解质溶液中，沉淀生成的必要条件是：$Q_i > K_{sp}$。

【例题 9-3】 50mL 含 Ba^{2+} 浓度为 $0.01mol \cdot L^{-1}$ 的溶液与 30mL 浓度为 $0.02mol \cdot L^{-1}$ 的 Na_2SO_4 溶液混合。问是否会产生 $BaSO_4$ 沉淀？（已知 $BaSO_4$ 的 K_{sp} 为 1.08×10^{-10}）

解　混合后：

$$c_{Ba^{2+}} = \frac{0.01 \times 50}{50 + 30} = 0.00625(mol \cdot L^{-1})$$

$$c_{SO_4^{2-}} = \frac{0.02 \times 30}{50 + 30} = 0.0075(mol \cdot L^{-1})$$

$$Q_i = c_{Ba^{2+}} c_{SO_4^{2-}} = 0.00625 \times 0.0075 = 4.7 \times 10^{-5}$$

因：$Q_i = 4.7 \times 10^{-5} > K_{sp} = 1.08 \times 10^{-10}$

故：会生成 $BaSO_4$ 沉淀。

二、沉淀的溶解

根据溶度积规则，当 $Q_i < K_{sp}$ 时，溶液中的难溶电解质固体将会溶解，直至 $Q_i = K_{sp}$，建立新的平衡。常见的沉淀溶解方法有以下几种。

1. 酸碱溶解法

利用酸碱与难溶电解质反应生成可溶性的弱电解质，使沉淀平衡向着溶解的方向移动，导致沉淀溶解。

例如，在含有固体 $CaCO_3$ 的饱和溶液中加入盐酸后，生成弱电解质 H_2CO_3：

$$CaCO_3(s) \Longrightarrow Ca^{2+} + CO_3^{2-}$$
$$+$$
$$2HCl \Longrightarrow 2Cl^- + 2H^+$$
$$\Updownarrow$$
$$H_2CO_3 \Longrightarrow CO_2 \uparrow + H_2O$$

因 H^+ 与 CO_3^{2-} 结合成弱酸 H_2CO_3，继而分解为 CO_2 和 H_2O，使溶液中的 CO_3^{2-} 浓度减少，则使 $Q_i = c_{Ca^{2+}} c_{CO_3^{2-}} < K_{sp}$，因此 $CaCO_3$ 溶解。

2. 氧化还原反应溶解法

对于难溶性的金属硫化物，其本身溶解度很小，酸碱溶解法对其溶解度影响不大。可加入一些氧化还原剂，通过氧化还原反应降低某离子的浓度，达到使沉淀溶解的目的。以 CuS 为例，可加入具有氧化性的硝酸，将 S^{2-} 氧化成单质 S，从而降低离子积，使沉淀溶解。

$$3S^{2-} + 2NO_3^- + 8H^+ \Longrightarrow 3S \downarrow + 2NO \uparrow + 4H_2O$$

3. 配位反应溶解法

加入配位剂，使难溶盐组分的离子生成可溶性配离子，以达到沉淀溶解的目的。以 $AgCl$ 为例，可加入 NH_3 溶液，则 NH_3 和 Ag^+ 生成稳定的配离子 $[Ag(NH_3)_2]^+$，大大降低了 Ag^+ 浓度，使得 $Q_i < K_{sp}$，固体 $AgCl$ 即可溶解。其反应如下：

$$AgCl(s) \Longrightarrow Ag^+ + Cl^-$$
$$+$$
$$2NH_3$$
$$\Updownarrow$$
$$[Ag(NH_3)_2]^+$$

三、分步沉淀

溶液中同时存在几种离子，向溶液中加入沉淀剂，如果该沉淀剂可与溶液中多种离子反应生成难溶电解质，但由于生成的难溶电解质的溶度积不同，沉淀分先后次序析出，此现象称为分步沉淀。

【例题 9-4】 向含有浓度均为 0.010mol·L^{-1} 的 I^- 和 Cl^- 溶液中，逐滴加入 $AgNO_3$ 溶液，分别生成 $AgCl$ 沉淀和 AgI 沉淀。计算分别生成 $AgCl$ 沉淀和 AgI 沉淀时所需的 Ag^+ 浓度，并判断谁先沉淀。当 $AgCl$ 沉淀开始生成时，溶液中的 I^- 浓度是多少？（已知：$AgCl$ 的 $K_{sp}=1.77\times10^{-10}$；$AgI$ 的 $K_{sp}=8.52\times10^{-17}$）

解 要生成 $AgCl$ 沉淀，则满足：$Q_i > K_{sp}$。

则：
$$c_{Ag^+} > \frac{K_{sp}}{c_{Cl^-}} = \frac{1.77\times10^{-10}}{0.010} = 1.77\times10^{-8}$$

同理，若要生成 AgI 沉淀，需满足：
$$c_{Ag^+} > \frac{K_{sp}}{c_{I^-}} = \frac{8.52\times10^{-17}}{0.010} = 8.52\times10^{-15}$$

上述计算结果表明，生成 AgI 所需 Ag^+ 浓度比生成 $AgCl$ 沉淀所需 Ag^+ 浓度小，所以先生成 AgI 沉淀，后生成 $AgCl$ 沉淀。

逐滴加入 $AgNO_3$ 溶液，当 Ag^+ 的浓度刚超过 $1.77\times10^{-8}\text{mol·L}^{-1}$ 时，$AgCl$ 开始沉淀，此时 I^- 已经沉淀完全，溶液中 I^- 的浓度为：
$$c(I^-) = \frac{K_{sp(AgI)}}{c_{Ag^+}} = \frac{8.52\times10^{-17}}{1.77\times10^{-8}} = 4.6\times10^{-9}(\text{mol·L}^{-1})$$

当 $AgCl$ 开始沉淀时，AgI 已沉淀完全，可利用分步沉淀进行离子分离。对于等浓度的同类型难溶电解质，总是溶度积小的先沉淀，并且溶度积差别越大，分离效果越好。对不同类型的难溶电解质，不能根据溶度积的大小直接判断，而应通过具体计算判断沉淀的先后次序和分离效果。

四、沉淀的转化

沉淀的转化是指由一种难溶电解质转化为另一种难溶电解质的过程，其实质是沉淀溶解平衡的移动。一般是由溶解度大的沉淀向溶解度小的沉淀转化。例如，锅炉中锅垢的主要成分是 $CaSO_4$，不溶于酸，可用 Na_2CO_3 处理，使 $CaSO_4$ 转化为可溶于酸的 $CaCO_3$ 沉淀，从而容易地清除掉锅垢。

$$CaSO_4(s) + CO_3^{2-} \Longrightarrow CaCO_3(s) + SO_4^{2-}$$

 提纲挈领

沉淀的生成和溶解：沉淀生成的必要条件是 $Q_i > K_{sp}$；沉淀溶解的必要条件是 $Q_i < K_{sp}$。当 $Q_i = K_{sp}$，到达沉淀溶解平衡状态，溶液为饱和溶液。

第三节　沉淀滴定法

沉淀滴定法是以沉淀反应为基础的滴定分析方法。滴定时，以沉淀剂为滴定液与被测物作用，形成难溶性化合物，根据滴定至终点时沉淀剂的用量来计算被测物的含量。并不是所有能生成沉淀的反应都能应用于沉淀滴定中，能用于沉淀滴定的反应须满足：

① 沉淀反应迅速且具有确定的化学计量关系；

② 生成的沉淀溶解度要小，有固定的组成；

③ 有合适的确定终点的方法；

④ 沉淀的吸附作用不影响滴定结果及终点判断。

最常见的沉淀滴定法是银量法，其主要是利用银离子与卤素离子形成难溶性沉淀的反应，来进行滴定分析的方法。其主要反应为：

$$Ag^+ + X^- \rightleftharpoons AgX\downarrow$$

可采用银量法测定 Cl^-、Br^-、I^-、Ag^+、SCN^- 等的含量。根据所选指示剂不同，银量法可分为：铬酸钾指示剂法（又称莫尔法）、铁铵矾指示剂法（又称佛尔哈德法）和吸附指示剂法（又称法扬司法）等。

一、铬酸钾指示剂法——莫尔法

1. 莫尔法基本原理

莫尔法以铬酸钾为指示剂，在中性或弱碱性溶液中，用 $AgNO_3$ 滴定液直接滴定含 Cl^-（或 Br^-）的溶液。

以测定 Cl^- 为例。加入指示剂后，溶液中的 CrO_4^{2-} 和 Cl^- 能够分别与 Ag^+ 形成砖红色的 Ag_2CrO_4 沉淀和白色的 $AgCl$ 沉淀。滴定开始后，随着逐渐滴入 $AgNO_3$ 滴定液，由于 $AgCl$ 的溶解度小于 Ag_2CrO_4 的溶解度，根据分步沉淀原理，$AgCl$ 首先沉淀出来。当溶液中 Cl^- 被沉淀完全后，过量的 $AgNO_3$ 与指示剂 K_2CrO_4 反应，立即形成砖红色的 Ag_2CrO_4 沉淀，从而确定滴定终点。

终点前：　　　$Ag^+ + Cl^- \rightleftharpoons AgCl\downarrow$（白色）　　　$K_{sp} = 1.8 \times 10^{-10}$

终点时：　　　$2Ag^+ + CrO_4^{2-} \rightleftharpoons Ag_2CrO_4\downarrow$（砖红色）　　$K_{sp} = 2.0 \times 10^{-12}$

2. 滴定条件

（1）指示剂的用量　　指示剂 K_2CrO_4 的浓度必须适中，若指示剂 K_2CrO_4 浓度过高，终点将提前，且因 CrO_4^{2-} 溶液本身橘黄色过深而影响终点观察；指示剂 K_2CrO_4 浓度过低，则终点推迟，影响滴定的准确度。实验表明：终点时 CrO_4^{2-} 浓度约为 $5 \times 10^{-3}\,mol \cdot L^{-1}$ 比较合适。

（2）溶液的酸度　　滴定反应应在中性或弱碱性（$pH = 6.5 \sim 10.5$）介质中进行。在酸性介质中，将因酸效应使 CrO_4^{2-} 浓度降低，导致化学计量点附近沉淀出现过迟，甚至不能生成沉淀。

$$2CrO_4^{2-} + 2H^+ \rightleftharpoons 2HCrO_4^- \rightleftharpoons Cr_2O_7^{2-} + H_2O$$

在强碱性介质中，将生成黑棕色 Ag_2O 沉淀，不利于终点的观察。

$$2Ag^+ + 2OH^- \rightleftharpoons 2AgOH\downarrow \rightleftharpoons Ag_2O\downarrow + H_2O$$

（3）滴定时应用力摇动　　滴定过程中，生成的 $AgCl$ 沉淀会吸附溶液中的 Cl^-，使得滴定终点过早出现，而产生较大误差。滴定时用力摇动，可使被吸附的 Cl^- 尽量释放出来。滴定 Br^- 时，AgBr 沉淀也会吸附 Br^-，也要边滴边用力摇动。

（4）干扰情况　凡能与 Ag^+ 生成沉淀的离子都干扰测定，如 PO_4^{3-}、AsO_4^{3-}、CO_3^{2-}、S^{2-} 和 CrO_4^{2-} 等；能与 CrO_4^{2-} 生成沉淀的 Ba^{2+} 和 Pb^{2+} 等也干扰测定；在中性或弱碱性溶液中易发生水解的物质，如 Al^{3+}、Fe^{3+}、Bi^{3+} 和 Sn^{4+} 等离子也干扰测定，滴定前应除去。此外，有色离子也干扰测定。

（5）适用范围　莫尔法适用于测定 Cl^-、Br^-。因 AgI 和 AgSCN 沉淀对 I^- 和 SCN^- 有很强的吸附作用，不适用于滴定 I^- 和 SCN^-。

二、铁铵矾指示剂法——佛尔哈德法

佛尔哈德法是用铁铵矾 $[NH_4Fe(SO_4)_2]$ 作指示剂，以 NH_4SCN 或 KSCN 为标准滴定溶液的银量法。根据测定对象不同可分为直接滴定法和返滴定法。

 名人轶事

佛尔哈德与他的沉淀滴定法

雅克布·佛尔哈德（Jacob Volhard）为德国化学家，在有机化学、分析化学等领域取得了显著成绩。佛尔哈德于 1834 年 6 月 4 日生于达姆斯塔特，家庭条件优越，自幼受到了良好教育。父亲希望他也像李比希那样成为一位化学家，于是佛尔哈德在 1852 年夏进入了吉森大学学习化学。刻苦勤奋的学习，使得他于 1855 年 8 月 6 日获得博士学位，并于同年赴海得伯格大学学习。

1857 年，佛尔哈德受李比希之邀赴慕尼黑大学任助教。1860 年秋遵父命随霍夫曼到伦敦，在那里，他从实习生做起，从事亚乙基脲的制备研究。一年之后，佛尔哈德回国。1862 年初，佛尔哈德应聘赴马尔堡大学，开始研究以科尔贝方法合成氯乙酸。1863 年，佛尔哈德又重新到慕尼黑大学，一边给学生讲授有机化学和理论化学，一边指导学生实验。1869 年晋职为编外教授，接替李比希部分授课和编刊任务，并从 1878 年起，开始独立承担编务，主持出版事宜直至逝世。

他的主要研究工作有：对几种硫脲衍生物的研究；对甲醛与甲酸甲酯的研究（1875）；对几种含硫水样分析及测定碳酸盐中的二氧化碳等（1875）等。使佛尔哈德教授名传后世的佛尔哈德银量法也诞生于这个时候，至今为不少国家奉为标准方法。以硫氰酸盐滴定法测银最早是夏本替尔提出的，经佛尔哈德进一步研究应用，并报告了用此方法测定银的具体操作和数据比较，同时指出此法还可用于间接测定氯、溴、碘化物的可能性。今天的佛尔哈德法的应用范围已扩大到间接测定能被银沉淀的碳酸盐、草酸盐、磷酸盐、砷酸盐、碘酸盐、氰酸盐、硫化物和某些高级脂肪酸等。

1. 直接滴定法

（1）基本原理　在酸性溶液中，以铁铵矾作指示剂，用 NH_4SCN（或 KSCN）为滴定液直接滴定 Ag^+，析出白色的 AgSCN 沉淀，达到化学计量点时，稍过量的 SCN^- 就与 Fe^{3+} 形成红色的 $[FeSCN]^{2+}$ 配离子，从而指示滴定终点。

终点前：　　　　　$Ag^+ + SCN^- \rightleftharpoons AgSCN \downarrow$（白色）

终点时：　　　　　$Fe^{3+} + SCN^- \rightleftharpoons [FeSCN]^{2+} \downarrow$（红色）

（2）滴定条件　滴定过程中生成 AgSCN 沉淀，而 AgSCN 沉淀具有很强的吸附作用，Ag^+ 会被吸附在其表面上，产生误差。因此滴定时，应充分摇动溶液，使被吸附的 Ag^+ 释放出来。

2. 返滴定法

（1）基本原理　在含待测卤素离子的酸性溶液中，加入过量的 $AgNO_3$ 滴定液，使待测卤素离子完全生成银盐沉淀。然后加入铁铵矾指示剂，用 NH_4SCN（或 $KSCN$）滴定液滴定剩余的 $AgNO_3$，达到化学计量点时，稍过量的 SCN^- 与 Fe^{3+} 生成红色的 $[FeSCN]^{2+}$，指示滴定终点。

终点前：　　　Ag^+（过量）$+X^- \rightleftharpoons AgX \downarrow$

　　　　　　　Ag^+（剩余）$+SCN^- \rightleftharpoons AgSCN \downarrow$（白色）

终点时：　　　$Fe^{3+}+SCN^- \rightleftharpoons [FeSCN]^{2+} \downarrow$（红色）

（2）滴定条件

① 需在酸性溶液中进行滴定，这样既可以避免 Fe^{3+} 的水解，也可以消除 PO_4^{3-}、AsO_4^{3-}、CO_3^{2-}、S^{2-} 等对 Ag^+ 的干扰。

② 测定氯化物时，临近终点时应避免剧烈摇动，防止沉淀转化。$AgSCN$ 溶解度比 $AgCl$ 小，剧烈摇动可能使 $AgCl$ 沉淀转化为 $AgSCN$ 沉淀，从而使溶液中 SCN^- 的浓度降低，已生成的红色 $[FeSCN]^{2+}$ 将分解，红色褪去。这样，必然滴加更多的 NH_4SCN 滴定液才能得到持久的红色——指示终点到达，这样会引起较大的滴定误差。为避免误差产生，通常采用两种措施：a. 加入过量 $AgNO_3$ 滴定液后，将溶液煮沸，待 Cl^- 沉淀完全后将 $AgCl$ 沉淀过滤除去，再用 NH_4SCN 滴定液滴定剩余的 Ag^+；b. 加入过量 $AgNO_3$ 滴定液后，加入 $1 \sim 2mL$ 硝基苯并剧烈摇动，使 $AgCl$ 沉淀表面被硝基苯包裹，从而避免沉淀转化。

③ 测定碘化物时，应在加入过量 $AgNO_3$ 后才能加入指示剂，否则指示剂中的 Fe^{3+} 将氧化 I^-，影响测定结果：

$$2Fe^{3+}+2I^- \rightleftharpoons 2Fe^{2+}+I_2$$

3. 适用范围

佛尔哈德法可用于测定 Ag^+、Cl^-、Br^-、I^-、CN^-、SCN^- 等离子，在生产上常用来测定有机氯化物。

 课堂互动

1. 在佛尔哈德法中，为了抑制 Fe^{3+} 的水解，为什么采用 HNO_3 溶液？

2. 采用佛尔哈德法返滴定 I^- 时，为什么加入过量的、定量的 $AgNO_3$ 溶液后，才可加入铁铵矾指示剂？

三、吸附指示剂法——法扬司法

1. 法扬司法基本原理

吸附指示剂是一类有色有机化合物，当其阴离子被吸附在胶体微粒表面后，会发生结构改变从而引起颜色变化，从而指示滴定终点。例如，以 $AgNO_3$ 为滴定液滴定 Cl^- 时，常用荧光黄（用 $HFIn$ 表示）作指示剂，它在溶液中解离出黄绿色的 FIn^-。

化学计量点前，溶液中 Cl^- 过量，$AgCl$ 沉淀则吸附 Cl^- 而带负电荷，此时 FIn^- 因同性排斥不被吸附，溶液呈不被吸附状态的黄绿色。化学计量点后，$AgCl$ 沉淀吸附稍过量的 Ag^+ 而带正电荷，并吸附溶液中的 FIn^-，FIn^- 因被吸附导致结构发生变化，溶液则由黄绿色变为淡红色，从而指示滴定终点。

终点前：$(AgCl)Cl^- + FIn^-$（黄绿色），溶液呈黄绿色。

终点时：$(AgCl)Ag^+ + FIn^-$（黄绿色）$\rightleftharpoons (AgCl)Ag^+ \mid FIn^-$（淡红色）

终点时溶液呈淡红色。

吸附指示剂的应用受体系酸度、指示剂的吸附能力、溶液浓度及沉淀大小等因素的影响。

2. 滴定条件

① 滴定前向溶液中加入一些糊精或淀粉等高分子化合物保护胶体，防止卤化银凝聚，从而增大吸附表面积，使滴定终点颜色变化更敏锐。

② 溶液应控制适当的 pH。吸附指示剂一般为有机弱酸或弱碱，能起到指示终点作用的为其阴离子，应根据指示剂的解离常数控制 pH，以保证指示剂解离出足够多的阴离子。具体讲，若吸附指示剂解离常数小，溶液 pH 应高些；若吸附指示剂的解离常数大，溶液 pH 应低些。例如，荧光黄（$pK_a = 7$）必须在中性或弱碱性溶液（$pH = 7\sim10$）中使用。

③ 指示剂吸附能力要适中。沉淀对指示剂的吸附能力应略小于对待测离子的吸附能力，否则指示剂将在化学计量点前变色，而产生误差。卤化银对卤化物和几种吸附指示剂吸附能力的次序为：$I^- > SCN^- > Br^- > $曙红$ > Cl^- > $荧光黄。常用的吸附指示剂见表 9-1。

表 9-1　常用吸附指示剂

指示剂名称	待测离子	滴定剂	滴定条件(pH)
荧光黄	Cl^-，Br^-，I^-	$AgNO_3$	$7\sim10$
二氯荧光黄	Cl^-，Br^-，I^-	$AgNO_3$	$4\sim10$
曙红	SCN^-，Br^-，I^-	$AgNO_3$	$2\sim10$
溴甲酚绿	SCN^-	$AgNO_3$	$4\sim5$
甲基紫	Ag^+	$NaCl$	酸性溶液

④ 滴定时应避免强光。卤化银沉淀对光敏感，易分解析出灰黑色的金属银，影响滴定终点的观察。

 提纲挈领

1. 铬酸钾指示剂法又称为莫尔法，是以铬酸钾为指示剂，以硝酸银溶液为滴定液，在中性或者弱碱性条件直接滴定氯离子或溴离子的方法。

2. 莫尔法的滴定条件：适量的指示剂；控制溶液的酸度（中性或弱碱性）；滴定过程中应充分振摇；预先分离干扰离子。

3. 铁铵矾指示剂法又称为佛尔哈德法，是以铁铵矾 $[NH_4Fe(SO_4)_2 \cdot 12H_2O]$ 为指示剂，以 KSCN 或 NH_4SCN 溶液为滴定液，在酸性条件下测定可溶性银盐或卤素化合物的方法。

4. 佛尔哈德法按照滴定方式的不同，可以分为直接滴定法和返滴定法。直接滴定法用于滴定 Ag^+，返滴定法用于滴定卤素离子。

5. 佛尔哈德法的滴定条件：适量的指示剂；控制溶液的酸度（酸性）；滴定过程中适当振摇；预先分离干扰离子。

6. 吸附指示剂法又称为法扬司法，是以硝酸银溶液为滴定液，利用吸附指示剂确定终点，测定可溶性银盐或卤素化合物的方法。

7. 法扬司法的滴定条件：加入胶体保护剂（淀粉或糊精）；控制溶液的酸度；避免强光下滴定。

第四节　沉淀滴定法应用

一、滴定液的配制与标定

银量法常用的基准物质是基准 $AgNO_3$ 和 NaCl，常用滴定液是 $AgNO_3$ 和 NH_4SCN（或 KSCN）。

1. $AgNO_3$ 滴定液

市售的一级纯 $AgNO_3$ 或基准 $AgNO_3$ 可直接配制。根据配制需要准确称取后，在 110℃下烘干 1～2h，直接配制即可得滴定液。

一般纯度的 $AgNO_3$ 往往含有杂质，应采用间接法配制。根据所需配制硝酸银滴定液的浓度和体积，计算出所需硝酸银的质量，称取硝酸银固体，溶解并稀释至所需体积，再用基准氯化钠标定。

必须注意的是，硝酸银滴定液见光易分解，应贮存在棕色瓶中并避光保存。

2. NH_4SCN 及 KSCN 滴定液

NH_4SCN 和 KSCN 试剂一般含有杂质，易潮解，需采用标定法配制。先配制大约浓度的溶液，再以铁铵矾作指示剂，以 $AgNO_3$ 滴定液进行标定。

二、应用实例

1. 可溶性氯化物中氯的测定

测定可溶性氯化物中的氯，一般采用莫尔法测定。测定时，注意控制溶液的 pH＝6.5～10.5。如果试样中含有 PO_4^{3-}、AsO_4^{3-} 等离子，即使在中性或弱碱性条件下，也能和 Ag^+ 生成沉淀，干扰测定，此时只能采用佛尔哈德法。因为在酸性条件下，这些阴离子不会与 Ag^+ 反应生成沉淀，从而避免干扰。

2. 合金中银的测定

先将银合金溶于 HNO_3 中制成溶液，溶解试样时必须煮沸以除去氮的低价氧化物，因它能与 SCN^- 作用生成红色化合物，影响滴定终点的观察。

$$HNO_2 + H^+ + SCN^- \Longrightarrow NOSCN(红色) + H_2O$$

试样溶解后，再加入铁铵矾指示剂，用 NH_4SCN 滴定液滴定。

3. 有机卤化物中卤素的测定

有机卤化物一般不能直接滴定，应先将有机卤化物经过适当处理，使有机卤素转变为卤离子再用银量法测定。

 提纲挈领

1. 银量法中常用的滴定液为 $AgNO_3$ 溶液和 KSCN（或 NH_4SCN）溶液。
2. $AgNO_3$ 溶液可用直接法配制，KSCN（或 NH_4SCN）溶液采用间接法配制。
3. 银量法可用于测定无机卤化物、有机卤化物、巴比妥类药物等物质的含量。

 达标自测

一、选择题

1. Ag_2SO_4 溶度积常数表达式正确的是（　　　）。

A. $K_{sp}=[Ag^+]^2[SO_4^{2-}]$　　　　　　　B. $K_{sp}=[Ag^+][SO_4^{2-}]$

C. $K_{sp}=[Ag^+][SO_4^{2-}]^2$　　　　　　　D. $K_{sp}=[Ag^+][SO_4^{2-}]/[Ag_2SO_4]$

2. 要生成 $BaSO_4$ 沉淀，必须（　　　）。

A. $[Ba^{2+}][SO_4^{2-}]>K_{sp}$　　　　　　　B. $[Ba^{2+}][SO_4^{2-}]<K_{sp}$

C. $[Ba^{2+}]>[SO_4^{2-}]$　　　　　　　　D. $[Ba^{2+}]<[SO_4^{2-}]$

3. 促进沉淀溶解的方法不包括（　　　）。

A. 同离子效应　　　B. 酸碱法　　　　C. 配位法　　　　　D. 氧化还原法

4. 溶液中含有相同浓度的 Cl^-、Br^- 和 I^-，逐滴滴入 $AgNO_3$ 滴定液，则最先析出的沉淀是（　　　）。

A. $AgCl$　　　　　B. $AgBr$　　　　　C. AgI　　　　　　D. 同时析出

5. 采用吸附指示剂法测定滴定 Cl^- 的含量，可选择下列（　　　）吸附指示剂。

A. 曙红　　　　　B. 荧光黄　　　　C. AB 都不对　　　D. AB 都可以

6. 铬酸钾指示剂法要求溶液的 pH 控制在（　　　）范围内。

A. 2.5～6.5　　　B. 6.5～10.5　　　C. 10.5～12.5　　　D. 4.5～8.5

7. 在铬酸钾指示剂法中，溶液的碱性不能太强，否则将（　　　）。

A. 指示剂浓度减小　　　　　　　　B. 指示剂浓度增大

C. 终点不明显　　　　　　　　　　D. 生成 Ag_2O 沉淀

8. 荧光黄作为 $AgNO_3$ 滴定 Cl^- 的指示剂，滴定终点颜色变化是（　　　）。

A. 由黄绿色变为淡红色　　　　　　B. 由黄绿色变为白色

C. 由白色变为淡红色　　　　　　　D. 由淡红色变为黄绿色

二、判断题

1. 所有的沉淀反应都能用于沉淀滴定法。（　　　）

2. 铬酸钾指示剂法应在中性或弱碱性溶液中进行。（　　　）

3. 对于难溶电解质 $AgCl$，有：$K_{sp}=S^2$。（　　　）

4. 有两种难溶电解质，则溶度积大的难溶电解质其溶解度也一定较大。（　　　）

5. 硝酸银滴定液应避光保存。（　　　）

6. 铬酸钾指示剂法所用指示剂是重铬酸钾。（　　　）

三、填空题

1. 铬酸钾指示剂法测定 Cl^- 的含量时，滴定液是_____，指示剂是_____，应控制 pH 范围为_____，滴定终点的颜色是_____。

2. 铁铵矾指示剂法测定 Ag^+ 的含量时，采用的滴定方式是_____，滴定液是_____，指示剂是_____，应在_____的介质中进行，滴定终点的颜色是_____。

3. 吸附指示剂的应用受_____、_____、溶液的浓度以及_____等因素的影响。

四、计算题

1. 称取 NaCl 试液 20.00mL，加入 K_2CrO_4 指示剂，用 $0.1023mol \cdot L^{-1}$ $AgNO_3$ 滴定液滴定，用去 $AgNO_3$ 27.00mL。求每升溶液中含 NaCl 多少？（已知 $M_{NaCl}=58.44g \cdot mol^{-1}$）

2. 称取银合金试样 0.3000g，溶解后加入铁铵矾指示剂，用 $0.1000mol \cdot L^{-1}$ NH_4SCN 滴定液滴定，用去 NH_4SCN 23.80mL，计算银的质量分数。（已知 $M_{Ag}=107.9g \cdot mol^{-1}$）

（本章编写　穆　林）

扫码看解答

第十章　电化学分析法

 知识目标

1. 掌握参比电极及指示电极的基本概念。
2. 掌握直接电位法的基本原理和主要方法及其计算。
3. 掌握电位滴定法的基本原理及终点判别方法；指示电极的选择。
4. 掌握永停滴定法的基本原理及终点判别方法。
5. 熟悉电化学分析法的应用。

扫码看课件

 能力目标

1. 能根据测定要求选择合适的指示电极和参比电极。
2. 能正确测定溶液的 pH 值。
3. 能熟练使用 pH 计、电位滴定仪、永停滴定仪。
4. 能完成电化学分析仪器的维护和简单故障的排除。

电化学分析法是利用物质的电学、电化学性质及其变化而建立起来的分析方法，是研究电能和化学能相互转换的科学，也是仪器分析的重要组成部分之一。

电化学分析法根据溶液中物质的电化学性质及其变化规律，建立在以电位、电导、电流和电量等电学量与被测物质某些量之间的计量关系的基础之上，对组分进行定性和定量分析的方法。

 案例

酸雨的酸度测定

酸雨是指 pH 小于 5.6 的雨雪或其他形式的降水。雨、雪等在形成和降落过程中，吸收并溶解了空气中的二氧化硫、氮氧化合物等物质，形成了 pH 低于 5.6 的酸性降水。酸雨主要是人为地向大气中排放大量酸性物质所造成的。中国的酸雨主要是因大量燃烧含硫量高的煤而形成的，多为硫酸雨，少为硝酸雨，此外，各种机动车排放的尾气也是形成酸雨的重要原因。我国一些地区已经成为酸雨多发区，酸雨污染的范围和程度已经引起人们的密切关注。

讨论　酸雨的危害很大，如何测定其酸度？学习本章的内容后，上述问题将迎刃而解。

第一节　概述

电化学分析是利用物质的电化学性质测定物质成分的分析方法。它是仪器分析法的一个重要组成部分，以电导、电位、电流和电量等电化学参数与被测物质含量之间的关系作为计量的基础。电化学分析法大致可分为 5 类。

① 电位分析法　根据试液组成电池的电动势或指示电极的电位的变化来进行分析的方法，包括直接电位法和电位滴定法。

② 电导分析法　根据溶液的电导性质来进行分析的方法，包括直接电导法和电导滴定法。

③ 电解分析法　利用外加电压电解试液，根据电解完成后电极上析出物质的质量来进行分析的方法。用于分离或富集目的时称为电解分离法。

④ 库仑分析法　根据电解过程所消耗的电量来进行分析的方法，包括恒电位库仑分析法和电流库仑分析法。

⑤ 伏安法与极谱法　根据电解被测试液所得电流-电压曲线来进行分析的方法，称为伏安分析法；若所用工作电极是可以周期更新电极表面的液态电极，则称为极谱分析法。

电化学分析方法具有良好的选择性和灵敏度，所需的仪器设备简单，操作简便，并具有连续、快速和自动测量等优点，因此应用广泛。

 拓展阅读

电化学分析法是由德国化学家 C. 温克勒尔在 19 世纪首先引入分析领域的，仪器分析法始于 1922 年捷克化学家 J. 海洛夫斯基建立的极谱法。电化学分析法的基础是在电化学池中所发生的电化学反应。电化学池由电解质溶液和浸入其中的两个电极组成，两电极用外电路接通。在两个电极上发生氧化还原反应，电子通过连接两电极的外电路从一个电极流到另一个电极。根据溶液的电化学性质（如电极电位、电流、电导、电量等）与被测物质的化学或物理性质（如电解质与溶液的化学组成、浓度、氧化态与还原态的比例等）之间的关系，将被测定物质的浓度转化为一种电学参数加以测量。

电化学分析法均是通过在化学电池中发生电化学反应来实现的，无论何种电化学分析法，均需在化学电池中进行。因此，必须先了解化学电池的基本知识、基础原理和基本操作。

化学电池是化学能与电能互相转换的装置。原电池是将化学能转变成电能的装置 [图 10-1(a)]，其电极反应可自发进行。电解池是将电能转变成化学能的装置 [图 10-1(b)]，只有在外加电压条件下，电极反应才能进行。无论是原电池还是电解池，它们都由两个电极插入电解质溶液中构成。

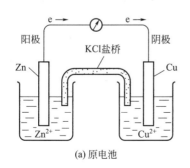
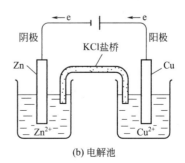

(a) 原电池　　　　　　　　　　　(b) 电解池

图 10-1　Cu-Zn 电池

课堂互动

原电池和电解池的本质区别是什么？

以 Cu-Zn 原电池为例，如图 10-1（a）所示，在两个烧杯中分别放入 $Zn(NO_3)_2$ 和 $Cu(NO_3)_2$ 溶液，在盛有 $Zn(NO_3)_2$ 溶液的烧杯中放入 Zn 片，在盛有 $Cu(NO_3)_2$ 溶液的烧杯中放入 Cu 片，将两个烧杯的溶液用一个盐桥连接。如果在 Cu-Zn 原电池外电路中加入一个电源，电源的正极接在铜片，负极接在锌片上，则构成电解池。如图 10-1（b）所示。

在电化学中规定，电极反应为氧化反应的电极是阳极，电极反应为还原反应的电极是阴极。电子流出的电极是负极，负极发生氧化反应；电子流入的电极是正极，发生还原反应。这既适应于原电池，也适应于电解池。

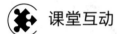
课堂互动

原电池的阳极可以称为什么极，阴极可以称为什么极？

在 Cu-Zn 原电池中，电极上发生的反应为：

阳极：　　　　　　　　$Zn(s) - 2e \Longrightarrow Zn^{2+}$　　　　　发生氧化反应

阴极：　　　　　　　　$Cu^{2+}(aq) + 2e \Longrightarrow Cu(s)$　　　发生还原反应

电池总反应为：　　　　$Zn(s) + Cu^{2+}(aq) \Longrightarrow Zn^{2+} + Cu(s)$

电极电位分别为 $\varphi_{Zn^{2+}/Zn}$ 和 $\varphi_{Cu^{2+}/Cu}$，且均符合能斯特方程：

$$\varphi = \varphi^{\ominus} + \frac{2.303RT}{2F} \lg \frac{[氧化态]}{[还原态]}$$

电池电动势 $E = \varphi_+ - \varphi_-$

在上述电解池中，各个电极上的反应为：

阳极：　　　　　　　　$Cu(s) - 2e \Longrightarrow Cu^{2+}(aq)$　　　发生氧化反应

阴极：　　　　　　　　$Zn^{2+} + 2e \Longrightarrow Zn(s)$　　　　　发生还原反应

电池总反应为：　　　　$Zn^{2+} + Cu(s) \Longrightarrow Zn(s) + Cu^{2+}(aq)$

知识链接

铅酸蓄电池是既能贮存化学能量，在必要时候又能放出电能的一种化学设备。工作原理简单说就是充电时利用外部的电能使内部活性物质再生，把电能贮存为化学能，需要放电时再次把化学能转换为电能输出。蓄电池用填满海绵状铅的铅板作负极，填满二氧化铅的铅板作正极，并用稀硫酸作电解质溶液。

铅酸蓄电池在工作时是原电池，金属铅是负极，发生氧化反应，被氧化为硫酸铅；二氧化铅是正极，发生还原反应，被还原为硫酸铅。铅酸蓄电池在用直流电充电时是电解池，两个电极上均覆盖了一层硫酸铅，金属铅是阴极，二氧化铅是阳极，两极分别生成铅和二氧化铅。电池反应如下：

$$PbO_2 + Pb + 2H_2SO_4 \Longrightarrow 2PbSO_4 + 2H_2O$$

其中，向右为铅酸蓄电池工作时的电池反应，向左为铅酸蓄电池充电时的电池反应。

提纲挈领

1. 电化学分析是利用物质的电化学性质测定物质成分的分析方法，以电导、电位、电流和电量等电化学参数与被测物质含量之间的关系作为计量的基础。

2. 电化学分析法大致包括电位分析法、电导分析法、电解分析法、库仑分析法、伏安法与极谱法。

3. 化学电池分为原电池和电解池，其中原电池的电池反应能自发进行，而电解池需外加电源。

4. 化学电池的阳极发生氧化反应，失去电子；化学电池的阴极发生还原反应，得到电子。

第二节　指示电极和参比电极

电位分析法是一种通过测量电极电位来测定物质量的分析方法。通过测定电极电位可求出该物质的活度或浓度。

电极电位的测量需要构成一个化学电池，一个电池有两个电极，在电位分析中，将电极电位随被测物质活度变化的电极称为指示电极；将另一个与被测物质无关的，提供测量电位参考的电极称为参比电极，电解质溶液由被测试样及其他组分组成。

一、指示电极

指示电极的作用是指示与被测物质的浓度相关的电极电位。指示电极对被测物质的指示是有选择性的，一种指示电极往往只能指示一种物质的浓度，因此，用于电位分析法的指示电极种类很多。电位法中常用的主要有金属基电极和离子选择性电极两大类。

1. 金属基电极

金属基电极是以金属为基体，基于电子转移反应的一类电极，按其组成及作用不同，分为：

（1）金属-金属离子电极　由金属插在该金属离子溶液中组成，因只有一个相界面，故又称第一类电极。这类电极的电极电位与金属离子的活（浓）度有关，可作为测定金属离子活（浓）度的指示电极。

以 $Ag|Ag^+$ 电极为例，将 Ag 丝插入 Ag^+ 溶液中，其电极反应为：

$$Ag^+ + e \rightleftharpoons Ag(s)$$

其电极电位符合能斯特方程：

$$\varphi_{Ag^+/Ag} = \varphi_{Ag^+/Ag}^{\ominus} + \frac{2.303RT}{F}lg[Ag^+]$$

（2）金属-金属难溶盐电极　将表面覆盖同一种金属难溶盐的金属，插在该难溶盐的阴离子溶液中组成了金属-金属难溶盐电极。这类电极有两个相界面，故又称第二类电极。其电极电位随溶液中阴离子的活（浓）度的变化而变化，可作为测定难溶盐阴离子浓度的指示电极。

以 $Ag|AgCl|Cl^-$ 为例，将表面沉积有一层氯化银的银丝浸入 NaCl 溶液中，其电极反应为：

$$AgCl(s) + e \rightleftharpoons Ag(s) + Cl^-$$

其电极电位：

$$\varphi_{AgCl/Ag} = \varphi_{AgCl/Ag}^{\ominus} + \frac{2.303RT}{F}lg[Cl^-]$$

（3）惰性金属电极　是将一种惰性金属（铂或金）浸入某氧化态与还原态电对同时存在的溶液中构成，这类电极又称氧化还原电极。惰性金属本身不参加电极反应，仅起传递电子的作用，又称零类电极。其电极电位决定于溶液中氧化态和还原态活（浓）度的比值，是测定溶液中氧化态或还原态的活（浓）度以及它们的比值的指示电极。

以 $Pt|I_2$，I^- 为例，将 Pt 电极插入含 I_2 和 I^- 的溶液中，其电极反应为：

$$I_2(aq)+2e \Longrightarrow 2I^-$$

其电极电位：

$$\varphi = \varphi_{I_2/I^-}^{\ominus} + \frac{2.303RT}{nF} lg \frac{[I_2]}{[I^-]^2}$$

2. 离子选择性电极

离子选择性电极也称为离子敏感电极，是一种特殊的电化学传感器，其电位与溶液中所给定的离子浓度的对数呈线性关系。以玻璃电极为例，介绍离子选择性电极。

玻璃膜电极是对氢离子活度有选择性响应的电极，玻璃膜内以 $0.1mol \cdot L^{-1}$ 的 HCl 作参比溶液，插入涂有 AgCl 的银丝作为参比电极，使用时，将玻璃膜电极插入待测溶液中。在水浸泡之后，玻璃膜中不能迁移的硅酸盐基团（称为交换点位）中 Na^+ 的点位全部被 H^+ 占有，当玻璃膜电极外膜与待测溶液接触时，由于溶胀层表面与溶液中氢离子活度不同，氢离子便从活度大的相朝活度小的相迁移，从而改变了溶胀层和溶液两相界面的电荷分布，产生外相界电位 $V_{外}$；玻璃膜电极内膜与内参考溶液同样也产生内相界电位 $V_{内}$，跨越玻璃膜的相间电位 $E_{膜}$ 可表示为：

$$E_{膜} = V_{外} - V_{内} = 0.059 lg \frac{\alpha_{H'(外)}}{\alpha_{H'(内)}} \tag{10-1}$$

式中，$\alpha_{H'(外)}$ 是膜外部待测氢离子活度；$\alpha_{H'(内)}$ 是膜外部待测氢离子活度。由于 $\alpha_{H'(内)}$ 是恒定的，因此：

$$E_{膜} = K + 0.059 lg \alpha_{H'(外)} \tag{10-2}$$

因此膜电位由膜外溶液 H^+ 浓度决定。由于玻璃电极的球形薄膜对 H^+ 的这种选择性响应，因此，称为 pH 玻璃电极。

对于玻璃电极整体而言，玻璃电极的电位应包含内参比电极的电位，即：

$$E_{玻璃膜} = E_{膜} + E_{参比} \tag{10-3}$$

如果用已知 pH 的溶液标定有关常数，则由测得的玻璃电极电位可求得待测溶液的 pH。

玻璃膜电极对阳离子的选择性与玻璃成分有关。若有意在玻璃中引入 Al_2O_3 或 B_2O_3 成分，则可以增加对碱金属的响应能力，在碱性范围内，玻璃膜电极电位由碱金属离子的活度决定，而与 pH 无关，这种玻璃电极称为 pM 玻璃电极，pM 玻璃电极中常用的是 pNa 电极。用来测定钠离子的浓度。

 学科前沿

生物电极是将生物化学和电分析化学相结合而研制成的电极。其特点是将电位法电极作为基础电极，生物酶膜或生物大分子膜作为敏感膜而实现对底物或生物大分子的分析。

1. 酶电极

酶电极的分析原理是基于用电位法直接测量酶促反应中反应物的消耗或反应物的产生而实现对底物分析的一种分析方法。它将酶活性物质覆盖在电极表面，这层酶活性物质与被测的有机物或无机物（底物）反应，形成一种能被电极响应的物质。

2. 微生物电极

微生物电极的分子识别部分是由固定化的微生物构成。这种生物敏感膜的主要特征是：①微生物细胞内含有活性很高的酶体系。②微生物的可繁殖性使该生物膜获得长期可保存的酶活性，从而延长了传感器的使用寿命。例如，将大肠杆菌固定在二氧化碳气体敏感电极上，可实现对赖氨酸的检测分析；将球菌固定在氯气体敏感电极上，可实现对精氨酸的检测。微生物菌体系含有天然的多酶系列，活性高，可活化再生，稳定性好，作为生物膜传感器，具有广泛的应用和开发前景。

3. 电位法免疫电极

生物中的免疫反应具有很高的特异性。电位法免疫电极检测免疫反应的发生实际上是一种直接的检测方法。其原理是：抗体与抗原结合后的电化学性质与单一抗体或抗原的电化学性质相比发生了较大的变化。将抗体（或抗原）固定在膜或电极的表面，与抗原（或抗体）形成免疫复合物后，膜中电极表面的物理性质，如表面电荷密度，离子在膜中的扩散速度，发生了改变，从而引起了膜电位或电极电位的改变。例如，将人绒毛膜促性腺激素 HCG 的抗体通过共价交联的方法固定在二氧化钛电极上，形成检测 HCG 的免疫电极。当该电极上 HCG 抗体与被测液中的 HCG 形成免疫复合物时，电极表面的电荷分布发生变化。该变化通过电极电位的测量反映出来。同样，抗体也可以交联在乙酰纤维素膜上形成免疫电极。

4. 组织电极

使用组织切片作为生物传感器的敏感膜是基于组织切片有很高的生物选择性。换句话说，组织电极是以生物组织内丰富存在的酶作为催化剂，利用电位法指示电极对酶促反应产物或反应物的响应，而实现对底物的测量。组织电极所使用的生物敏感膜可以是动物组织切片，如肾、肝、肌肉、肠黏膜等；也可以是植物组织切片，如植物的根、茎、叶等。组织电极的典型例子之一是鸟嘌呤测定用的生物电极。其构成是用尼龙网将兔肝组织切片固定在氨气体指示电极上。

二、参比电极

在一定条件下，电极电位基本恒定的电极称参比电极。作为参比电极，不仅要求电位恒定，而且要求其重现性好、装置简单、方便耐用。电位法中常用的参比电极有饱和甘汞电极和 Ag-AgCl 电极。

1. 甘汞电极

饱和甘汞电极（SCE）的构造如图 10-2 所示。

电极由内、外两个玻璃套管组成，内管上端封接一根铂丝，铂丝上部与电极引线相连，铂丝下部插入汞层中（汞层厚 $0.5\sim1cm$）。汞层下部是汞和甘汞的糊状物，内玻璃管下端用石棉或纸浆类多孔物堵紧。外玻璃管内充满饱和 KCl 溶液，最下端用素烧瓷微孔物质封紧，既可将电极内外溶液隔开，又可提供内外溶液离子通道，起到盐桥的作用。

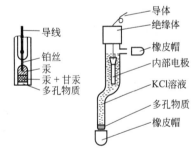

图 10-2　饱和甘汞电极的构造示意图

甘汞电极表示式：$Hg \mid Hg_2Cl_2(s) \mid KCl(x\ mol\cdot L^{-1})$

电极反应　　　　$Hg_2Cl_2 + 2e \longrightarrow 2Hg + 2Cl^-$

电极电位　　　　$\varphi = \varphi^\ominus - 0.059lg\alpha_{Cl^-}$　　（25℃时）

可见，电极电位随着 KCl 溶液浓度的增大而减小，当 Cl^- 浓度一定时，甘汞电极的电位是一定值。在 25℃下，不同浓度的 KCl 对应的甘汞电极的电位，如表 10-1 所示。

表 10-1　不同浓度 KCl 溶液的甘汞电极的电极电位（25℃）

KCl 溶液浓度/mol·L^{-1}	0.1	1.0	饱和
电极电位/V	+0.3365	+0.2828	+0.2438

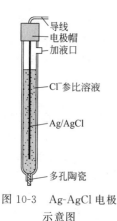

图 10-3　Ag-AgCl 电极
示意图

标注（从上到下）：导线、电极帽、加液口、Cl⁻参比溶液、Ag/AgCl、多孔陶瓷

2. Ag-AgCl 电极

Ag-AgCl 电极是在银丝上镀一层 AgCl 沉淀，并浸入一定浓度的 KCl 溶液中构成，属于金属-金属难溶盐电极，其构造如图 10-3 所示。由于其电极结构简单，体积小，常用来作为内参比电极。

该电极是将表面镀有一层氯化银的银丝插入一定浓度的氯化钾（或含 Cl⁻ 的溶液）中组成，电极下端的管口用素烧瓷芯封住，将电极内外溶液隔开以免混合。当 KCl 浓度一定时，则此电极的电位值就为定值。25℃ 时，不同浓度的 KCl 溶液的 Ag-AgCl 电极的电位，见表 10-2。

表 10-2　不同浓度 KCl 溶液的 Ag-AgCl 电极的电极电位（25℃）

KCl 溶液浓度/mol·L⁻¹	0.1	1.0	饱和
电极电位/V	+0.2880	+0.2223	+0.2000

提纲挈领

1. 指示电极是指电极电位随被测物质活度变化的电极；参比电极其电位与被测物质无关，提供测量电位参考的电极。

2. 指示电极可以分为金属基电极和离子选择电极。

3. 金属基电极包括金属-金属离子电极、金属-金属难溶盐电极、惰性金属电极。

4. 玻璃膜电极是对氢离子活度有选择性响应的电极。

5. 常用的参比电极为饱和甘汞电极和 Ag-AgCl 电极。

第三节　直接电位法

直接电位法是选择合适的指示电极与参比电极，浸入待测溶液中组成原电池，测量原电池的电动势，利用电池电动势与被测组分活（浓）度之间的函数关系，直接求出待测组分活（浓）度的方法。直接电位法可用于溶液 pH 的测定及其他离子浓度的测定。

一、溶液 pH 的测定

测定溶液 pH 使用的指示电极有氢电极、氢醌电极和 pH 玻璃电极，其中以 pH 玻璃电极最为常用，用饱和甘汞电极作为参比电极，浸入待测溶液中组成原电池：

$$\text{pH 玻璃电极}|\text{试样溶液}|\text{饱和甘汞电极}$$

其电极电位 $\varphi_{玻}$ 与溶液的 pH 值有以下关系：

$$\varphi_{玻} = K - \frac{2.303RT}{F}\text{pH} \tag{10-4}$$

式中，K 为电极常数；R 为气体常数；T 为开尔文温度；F 为法拉第常数。该电池的电动势为：

$$E = \varphi_{甘汞} - \varphi_{玻} = \varphi_{甘汞} - K + \frac{2.303RT}{F}\text{pH} \tag{10-5}$$

在一定温度下，该公式中 $\varphi_{甘汞}$ 为饱和甘汞电极的电极电位，为固定值。

由上式可知，在一定的温度下，E 与 pH 呈线性关系，斜率为 $2.303RT/F$，因此，只要测得 E，就可以计算出 pH。但在实际工作中，($\varphi_{甘汞}-K$) 受溶液组成、电极种类和电极使用时间等诸多因素的影响，其值不易准确计算，因此在用酸度计测量 pH 时，我们一般采用两次测量法。该方法的一般操作：在相同的条件下，首先测量已知 pH_s 标准缓冲溶液的电动势，再测量未知 pH_x 待测液的电动势。

电极插入标准缓冲溶液时，电池电动势为：

$$E_s=\varphi_{甘汞}-K+\frac{2.303RT}{F}pH_s \tag{10-6}$$

在相同条件下，电极插入待测溶液时，电池电动势为：

$$E_x=\varphi_{甘汞}-K+\frac{2.303RT}{F}pH_x \tag{10-7}$$

上两式中，pH_s 和 pH_x 分别是标准缓冲溶液与待测液的 pH 值，将两式整理相减可得：

$$pH_x=pH_s+\frac{E_x-E_s}{2.303RT} \tag{10-8}$$

在 25℃时：

$$pH_x=pH_s+\frac{E_x-E_s}{0.0592} \tag{10-9}$$

由此可以看出，未知溶液的 pH 与未知溶液的电位值成线性关系。这种测定方法实际上是一种标准曲线法，标定仪器的过程实际上就是用标准缓冲溶液校准标准曲线的截距，温度校准则是调整曲线的斜率。经过校准操作后，可以对未知溶液进行测定，未知溶液的 pH 可以由 pH 计直接读出。

pH 测定的准确度决定于标准缓冲溶液的准确度，也决定于滴定液和待测溶液组成接近的程度。此外，玻璃电极一般适用于 pH 为 1～9，pH>9 时会产生碱误差，读数偏高，pH<1 时会产生酸误差，读数偏低。

深度解析

pH 玻璃电极的"钠差"和"酸差"

"钠差"——当测量 pH 较高或 Na^+ 浓度较大的溶液时，测得的 pH 值偏低，称为"钠差"或"碱差"。每一支 pH 玻璃电极都有一个测定 pH 高限，超出此高限时，"钠差"就显现了。产生"钠差"的原因是 Na^+ 参与响应。

"酸差"——当测量 pH 小于 1 的强酸，或盐度大的溶液，或某些非水溶液时，测得的 pH 值偏高，称为"酸差"。产生"酸差"的原因是：当测定酸度大的溶液时，玻璃膜表面可能吸附 H^+，当测定盐度大的溶液或非水溶液时，溶液中 α_{H^+} 变小。

课堂互动

测量溶液 pH，为什么要采用两次测量法？

二、复合 pH 电极

复合 pH 电极是在玻璃电极和甘汞电极的原理上研制开发出来的新一代电极，它是将玻璃电极和甘汞电极组合在一起，构成单一电极体，具有体积小、使用方便、坚固耐用、被测试液用量少、可用于狭小容器测试等优点。复合 pH 电极发展很快，将逐渐取代常规的 pH

电极，广泛地用于溶液 pH 测定。

 知识拓展

测定 pH 值时，应严格按仪器的使用说明书操作，并注意下列事项。

（1）测定前，按各品种项下的规定，选择两种 pH 值约相差 3 个 pH 单位的标准缓冲液，并使供试品溶液的 pH 值处于两者之间。

（2）取与供试品溶液 pH 值较接近的第一种标准缓冲液对仪器进行校正（定位）。

（3）仪器定位后，再用第二种标准缓冲液核对仪器示值，误差应不大于±0.02pH 单位。若大于此偏差，则应小心调节斜率，使示值与第二种标准缓冲液的表列数值相符。重复上述定位与斜率调节操作，至仪器示值与标准缓冲液的规定数值相差不大于 0.02pH 单位。否则，需检查仪器或更换电极后，再行校正至符合要求。

（4）每次更换标准缓冲液或供试品溶液前，应用纯化水充分洗涤电极，然后将水吸尽，也可用所换的标准缓冲液或供试品溶液洗涤。

（5）在测定高 pH 值的供试品和标准缓冲液时，应注意误差的问题，必要时选用适当的玻璃电极测定。

（6）对弱缓冲液或无缓冲作用溶液的 pH 值测定，除另有规定外，先用苯二甲酸盐标准缓冲液校正仪器后测定供试品溶液，并重取供试品溶液再测，直至 pH 值的读数在 1min 内改变不超过±0.05 止；然后再用硼砂标准缓冲液校正仪器，再如上法测定；两次 pH 值的读数相差应不超过 0.1，取两次读数的平均值为其 pH 值。

（7）配制标准缓冲液与溶解供试品的水，应是新沸过并放冷的纯化水，其 pH 值应为5.5～7.0。

（8）标准缓冲液一般可保存 2～3 个月，但发现有浑浊、发霉或沉淀等现象时，不能继续使用。

 提纲挈领

1. 测量溶液 pH 的电池组成：玻璃电极、待测液和饱和甘汞电极。

2. pH 测量采用的是两次测量法，计算公式 $pH_x = pH_s + \dfrac{E_x - E_s}{2.303RT}$。

第四节　电位滴定法

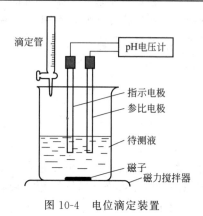

图 10-4　电位滴定装置

一、电位滴定法的基本原理

电位滴定法是在滴定过程中通过测量电位变化以确定滴定终点的方法，和直接电位法相比，电位滴定法不需要准确地测量电极电位值，因此，温度、液体接界电位的影响并不重要，其准确度优于直接电位法，普通滴定法是依靠指示剂颜色变化来指示滴定终点，如果待测溶液有颜色或浑浊时，终点的指示就比较困难，或者根本找不到合适的指示剂。电位滴定法是靠电极电位的突跃来指示滴定终点。在滴定到达终点前后，滴液中的待测离子浓度往往连续变化 n 个数量级，引起电位的突跃，被测成分的含量仍然通过消耗滴定剂的量来计算。电位滴定装置如图 10-4 所示。

 课堂互动

传统滴定分析法包括哪 4 种类型？

电位滴定法与传统滴定分析法相比，具有以下优势：滴定终点的确定不存在主观性，不存在观测误差，结果更准确；可进行有色液、浑浊液及无合适指示剂的样品溶液滴定；易实现连续、自动和微量滴定。

 课堂互动

传统滴定法与电位滴定法的主要区别是什么？

二、滴定终点的确定

电位滴定法的仪器又分为手动滴定法和自动滴定法。

1. 手动滴定

手动滴定法所需仪器为上述 pH 计或离子计，在滴定过程中测定电极电位变化，然后绘制滴定曲线。手动滴定终点的确定方法一般有以下三种。

（1） $E\text{-}V$ 曲线法　以滴加滴定剂的体积 V 为横坐标，电动势 E（电位计读数）为纵坐标作图得到 $E\text{-}V$ 曲线，如图 10-5(a) 所示。曲线的转折点（斜率最大处）所对应的体积 V，即为化学计量点滴入的滴定液体积。这种方法处理数据简单，但准确性不够，且适用于化学计量点处有明显突跃的滴定分析。

（2） $\Delta E/\Delta V\text{-}\overline{V}$ 曲线法　以相邻两次加入滴定剂体积的算术平均值 $\overline{V}$ 为横坐标，$\Delta E/\Delta V$（滴定剂单位体积变化引起电动势的变化值）为纵坐标作图，得到一条峰状曲线，如图 10-5(b) 所示。该曲线可以看成是 $E\text{-}V$ 曲线的一阶导数曲线，所以这种方法又叫一阶微商法。峰状曲线的最高点所对应的体积即为化学计量点的体积。这种方法比较准确，但数据处理和作图比较麻烦。

（3） $\Delta^2 E/\Delta V^2\text{-}V$ 曲线法　以滴入滴定液的体积为横坐标，以 $\Delta^2 E/\Delta V^2$ 为纵坐标，得到一条具有两个极值的曲线，如图 10-5(c) 所示。该曲线可以看作 $E\text{-}V$ 曲线的近似二阶导数曲线，所以这种方法又叫二阶微商法。曲线上 $\Delta^2 E/\Delta V^2 = 0$ 时，所对应的体积即为化学计量点时滴入滴定液的体积。

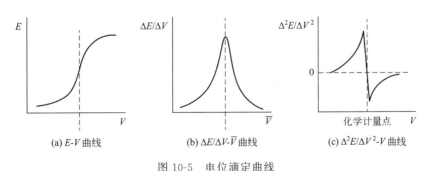

图 10-5　电位滴定曲线

其中
$$\Delta^2 E/\Delta V^2 = \frac{\left(\dfrac{\Delta E}{\Delta V}\right)_2 - \left(\dfrac{\Delta E}{\Delta V}\right)_1}{V_2 - V_1}$$
(10-10)

除以上方法外，还可以用二阶导数内插法计算滴定终点体积。在实际的电位滴定中，传统的方法正逐渐被自动电位滴定所取代，自动电位滴定能自动判断滴定终点，并能自动绘制出 E-V 曲线或 $\Delta E/\Delta V$-$\overline{V}$ 曲线，在很大程度上提高了测定的灵敏度和准确度。

2. 自动滴定

随着电子技术与计算机技术的发展，各种自动滴定仪相继出现。自动滴定仪有两种工作方式：自动记录滴定曲线方式和自动终点停止方式。

自动记录滴定曲线方式是在滴定过程中自动绘制滴定体系中 pH（或电位值）-滴定体积变化曲线，然后由计算机找出滴定终点，给出消耗的滴定体积。自动终点停止方式是预先设置滴定终点的电位值，当电位值到达预定值后，滴定自动停止。

自动终点停止方式是预先设置滴定终点的电位值，当电位值到达预定值后，滴定自动停止。

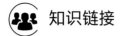 **知识链接**

电位滴定法的应用

各类型滴定分析都可采用电位滴定法，但不同类型的滴定分析应选择不同的指示电极。

1. 酸碱滴定　在酸碱滴定过程中，当滴定达到化学计量点附近时，氢离子浓度发生大幅度的变化。因此，进行酸碱反应的电位滴定时，就需要采用响应氢离子浓度变化的电极作指示电极。一般都用玻璃电极作指示电极，饱和甘汞电极作参比电极。由于玻璃电极的电极电位与溶液的 pH 值成线性关系，因此在化学计量点附近，玻璃电极的电极电位随溶液 pH 值的大幅度变化而产生"突跃"，从而可以确定滴定终点。

2. 配位滴定　在配位滴定过程中，溶液中的金属离子浓度发生变化，在化学计量点附近，金属离子浓度发生突跃，因此，可以选择合适的指示电极和参比电极进行电位滴定。例如，用 $AgNO_3$ 或 $Hg(NO_3)_2$ 滴定 CN^-，分别生成 $Ag(CN)_2^-$ 和 $Hg(CN)_4^{2-}$ 配离子，滴定过程中 Ag^+ 或 Hg^{2+} 浓度发生变化，所以可选用银电极或汞电极作为指示电极，以饱和甘汞电极为参比电极组成原电池，进行电位滴定。

3. 氧化还原滴定　氧化还原反应的电位滴定一般以 Pt 电极作指示电极，甘汞电极作参比电极。在化学计量点附近，被滴定物质的氧化态和还原态相对平衡浓度发生突变，必然引起指示电极的电极电位突跃，因此可以确定滴定终点。

4. 沉淀滴定　可选用银电极作指示电极，甘汞电极作参比电极，以 $AgNO_3$ 滴定液测定 Cl^-、Br^-、I^- 等离子。选用铂电极作指示电极，用六氰合铁（Ⅱ）酸钾滴定液测定 Pb^{2+}、Ca^{2+}、Zn^{2+}、Ba^{2+} 等离子的含量。

 提纲挈领

1. 电位滴定法与传统滴定分析法的主要区别是指示终点的方法不一样，电位滴定法是通过电动势突变来确定终点，传统滴定分析法通过指示剂变色来确定终点。

2. 电位滴定法确定终点的方法包括 E-V 曲线法、$\Delta E/\Delta V$-$\overline{V}$ 曲线法和 $\Delta^2 E/\Delta V^2$-V 曲线法。

第五节　永停滴定法

一、永停滴定法的基本原理

　　永停滴定法是容量分析中用以确定终点或选择核对指示剂变色域的方法。永停滴定法是根据滴定过程中铂电极对电流的突变来判别终点。永停滴定法所用仪器装置见图 10-6，采用两支相同的铂电极，当在电极间加一低电压（例如 50mV）时，若电极在溶液中极化，则在未到滴定终点时，仅有很小或无电流通过；但当到达终点时，滴定液略有过剩，使电极去极化，溶液中即有电流通过，电流计指针突然偏转，不再回复。反之，若电极由去极化变为极化，则电流计指针从有偏转回到零点，也不再变动。

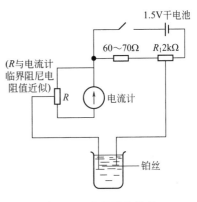

图 10-6　永停滴定装置

 课堂互动

　　永停滴定法和电位滴定法有何区别？

二、可逆电对和不可逆电对

　　若溶液中同时存在氧化型物质及与其对应的还原型物质，例如，溶液中同时存在 I_2 和 I^-，在此溶液中插入一个惰性 Pt 电极，按照能斯特方程，25℃时 Pt 电极的电极电位为：

$$\varphi_{I_2/I^-} = \varphi_{I_2/I^-}^{\ominus} + \frac{0.0592}{2F} \lg \frac{[I_2]}{[I^-]^2} \tag{10-11}$$

　　如果同时插入两个 Pt 电极，因两个电极的电极电位相同，没有电极反应发生，电流为零。若在两电极之间外加一个小电压，形成电解池，连接正极的电极（阳极）将发生氧化反应，连接负端的电极（阴极）将发生还原反应。

阳极：$\qquad\qquad\qquad 2I^- - 2e \rightleftharpoons I_2$

阴极：$\qquad\qquad\qquad I_2 + 2e \rightleftharpoons 2I^-$

　　上述反应可以看出溶液产生电解过程，当阳极失去电子，阴极得到电子，电路中就会有电流产生。把这种电极反应可逆的电对称为可逆电对。可逆电对电流大小取决于浓度低的氧化态或还原态浓度。电流随低浓度一方的改变而改变，当氧化态和还原态浓度相等时，电流最大。

　　若溶液中的电对是 $S_4O_6^{2-}/S_2O_3^{2-}$，同时插入两个 Pt 电极，加小电压，只有阳极能发生电极反应：$2S_2O_3^{2-} - 2e \longrightarrow S_4O_6^{2-}$，而阴极 $S_4O_6^{2-} + 2e \longrightarrow 2S_2O_3^{2-}$ 不能进行，故不电解，无电流产生。这种电极反应不可逆的电对称为不可逆电对。

　　永停滴定法就是依据在外加小电压下，溶液中有可逆电对就有电流、无可逆电对就无电流的现象来确定终点。

 课堂互动

　　你能列举几种可逆电对吗？

三、滴定曲线和终点判断

在氧化还原滴定过程中，由于氧化剂和还原剂在电极上的反应有可逆和不可逆两种情况，所以永停滴定反应主要有以下三种类型。

1. 滴定液为可逆电对，待测物为不可逆电对

用 I_2 滴定液滴定 $Na_2S_2O_3$ 溶液即属于这种类型。在 $Na_2S_2O_3$ 溶液中，插入两个 Pt 电极，外加一小电压，用灵敏电流计测量两极间的电流。在化学计量点前，待测液中有 $S_2O_3^{2-}$、$S_4O_6^{2-}$、I^-，不存在可逆电对，因此电流计指针停在零点。化学计量点后，过量的 I_2 和待测液中的 I^- 构成可逆电对 I_2/I^-，在两个 Pt 电极上发生电解反应，故有电流通过电解池，电流计指针突然发生偏转。而且随着过量 I_2 的不断增加，电流强度不断增大，电流计的指针越偏离零点。这种类型的滴定，是以电流计的指针在零点到发生偏转并不再回到零点为终点，滴定曲线如图 10-7 所示，曲线上的转折点即为化学计量点时所消耗 I_2 的体积。

2. 滴定液为不可逆电对，待测物为可逆电对

用 $Na_2S_2O_3$ 滴定液滴定 I_2 溶液即属于这种类型。在含有 I^- 的 I_2 溶液中插入两个 Pt 电极，外加一小电压，用灵敏电流计测量两极间的电流。在滴定开始前，溶液中存在可逆电对 I_2/I^-，因此有电流通过电解池，且 $c_{I^-}<c_{I_2}$，电流的大小取决于 I^- 浓度；滴定开始后，待测液中 I^- 浓度逐渐增大，电流强度也逐渐增大，直至待测液中 $c_{I^-}=c_{I_2}$，此时电流强度最大；继续滴定，待测液中 $c_{I_2}<c_{I^-}$，电流的大小取决于 I_2 浓度，随着滴定的进行，I_2 浓度逐渐降低，所以电流也逐渐降低。滴定至化学计量点时，待测液中 $c_{I_2}=0$，不存在可逆电对，故电流计指针停留在零点，因此称为永停滴定法。滴定曲线如图 10-8 所示。

3. 滴定液为可逆电对，待测物为可逆电对

用 $Ce(SO_4)_2$ 溶液滴定 $FeSO_4$ 溶液即属于这种类型。在滴定开始前，待测液中只有 Fe^{2+}，不存在可逆电对，无电解反应，无电流通过。滴定开始后，溶液中有 Fe^{3+} 生成，存在可逆电对 Fe^{3+}/Fe^{2+}，故有电流通过，且电流大小取决于 Fe^{3+} 的浓度。随着滴定的进行，Fe^{3+} 的浓度不断增大，因此电流也不断增大，当 $c_{Fe^{3+}}=c_{Fe^{2+}}$ 时，电流达到最大值。继续滴定，溶液中 $c_{Fe^{3+}}>c_{Fe^{2+}}$，电流的大小取决于 Fe^{2+} 的浓度，随着滴定的进行，Fe^{2+} 浓度逐渐降低，因此电流也逐渐降低。滴定至化学计量点时，待测液中只有 Ce^{2+} 和 Fe^{3+}，待测液中无可逆电对，此时无电流通过。化学计量点后继续滴定，待测液中有 Ce^{4+}，Ce^{2+} 和 Fe^{3+}，此时存在不可逆电对为 Ce^{4+}/Ce^{2+}，故有电流通过，且随着滴定液的增加，Ce^{4+} 的浓度逐渐增大，电流也逐渐增大。滴定曲线如图 10-9 所示。

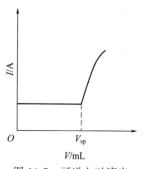

图 10-7　可逆电对滴定
不可逆电对滴定曲线图

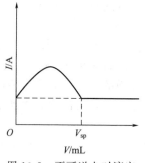

图 10-8　不可逆电对滴定
可逆电对滴定曲线图

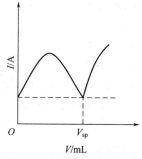

图 10-9　可逆电对滴定可逆
电对滴定曲线图

课堂互动

永停滴定法中为什么没有不可逆电对滴定不可逆电对?

 提纲挈领

1. 永停滴定属于电流滴定,依据电流突变来确定终点。

2. 永停滴定包括可逆电对滴定不可逆电对,不可逆电对滴定可逆电对,可逆电对滴定可逆电对这三种类型。

3. 永停滴定法主要作为重氮化滴定确定终点的方法。

达标自测

一、选择题

1. 玻璃电极在使用前一定要在水中浸泡几小时,目的在于 ( )。

A. 清洗电极　　　　　B. 活化电极　　　　　C. 校正电极　　　　　D. 检查电极好坏

2. 玻璃电极的内参比电极是 ( )。

A. 银电极　　　　　　B. 氯化银电极　　　　C. 铂电极　　　　　　D. 银-氯化银电极

3. 测定 pH 的指示电极为 ( )。

A. 标准氢电极　　　　B. pH 玻璃电极　　　　C. 甘汞电极　　　　　D. 银-氯化银电极

4. 电位滴定法是依据 ( ) 来确定滴定终点的。

A. 指示剂颜色变化　　B. 电极电位　　　　　C. 电位突跃　　　　　D. 电位大小

5. 永停滴定法采用 ( ) 方法确定滴定终点。

A. 电位突变　　　　　B. 电流突变　　　　　C. 电阻突变　　　　　D. 电导突变

6. 玻璃电极在使用前,应在纯化水中浸泡 ( )。

A. 6h　　　　　　　　B. 18h　　　　　　　　C. 24h　　　　　　　　D. 30h

7. 当 pH 计上的电表指针所指示的 pH 与标准缓冲溶液的 pH 不相符合时,可通过调节下列哪种部件使之相符 ( )。

A. 温度补偿器　　　　　　　　　　　　　　　B. 定位调节器

C. 零点调节器　　　　　　　　　　　　　　　D. pH-电压表转换器

8. 滴定分析与电位滴定法的主要区别是 ( )。

A. 滴定对象不同　　　　　　　　　　　　　　B. 滴定液不同

C. 指示剂不同　　　　　　　　　　　　　　　D. 指示终点的方法不同

9. 电位滴定法中电极组成为 ( )。

A. 两支不相同的参比电极　　　　　　　　　　B. 两支相同的指示电极

C. 两支不相同的指示电极　　　　　　　　　　D. 一支参比电极,一支指示电极

10. 永停滴定法属于 ( )。

A. 电位滴定法　　　　B. 电导滴定法　　　　C. 氧化还原滴定法　　D. 电流滴定法

11. 电位滴定法中电极组成为 ( )。

A. 两支不相同的参比电极　　　　　　　　　　B. 两支相同的指示电板

C. 两支不相同的指示电极　　　　　　　　　　D. 一支参比电极,一支指示电极

12. 永停滴定法中电极组成为 ( )。

A. 两支不相同的参比电极　　　　　　　　　　B. 两支相同的指示电板

C. 两支不相同的指示电极　　　　　　　　　　D. 一支参比电极,一支指示电极

13. 永停滴定法属于（　　　）。

A. 电压滴定法　　　　　B. 电流滴定法　　　　　C. 直接电位法　　　　　D. 电导法

14. 永停滴定法中，当通过的电流达到最大时，氧化态和还原态的浓度关系为（　　　）。

A. 氧化态浓度大于还原态浓度　　　　　　　B. 氧化态浓度等于还原态浓度

C. 氧化态浓度小于还原态浓度　　　　　　　D. 氧化态浓度或还原态浓度为零

15. 电位法常用的参比电极是（　　　）。

A. Ag-AgCl 电极　　　　B. 甘汞电极　　　　　C. 玻璃电极　　　　　D. 复合玻璃电极

二、填空题

1. 玻璃电极的内参比电极是＿＿＿＿＿＿，在使用前必须在纯化水中浸泡＿＿＿＿＿＿h。

2. 电化学分析方法主要分为＿＿＿＿＿、＿＿＿＿＿、＿＿＿＿＿和＿＿＿＿＿四种类型。

3. 电位法常用的参比电极＿＿＿＿＿和＿＿＿＿＿。

4. 测定溶液的 pH 值，常用＿＿＿＿＿为参比电极，＿＿＿＿＿为指示电极。

5. 直接电位法是选择合适的＿＿＿＿＿电极与＿＿＿＿＿电极，浸入待测溶液中组成原电池，测量原电池的＿＿＿＿＿，求出待测组分活（浓）度的方法。

6. 永停滴定法的类型有＿＿＿＿＿、＿＿＿＿＿、＿＿＿＿＿。

7. 永停滴定法是根据滴定过程中＿＿＿＿＿的突变来判别终点。

（本章编写　邹小丽）

扫码看解答

第十一章　紫外-可见分光光度法

知识目标

1. 掌握紫外-可见分光光度法的基本原理和定量分析方法、紫外-可见分光光度计的基本构造和类型。
2. 熟悉紫外-可见分光光度法在药物定性鉴别和含量测定方面的应用。
3. 了解紫外-可见分光光度法分析条件的选择。

扫码看课件

能力目标

1. 能够熟练操作紫外-可见分光光度计。
2. 能够自行设计实验方案，按照标准操作规程进行样品的检验。
3. 能够进行紫外-可见分光光度计的日常保养和维护。

紫外-可见分光光度法又称为紫外-可见吸收光谱法，是在 $190\sim800nm$ 波长范围内测定物质的吸光度，用于药品的鉴别、杂质检查和含量测定的方法。紫外-可见分光光度法灵敏度较高，一般可达 $10^{-4}\sim10^{-7}\,g\cdot mL^{-1}$ 或更低范围。

案例

1801 年德国物理学家里特在研究太阳光谱时，突然想了解太阳光分解为七色光后有没有其他看不见的光存在。当时他手头正好有一瓶氯化银溶液。人们当时已知道，氯化银在加热或受到光照时会分解而析出银，析出的银由于颗粒很小而呈黑色。这位科学家就想通过氯化银来确定太阳光七色光以外的成分。他用一张纸片蘸了少许氯化银溶液，并把纸片放在白光经棱镜色散后七色光的紫光的外侧。过了一会儿，他果然在纸片上观察到蘸有氯化银部分的纸片变黑了，这说明太阳光经棱镜色散后在紫光的外侧还存在一种看不见的光线，里特把这种光线称为紫外线。

　　讨论　1. 什么是紫外线?
　　　　　2. 物质吸收紫外线后会产生什么变化?

第一节　基本原理

一、光的本质与电磁波谱

1. 电磁辐射

　　光是一种电磁辐射（又称电磁波），是一种以巨大速度通过空间而不需要任何物质作为传播媒介的光（量）子流，它具有波动性和微粒性。
　　光的波动性用波长 λ、波数 σ 和频率 ν 作为表征。λ 是在波的传播路线上具有相同振动相位的相邻两点之间的线性距离，常用 nm 作为单位。σ 是每厘米长度中波的数目，单位 cm^{-1}。ν 是每秒内的波动次数，单位 Hz。在真空中波长、波数和频率的关系为：

$$\nu = c/\lambda \tag{11-1}$$

$$\sigma = 1/\lambda = \nu/c \tag{11-2}$$

式中，c 是光在真空中的传播速度，$c = 2.997925 \times 10^{10} cm \cdot s^{-1}$。电磁辐射在空气中的传播速度与其在真空中相差不多。

光的微粒性用每个光子具有的能量 E 作为表征。光子的能量与频率成正比，与波长成反比。它与频率、波长和波数的关系为：

$$E = h\nu = hc/\lambda = hc\sigma \tag{11-3}$$

式中，h 是普朗克常数，$h = 6.6262 \times 10^{-34} J \cdot s$；$E$ 是能量，电子伏特（eV）、焦耳（J）。

2. 电磁波谱

从 γ 射线一直至无线电波都是电磁辐射，光是电磁辐射的一部分，它们在性质上是完全相同的，区别仅在于波长或频率不同，即光子具有的能量不同。表 11-1 表示电磁波谱的分区及所激发跃迁类型。

表 11-1　电磁波谱分区示意表

辐射区段	波长范围	能级跃迁类型	光谱类型
γ 射线	$10^{-4} \sim 10^{-3} nm$	原子核能级跃迁	γ 射线
X 射线	$10^{-3} \sim 10 nm$	内层电子能级跃迁	X 射线
紫外辐射	$10 \sim 400 nm$	外层电子能级跃迁	紫外光谱、荧光光谱
可见光区	$400 \sim 800 nm$	外层电子能级跃迁	可见吸收光谱
红外辐射	$0.80 \sim 1000 \mu m$	分子振动转动能级跃迁	红外光谱
微波区	$0.1 \sim 100 cm$	电子自旋能级跃迁	微波谱、电子自旋共振波谱
无线电波区	$1 \sim 1000 m$	核自旋能级跃迁	核磁共振波谱

二、物质对光的选择性吸收

当白光照射到物质上时，如果物质对白光中某种颜色的光产生了选择性的吸收，则物质就会显示出一定的颜色。物质所显示的颜色是吸收光的互补色。物质的颜色是由于物质对不同波长的光具有选择性的吸收作用而产生的。例如 $KMnO_4$ 溶液呈紫色，原因是当白光通过 $KMnO_4$ 溶液时，选择性地吸收了白光中的绿色光，其他光不被吸收而透过溶液。透过的光线中，除紫色光外，其他颜色的光互补为白光，所以 $KMnO_4$ 溶液呈透过紫光的颜色。

 课堂互动

为什么 $KMnO_4$ 溶液呈紫色，而 $CuSO_4$ 溶液呈蓝色？

不同物质吸收不同波长的光线，是由物质的组成和结构决定的，所以物质对光的吸收具有专属选择性。利用物质对光的选择性吸收，可做物质定性分析。

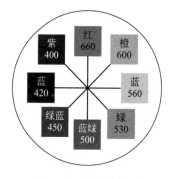

图 11-1　白光示意图

趣味学习

单色性指光的波长范围的宽窄程度。单色光是只具有一种波长的光。复合光是由两种以上波长组成的光。在可见光范围内，不同波长光的颜色是不同的。平常所见的白光（日光、白炽灯光等）是一种复合光，它是由红、橙、黄、绿、青、蓝、紫等不同颜色的单色光按一定比例混合而得。如图 11-1 所示。

白光除了可由所有波长的可见光复合得到外，还可由适当的两种颜色的光按一定比例复合得到。能复合成白光的两种颜色的光叫互补色光。如青光与红光互补，绿光与紫光互补。

三、紫外-可见吸收光谱

为了更详细地了解溶液对光的选择性吸收性质，在不同波长下测定物质对光吸收的程度

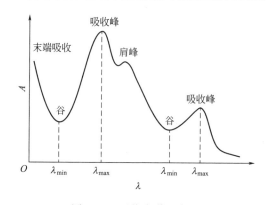

图 11-2　吸收光谱示意图

（吸光度），以波长为横坐标，以吸光度为纵坐标所绘制的曲线，称为吸收曲线，又称吸收光谱。测定的波长范围在紫外-可见光区，称紫外-可见光谱，简称紫外光谱。如图 11-2 所示。吸收曲线的峰称为吸收峰，它所对应的波长为最大吸收波长，常用 λ_{max} 表示。曲线的谷所对应的波长称为最小吸收波长，常用 λ_{min} 表示。在吸收曲线上短波长端底只能呈现较强吸收但又不成峰形的部分，称末端吸收。在峰旁边的小曲折，形状像肩的部位，称为肩峰，其对应的波长用 λ_{sh} 表示。

分析物质的吸收曲线会发现：

① 同一种物质对不同波长光的吸光度不同。

② 不同浓度的同一种物质，其吸收曲线形状相似，λ_{max} 不变。而对于不同物质，吸收曲线形状和 λ_{max} 则不同。

③ 不同浓度的同一种物质，在某一定波长下吸光度 A 有差异，在 λ_{max} 处吸光度 A 的差异最大。此特性可作为物质定量分析的依据。

④ 在 λ_{max} 处吸光度随浓度变化的幅度最大，所以测定最灵敏。吸收曲线是定量分析中选择入射光波长的重要依据。

⑤ 吸收曲线可以提供物质的结构信息，并作为物质定性分析的依据之一。

四、光的吸收定律与吸收系数

朗伯-比尔（Lambert-Beer）定律是吸收光谱的基本定律，是描述物质对单色光吸收的强弱与吸光物质的浓度和厚度间关系的定律。

假设一束平行单色光通过一个含有吸光物质的溶液，溶液的浓度为 c，厚度为 l，光通过后，一些光子被吸收。光强从 I_0 降至 I，如图 11-3 所示，Lambert-Beer 定律的数学表达式为：

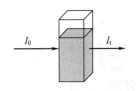

图 11-3　溶液吸光示意图

$$-\lg\frac{I_t}{I_0}=kcl$$

式中，I_t/I_0 是透光率（T），常用百分数表示，$A=-\lg T$；A 称为吸光度，于是：

$$A=-\lg T=Ecl\quad\text{或}\quad T=10^{-A}=10^{-Ecl}\tag{11-4}$$

该式称为 Lambert-Beer 定律。当一束平行单色光通过均匀的非散射试样时，试样对光的吸光度与试样的浓度及厚度的乘积成正比。Lambert-Beer 定律不仅适用于可见光，也适用于红外光、紫外光。其中 K 是吸收系数（absorptivity）。吸收系数的物理意义是吸光物质在单位浓度及单位厚度时的吸光度。在给定单色光、溶剂和温度等条件下，吸收系数是物质的特征常数，表明物质对某一特定波长光的吸收能力，不同物质对同一波长的单色光，可有不同吸收系数，吸收系数愈大，表明该物质的吸光能力愈强，测定的灵敏度愈高，所以吸收系数是定性分析的依据。

吸收系数有两种表示方式：

① 摩尔吸收系数　是指在一定波长下，溶液浓度为 $1\text{mol}\cdot\text{L}^{-1}$，厚度为 1cm 时的吸光度，用 ε 表示。

② 百分吸收系数　是指在一定波长下，溶液浓度为 1%（1g/100mL），厚度为 1cm 时的吸光度，用 $E_{1\text{cm}}^{1\%}$ 表示。

吸收系数两种表示方式之间的关系式：

$$\varepsilon=\frac{M}{10}E_{1\text{cm}}^{1\%}\tag{11-5}$$

式中，M 是吸光物质的摩尔质量，摩尔吸收系数一般不超过 10^5 数量级。通常 ε 在 $10^4\sim10^5$ 之间为强吸收，小于 10^2 为弱吸收，介于两者之间称中强吸收，吸收系数 ε 或 $E_{1\text{cm}}^{1\%}$ 不能直接测得，需用已知准确浓度的稀溶液测得吸光度换算而得。

【例题 11-1】　氯霉素（M 为 323.15）的水溶液在 278nm 处有吸收峰，用纯品配制 100mL 含有 2.00mg 的溶液，以 1.00cm 厚的吸收池在 278nm 处测得透光率为 24.3%。计算氯霉素的摩尔吸收系数和百分吸收系数。

解　$E_{1\text{cm}}^{1\%}=\dfrac{-\lg T}{cl}=\dfrac{0.614}{0.002}=307$　$\varepsilon=\dfrac{323.15}{10}\times E_{1\text{cm}}^{1\%}=9921$

如果溶液中同时存在两种或两种以上吸光物质（a、b、c……）时，只要共存物质不互相影响吸光性质，即不因共存物而改变本身的吸收系数，则总吸光度是各共存物质吸光度的和，即 $A_{总}=A_a+A_b+A_c+\cdots\cdots$，而各组分的吸光度由各自的浓度与吸收系数所决定。吸光度的这种加和性是计算分光光度法测定混合组分的依据。

五、测量条件的选择

（1）波长的选择　通常应选择吸光物质的最大吸收波长作为测定波长，因为吸收曲线此处较平坦，对朗伯-比尔定律的偏离较小，而且吸收系数大，测定有较高的灵敏度。被测物如有几个吸收峰，可选无其他物质干扰的、较高的吸收峰。一般不选光谱中靠短波长末端的吸收峰。

（2）溶剂　许多溶剂本身在紫外光区有吸收，所以选用的溶剂应不干扰被测组分的测定。一些溶剂的截止波长，如乙腈是 190nm，甲醇是 205nm，异丙醇是 205nm，正己烷是 190nm。选择溶剂时，组分的测定波长必须大于溶剂的截止波长。

（3）吸光度范围　一般滴定液和供试品溶液的吸光度读数控制在 0.3～0.7，能够使测量的相对误差最小。对此，根据 Lambert-Beer 定律，利用改变试液浓度或选用不同厚度的吸收池，使吸光度读数在此范围内。

（4）参比溶液的选择　在分光光度法测定中，选用适当的参比溶液，可以消除由于吸收池壁及溶剂、试剂对入射光的反射和吸收带来的误差，并可扣除干扰的影响，提高分析的准确度。

① 溶剂参比　当样品组成较简单，共存的其他组分和显色剂对测定波长无吸收时，可用溶剂作为参比溶液，从而消除吸收池、溶液对测量结果的影响。

② 试剂参比　如果显色剂在测定波长处有吸收，则测量过程应消除显色剂对测量的影响，此时可在溶剂中加入与样品溶液中相同含量的显色剂作为参比溶液。

③ 样品参比　如果样品溶液组分较复杂，其他共存离子在测定波长下有吸收且与显色剂不发生显色反应，可按与显色反应相同的条件处理样品，以不加显色剂的溶液为参比溶液。

④ 平行操作参比　若显色剂、样品溶液中各组分均在设定波长下有吸收，则可采用显色剂与除待测组分外的其他共存组分作为参比溶液。

 深度解析

对溶剂的要求

含有杂原子的有机溶剂，通常均具有很强的末端吸收。因此，当作溶剂使用时，它们的使用范围均不能小于截止使用波长。例如甲醇、乙醇的截止使用波长为205nm。另外，当溶剂不纯时，也可能增加干扰吸收。因此，在测定供试品前，应先检查所用的溶剂在供试品所用的波长附近是否符合要求，即将溶剂置1cm石英吸收池中，以空气为空白（即空白光路中不置任何物质）测定其吸光度。溶剂和吸收池的吸光度，在220~240nm范围内不得超过0.40，在241~250nm范围内不得超过0.20，在251~300nm范围内不得超过0.10，在300nm以上时不得超过0.05。

 提纲挈领

1. 电磁辐射的性质：波动性和微粒性。
2. 电磁辐射的频率：$\nu = c/\lambda$；$\sigma = 1/\lambda = \nu/c$。
3. 电磁辐射的能量：$E = h\nu = hc/\lambda = hc\sigma$。
4. 吸光度与透光率的关系式：$A = -\lg T = \lg(I_0/I_t)$。
5. Lambert-Beer 定律数学表达式：$A = -\lg T = Ecl$ 或 $T = 10^{-A} = 10^{-Ecl}$。
6. 摩尔吸收系数与百分吸收系数的关系：$\varepsilon = \dfrac{M}{10}E_{1cm}^{1\%}$。
7. 紫外-可见吸收光谱：以波长为横坐标，以吸光度为纵坐标所绘制的曲线，称为吸收曲线，又称吸收光谱。
8. 测量条件的选择：波长、溶剂、吸光度的范围、参比溶液。

第二节　紫外-可见分光光度计

一、紫外-可见分光光度计的构造

紫外-可见分光光度计是在紫外-可见光区可任意选择不同的光来测定吸光度的仪器。商品化仪器的类型很多，质量差别悬殊，基本原理相似，基本组成为：光源、单色器、吸收池、检测器、信号处理及显示器。

1. 光源

分光光度计对光源的基本要求：能发射强度足够而且稳定的、具有连续光谱且辐射能量随波长的变化尽可能小。对分子吸收测定来说，通常希望能连续改变测量波长进行测定，故分光光度计要求具有连续光谱的光源。紫外区和可见区通常分别用氢灯和钨灯两种光源。

（1）钨灯或卤钨灯　作为可见光源，是由固体炽热发光。发射光能的波长覆盖较宽，但紫外区较弱。通常取其波长大于 350nm 的光为可见区光源。卤钨灯的发光强度比钨灯高，灯泡内含碘和溴的低压蒸气，可延长钨丝的寿命。为了保证钨丝灯发光强度稳定，需要采用稳压电源供电。

（2）氢灯或氘灯　常用作紫外光区的光源，由气体放电发光，发射 150~400nm 的连续光谱。氘灯比氢灯昂贵，但发光强度和灯的使用寿命比氢灯增加 2~3 倍。现在仪器多用氘灯。气体放电发光需先激发，同时应控制稳定的电流，所以配有专用的电源装置。

2. 单色器

紫外-可见分光光度计单色器的作用是将来自光源的连续光谱按波长顺序色散，变成所需波长的单色光。单色器性能的好坏直接影响测定的灵敏度、准确度、选择性及标准曲线的线性关系等。

通常单色器由入射狭缝、准直镜、色散元件和出射狭缝组成，光源发射的光，聚焦于入射狭缝，经准直镜变成平行光，投射于色散元件，经色散后变成连续光谱，再经准直镜和聚焦透镜变成平行光，通过转动色散元件（仪器上的波长调节钮），可使所需波长的平行单色光经出射狭缝射出。狭缝宽度要恰当。一般以减少狭缝宽度，试样吸收度不再改变时的宽度为合适。单色器的工作原理如图 11-4 所示。

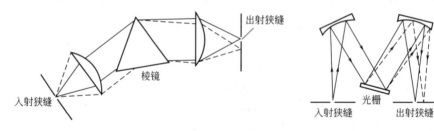

图 11-4　单色器的工作原理

色散元件是单色器的关键元件，其作用是将复合光进行色散。常用的色散元件有棱镜和光栅。早期的仪器多用棱镜，近年多用光栅。

3. 吸收池

吸收池也称比色皿，用光学玻璃制成的吸收池，只能用于可见光区。用熔融石英（氧化硅）制成的吸收池，适用于紫外光区，也可用于可见光区。盛空白溶液的吸收池与盛试样溶液的吸收池应互相匹配，即有相同的厚度与相同的透光性。在测定吸收系数或利用吸收系数进行定量测定时，还要求吸收池有准确的厚度（光程），或用同一只吸收池。

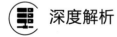 深度解析

吸收池的配对

吸收池相互匹配，也称为吸收池的配对，要求吸收池的光学性能彼此一致。当吸收池中

装入同一溶剂，在规定波长测定各吸收池的透光率，如透光率相差在 0.3% 以下者可配对使用，否则必须加以校正。

4. 检测器

作为紫外-可见光区的辐射检测器，一般常用光电效应检测器，它是将接收到的辐射功率变成电流的转换器，如光电管和光电倍增管。最近几年来采用了光多道检测器，在光谱分析检测器技术中，出现了重大革新。

（1）光电管　光电管是由一个阳极和一个半圆筒形光敏阴极组成，阴极表面镀有一层光敏材料，当它被足够能量的光照射时，能够发射出电子。当在两极间有电位差时，发射出的电子流向阳极而产生电流，电流大小决定于照射光的强度。光电管有很高的内阻，所以产生的电流容易放大，光电管的结构如图 11-5 所示。

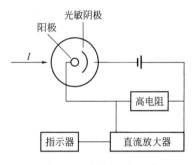

图 11-5　光电管示意图

（2）光电倍增管　其原理与光电管相似，结构上的差别是在涂有光敏金属的阴极和阳极之间加上几个倍增极（一般为 9 个）。光电倍增管响应速率快，能检测 $10^{-8} \sim 10^{-9}$ s 的脉冲光，放大倍数高，大大提高了仪器测量的灵敏度。

（3）光二极管阵列检测器　近年来光学多道检测器如光二极管阵列检测器（photodiode array detector）已经装配到紫外-可见分光光度计中。光二极管阵列是在晶体硅上紧密排列一系列光二极管，每一个二极管相当于一个单色的出口狭缝。两个二极管中心距离的波长单位称为采样间隔，因此二极管阵列分光光度计中，二极管数目愈多，分辨率愈高。HP8453 型二极管阵列由 1024 个二极管组成，在 $190 \sim 820$nm 范围内，数字显示周期对应的光照时间为 100ms。在极短时间可获得全光光谱。

5. 信号处理与显示器

光电管输出的电信号很弱，需经过放大才能以某种方式将测量结果显示出来，信号处理过程也包含一些数学运算，如对数函数、浓度因素等运算乃至微分积分等处理。

显示器可由电表指示、数字显示、荧光屏显示、结果打印及曲线扫描等。显示方式一般都有透光率与吸光度，有的还可转换成浓度、吸收系数等显示。

二、分光光度计的类型

紫外-可见分光光度计的光路系统大致分为单光束分光光度计、双光束分光光度计、双波长分光光度计三种，其中单光束分光光度计和双光束分光光度计属于单波长分光光度计。

1. 单光束分光光度计

单光束分光光度计用钨灯或氢灯作光源，从光源发出的光经单色器分光后得到一束单色光，单色光轮流通过参比溶液和样品溶液，从而完成对溶液吸光度的测定，如图 11-6 所示。仪器的结构比较简单，对光源发光强度稳定性要求高。

2. 双光束分光光度计

双光束分光光度计中，同一波长的单色光分成两束进行辐射。由单色器分光后的单色光分为强度相等的两束光，分别通过参比溶液和样品溶液，如图 11-7 所示。由于两束光是同时通过参比溶液和样品溶液，因此能够自动消除光源强度变化所引起的误差，操作相对简单，但结构较复杂，价格较贵。

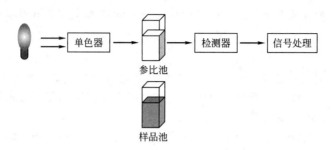

图 11-6   单光束分光光度计工作流程示意图

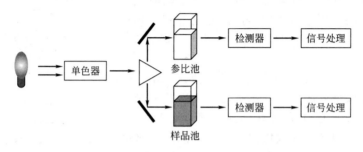

图 11-7   双光束分光光度计工作流程示意图

3. 双波长分光光度计

由同一光源发出的光被分成两束，分别经过两个单色器，得到两束不同波长的单色光，再利用切光器使两束不同波长的单色光以一定频率交替照射同一溶液，然后再经过光电倍增管和电子控制系统，经过信息处理最后得到两波长处的吸光度的差值，如图 11-8 所示。双波长分光光度计一定程度地消除了背景干扰及共存成分的干扰，提高了分析的灵敏度。

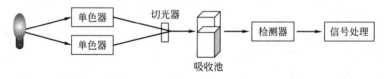

图 11-8   双波长分光光度计工作流程示意图

 拓展阅读

仪器的校正和检定

1. 波长准确度   由于环境因素对机械部分的影响，仪器的波长经常会略有变动，因此除应定期对所用的仪器进行全面校正外，还应于测定前校正测定波长。常用汞灯中的较强谱线 237.83nm、253.65nm、275.28nm、296.73nm、313.16nm、334.15nm、365.02nm、404.66nm、435.83nm、546.07nm 与 576.96nm 等；氘灯的发射谱线中有几根原子谱线，可作为波长校正用，常用的有 486.02nm 和 656.10nm；钬玻璃在波长 279.4nm、287.5nm、333.7nm、360.9nm、418.5nm、460.6nm、484.5nm、536.2nm 与 637.5nm 处有尖锐吸收峰，也可作波长校正用。近年来，常使用高氯酸钛溶液校正双光束仪器。

仪器波长的允许误差为：紫外光区 $\pm 1nm$，500nm 附近 $\pm 2nm$。

2. 吸光度的校正   可用重铬酸钾的硫酸溶液检定。取在 120℃ 干燥至恒重的基准重铬酸钾约 60mg，精密称定，用 $0.005mol \cdot L^{-1}$ 硫酸溶液溶解并稀释至 1000mL，在规定波长处测定吸光度，并计算吸收系数，并与规定的吸收系数比较，应符合表 11-2 的规定。

表 11-2　分光光度计吸光度的检定

波长/nm	235(最小)	257(最大)	313(最小)	350(最大)
吸收系数的规定值	124.0	144.0	48.6	106.6
吸收系数许可范围	123.0~126.0	142.8~146.2	47.0~50.3	105.5~108.5

　　3. 杂散光的检查　　可按表 11-3 所列的试剂和浓度，配制成水溶液，置于 1cm 石英吸收池中，在规定的波长处测定透光率，应符合表 11-3 的规定。

表 11-3　分光光度计杂散光的检查

试剂	浓度/g·mL^{-1}	测定用波长/nm	透光率/%
碘化钠	1.00	220	<0.8
亚硝酸钠	5.00	340	<0.8

三、分光光度计的使用方法

　　紫外-可见分光光度计的型号多、外形和功能差别大，具体操作方法不尽相同，因此，使用之前必须认真阅读仪器配备的使用手册或说明书，严格按照操作规程使用仪器，并进行必要的养护和维修，确保顺利完成工作任务，并延长仪器的使用寿命。

　　使用紫外-可见分光光度计，通常应遵循下列基本操作步骤：

　　(1) 开机　　取出试样室内的干燥剂，连接仪器电源线，打开仪器开关，等待仪器自检，仪器预热 20min。

　　(2) 测量　　设置测试方式，获取测量数据。

　　测定时，除另有规定外，应以配制供试品溶液的同批溶剂为空白对照，采用 1cm 的石英吸收池，在规定的吸收峰波长±2nm 以内测试几个点的吸光度，或由仪器在规定波长附近自动扫描测定，以核对供试品的吸收峰波长位置是否正确。除另有规定外，吸收峰波长应在该品种项下规定的波长±2nm 以内，并以吸光度最大的波长作为测定波长。一般供试品溶液的吸光度读数，以在 0.3~0.7 之间为宜。

　　(3) 关机　　测定完毕，关闭仪器开关，拔下电源，将干燥剂放回试样室，复原仪器并罩好防尘罩，清洗比色皿，置于滤纸上晾干后装入比色皿盒，登记使用情况。

　　(4) 注意事项　　①开关样品室盖时，动作要轻缓；②避免在仪器上方倾倒溶液，以免不慎散落溶液、污染仪器；③注意保护吸收池的两个透光面，避免摩擦、留下指纹或污物。

 课堂互动

　　为什么要注意保护吸收池的两个透光面？

 知识链接

吸收池使用注意事项

　　取吸收池时，手指拿毛玻璃面的两侧。装入样品溶液的体积以池体积的 4/5 为宜，使用挥发性溶液时应加盖，透光面要用擦镜纸由上而下擦拭干净，检视应无残留溶剂。为防止溶剂挥发后溶质残留在吸收池的透光面，可先用蘸有空白溶剂的擦镜纸擦拭，然后再用干擦镜纸拭净。吸收池放入样品室时应注意每次放入方向相同。测定完毕后吸收池应及时用溶剂及水冲洗干净，晾干，防尘保存。吸收池如污染不易洗净时，可用硫酸-发烟硝酸（3∶1 体积比）混合液稍加浸泡后，洗净备用。如用铬酸钾清洁液清洗时，吸收池不宜在该清洁液中长时间浸泡，否则清洁液中的铬酸钾结晶会损坏吸收池的光学表面，并应充分用水冲洗，以防铬酸钾吸附于吸收池表面。

 拓展阅读 ··

紫外-可见分光光度计的日常维护和保养

1. 在使用不同型号的仪器前必须仔细阅读操作说明书，熟悉操作步骤。

2. 光源　光源的寿命是有限的，为了延长光源使用寿命，在不使用仪器时不要开光源灯，应尽量减少开关次数。在短时间的工作间隔内可以不关灯。刚关闭的光源灯不能立即重新开启。仪器连续使用时间不应超过 3h。若需长时间使用，最好间歇 30min。安装及调整光源时，须戴手套，以免玷污灯源玻壳，影响透光率。

3. 单色器　单色器是仪器的核心部分，装在密封盒内，不能拆开。选择波长应平衡地转动，不可用力过猛。为防止色散元件受潮生霉，必须定期更换单色器盒干燥剂。

4. 吸收池　必须正确使用吸收池，注意保护吸收池的两个光学面。测量时，使用的吸收池必须洁净，并注意配对使用。含有腐蚀玻璃的物质（如 F^-、$SnCl_2$、H_3PO_4 等）的溶液，不得长时间盛放在吸收池中。吸收池使用后应立即冲洗干净，不得在火焰或电炉上进行加热或烘烤吸收池。

5. 操作结束后，应仔细检查样品室内是否有溶液溢出，若有溢出必须随时用滤纸吸干，否则会引起测量误差或影响仪器使用寿命。

6. 仪器每次使用完毕，必须切断电源，并及时盖上防尘罩，在套子内放入数袋硅胶。仪器若暂时不用要定期通电，每次不少于 $20\sim30min$，以保持整机呈干燥状态，并且维持电子元器件的性能。

··

🎯 提纲挈领

1. 紫外可见分光光度计的基本组成为：光源、单色器、吸收池、检测器、信号处理及显示器。

2. 紫外-可见分光光度计的类型：单光束分光光度计、双光束分光光度计和双波长分光光度计三种。

第三节　定性与定量方法

一、定性方法

用紫外光谱对物质鉴定时，主要根据光谱上的一些特征吸收，包括最大吸收波长、肩峰、吸收系数、吸光度比等，特别是最大吸收波长和吸收系数是鉴定物质的常用参数。通常可用以下几种方法进行定性鉴别。

1. 比较光谱的一致性

两个化合物若是相同，其吸收光谱应完全一致。在鉴别时，试样和对照品以相同浓度配制，在相同溶剂中，分别测定吸收光谱，比较光谱图是否一致。如果没有对照品，可以和标准光谱图对照比较。但这种方法要求仪器准确度、精密度高，而且测定条件要相同。

采用紫外光谱进行定性鉴别，有一定的局限性。主要是因为紫外吸收光谱吸收带不多，在成千上万种有机化合物中，不同的化合物，可以有相似的吸收光谱。所以在得到相同的吸收光谱时，应考虑到并非同一物质的可能。为了进一步确证，可换用一种溶剂或采用不同酸碱性的溶剂，再分别将对照品和样品配成溶液，测定光谱作比较。

2. 对比吸收光谱特征数据的一致性

最常用于鉴别的光谱特征数据是吸收峰所在的波长（λ_{max}）。若一个化合物中有几个吸收峰，并存在谷或肩峰，应同时作为鉴定依据，这样更显示光谱特征的全面性。

具有不同或相同吸收基团的不同化合物，可有相同的 λ_{max} 值，但他们的摩尔质量一般是难以相同的，因此它们的 ε 或 $E_{1cm}^{1\%}$ 值常有明显差别，所以吸收系数值也常用于化合物的定性鉴别。如结构相似的甲睾酮和丙酸睾酮在无水乙醇中的最大吸收波长都是 240nm，但在该波长处的 $E_{1cm}^{1\%}$ 数值，前者是 540，而后者为 460。因而有较大的鉴别意义。

3. 对比吸光度比值的一致性

有多个吸收峰的化合物，可用在不同吸收峰处测得吸光度的比值作为鉴别依据，因同一浓度的溶液和同一厚度的吸收池，吸光度比值等于吸收系数比值。

例如，维生素 B_{12} 的鉴别，《中国药典》（2020 年版）规定 361nm 与 550nm 吸光度的比值应为 3.15～3.45。

用分光光度计进行鉴定时，对仪器的准确度要求很高，所以仪器必须经常校正，另一方面，样品的纯度必须可靠，要经过几次重结晶，几乎无杂质，熔点敏锐，熔距短，才能获得可靠结构。

 拓展阅读

杂 质 检 查

利用紫外-可见分光光度法也可以对样品纯度进行检查。例如《中国药典》（2020 年版）中维生素 C 注射液颜色的要求是：取本品，用水稀释制成每 1mL 中含维生素 C 50mg 的溶液，按照紫外-可见分光光度法，在 420nm 的波长处测定，吸光度不得超过 0.06。

二、定量方法

根据 Lambert-Beer 定律，物质在一定波长处的吸光度与浓度之间呈线性关系。因此，选择一定的波长测定溶液的吸光度，即可求出浓度。利用分光光度法可测定样品中组分的含量，由于不需要复杂的处理，所以方法比较简单，本章重点介绍单组分的定量分析。

1. 吸收系数法

根据 Lambert-Beer 定律 $A = Ecl$，若 l 和吸收系数 ε 或 $E_{1cm}^{1\%}$ 已知，即可根据测得的 A 求出被测物的浓度。通常 ε 和 $E_{1cm}^{1\%}$ 可以从手册或文献中查到，这种方法也称绝对法。常用于定量的是百分吸收系数 $E_{1cm}^{1\%}$。

【例题 11-2】 维生素 B_{12} 的水溶液在 361nm 处的 $E_{1cm}^{1\%}$ 值为 207，用 1cm 吸收池测得某维生素 B_{12} 溶液的吸光度为 0.414，求该溶液的浓度。

解 $c = \dfrac{A}{E_{1cm}^{1\%} l} = \dfrac{0.414}{207 \times 1} = 0.00200 (g \cdot 100mL^{-1}) = 20.0 (\mu g \cdot mL^{-1})$

注意：用吸收系数法计算的浓度为百分浓度，即 100mL 中所含被测组分的质量（g）。

若用紫外分光光度法测定原料的质量分数，可用上述方法计算，按下式计算质量分数：

$$w\% = \frac{\dfrac{A}{E_{1cm}^{1\%}} \times \dfrac{1}{100} \times V \times D}{m} \times 100\% \tag{11-6}$$

式中　A——测定的吸光度；

$E_{1cm}^{1\%}$——供试品的百分吸收系数；

V——供试品初次配制的体积，mL；

D——供试品的稀释倍数；

m——称取的供试品质量，g。

【例题 11-3】 精密称取维生素 B_{12} 样品 25.00mg，用水溶液配成 100mL。精密吸取 10.00mL，置于 100mL 的容量瓶中，加水至刻度。取此溶液在 361nm 处用 1cm 吸收池测得吸光度为 0.507，求该溶液中维生素 B_{12} 的质量分数（已知 $E_{1cm}^{1\%} = 207$）。

解

$$w\% = \frac{\dfrac{A}{E_{1cm}^{1\%}} \times \dfrac{1}{100} \times V \times D}{m} \times 100\%$$

$$w\% = \frac{\dfrac{0.507}{207} \times \dfrac{1}{100} \times 100 \times \dfrac{100}{10}}{25 \times 10^{-3}} \times 100\%$$

$$w\% = 98.0\%$$

2. 标准曲线法

先配制一系列浓度不同的滴定液（或对照品溶液），在测定条件相同的情况下，分别测定其吸光度，然后以滴定液的浓度为横坐标，以其相应的吸光度为纵坐标，绘制 A-C 关系图，称为标准曲线。但多数情况下标准曲线并不通过原点。在相同条件下测出试样溶液的吸光度，就可以从标准曲线上查出试样溶液的浓度，也可用回归直线方程计算试样溶液的浓度。

当测试样品较多，且浓度范围相对较接近的情况下，例如产品质量检验等，这种方法比较适用。制作标准曲线时，待测溶液的浓度应在滴定液浓度范围内。

【例题 11-4】 槐米中芦丁的含量测定。配制每 1mL 含芦丁对照品 0.200mg 的标准储备液。分别移取 0.00mL，1.00mL，2.00mL，3.00mL，4.00mL，5.00mL 于 25mL 容量瓶中，按样品溶液显色的同样方法显色，稀释至刻度，测各溶液的吸光度制作标准曲线。并在相同条件下测量样品溶液（称取 3.00mg 置于 25mL 容量瓶中）的吸光度，数据如表 11-4 所示。

表 11-4　芦丁的测量数据

项目	1	2	3	4	5	6	样品
c/mg·mL^{-1}	0.000	0.200	0.400	0.600	0.800	1.00	c_x
A	0.000	0.240	0.491	0.712	0.950	1.156	0.845

解　绘制标准曲线，样品溶液吸光度 $A = 0.845$，由标准曲线查出相当于芦丁浓度为 0.710mg/25mL，所以样品中芦丁的质量分数为：

$$w\% = \frac{0.710}{3.00} \times 100\% = 23.7\%$$

亦可求出回归方程：

$$A = 0.0105 + 1.162c \qquad r = 0.9996$$

样品中芦丁量：

$$c = \frac{0.845 - 0.0105}{1.162} = 0.718(\text{mg} \cdot 25\text{mL}^{-1})$$

$$w\% = \frac{0.718}{3.00} \times 100\% = 23.9\%$$

3. 对照品比较法

在相同条件下配制样品溶液和对照品溶液，在所选波长处同时测定吸光度 $A_{样}$ 和 $A_{对}$，按下式计算样品的浓度：

$$\frac{c_{样}}{c_{对}} = \frac{A_{样}}{A_{对}} \tag{11-7}$$

当样品溶液和对照品溶液的体积一致时得：

$$\frac{m_{样}}{m_{对}} = \frac{A_{样}}{A_{对}} \tag{11-8}$$

然后根据样品的称量及稀释情况计算样品的质量分数。为了减少误差，比较法一般配制对照品溶液的浓度与样品溶液浓度接近。

【例题 11-5】 为测定维生素 B_{12} 原料药含量，准确称取试样 25.00mg，用水溶解定容至 1000mL 的容量瓶中，摇匀。另取同样质量的 B_{12} 对照品，同法配制溶液。在 361nm 处，用 1cm 的吸收池分别测定样品溶液和标准品溶液的吸光度，分别为 0.512 和 0.518。求试样中 B_{12} 的含量。

解 因为 V 相同，则 $m_{样} = \dfrac{m_{对} \times A_{样}}{A_{对}}$

$$w_{B_{12}}\% = \frac{m_{样}}{m} \times 100\% = \frac{A_{样}}{A_{对}} \times 100\% = \frac{0.512}{0.518} \times 100\% = 98.8\%$$

4. 比色法

用比色法测定时，由于显色时影响显色深浅的因素较多，应取供试品或对照品同时操作。除另有规定外，比色法所用的空白系指用同体积的溶剂代替供试品或对照品溶液，然后依次加入等量的相应试剂，并用同样方法处理。在规定的波长处测定供试品和对照品溶液的吸光度后，按上述对照法计算供试品的浓度。

👥 知识链接

供试品本身在紫外-可见光区没有强吸收，或在紫外区虽有吸收但为了避免干扰或提高灵敏度，可加入适当的显色剂显色后测定，利用比较有色物质溶液颜色深浅测定物质含量的分析方法称为比色分析法（简称比色法）。将被测组分转变成有色化合物的反应称为显色反应，在分析时究竟选择何种显色反应，应考虑下面几个因素：显色反应灵敏度高，显色剂选择性好，显色剂的对照性要高，显色反应产物稳定。

另外，需要通过实验确定显色剂的浓度及用量，显色反应的时间和温度，显色反应最适宜的酸度范围等。

注意事项：

① 试验中所用的量瓶和移液管均应经检定校正、洗净后使用。

② 称量应按《中国药典》（2020 年版）规定要求。配制测定溶液时稀释转移次数应尽可能少，转移稀释时所取容积一般应不少于 5mL。含量测定时供试品应称取 2 份，如为对照品比较法，对照品一般也应称取 2 份。吸收系数检查也应称取供试品 2 份，平行操作，相

对平均偏差应在±0.3%以内。鉴别或检查时可取供试品 1 份测定。

③ 采用吸收系数法进行含量测定时，吸收系数通常应大于 100，并注意仪器的校正和检定。

 提纲挈领

1. 常用的定性分析方法：比较吸收光谱的一致性、对比吸收光谱的特征数据、对比吸光度比值的一致性。

2. 单组分的定量分析方法：

（1）吸收系数法　$c = \dfrac{A}{E_{1cm}^{1\%} l}$

（2）标准曲线法

（3）对照品比较法　$\dfrac{c_{样}}{c_{对}} = \dfrac{A_{样}}{A_{对}}$

（4）比色法

 达标自测

一、选择题

1. 双光束紫外-可见分光光度计可减少误差，主要是（　　）。

A. 减少比色皿间误差 　　　　　　　　B. 减少光源误差

C. 减少光电管间误差 　　　　　　　　D. 减少狭缝误差

2. 双波长与单波长分光光度计主要区别是（　　）。

A. 光源个数 　　　　　　　　　　　　B. 单色器个数

C. 吸收池个数 　　　　　　　　　　　D. 单色器及吸收池个数

3. 某物质摩尔吸收系数很大，则说明（　　）。

A. 该物质对某波长的吸光能力很强 　　B. 该物质浓度很大

C. 光通过该物质溶液的光程长 　　　　D. 测定该物质的精密度高

4. 在测定中使用参比溶液的作用是（　　）。

A. 调节仪器透光度的零点 　　　　　　B. 调节入射光的光强度

C. 吸收入射光中测定所不需要的波数

D. 消除溶剂和试剂等非测定物质对入射光吸收的影响

5. 在分光光度法测定中，如其他试剂对测定无干扰时，一般常选用最大吸收波长 λ_{max} 作为测定波长，是由于（　　）。

A. 灵敏度高 　　　　B. 选择性最好 　　　　C. 精密度最高 　　　　D. 操作最方便

二、判断题

1. 百分吸收系数是浓度 $1g \cdot mL^{-1}$，溶液厚度为 1cm 时的吸光度。（　　）

2. 同种物质不同波长处吸收系数相同。（　　）

3. 不同物质在相同波长处吸收系数相同。（　　）

4. 某溶液的吸收度 A 与透光率 T 的关系式为 $A = -\lg T$。（　　）

5. 某溶液的透光率为 50%，则其吸光度为 0.50。（　　）

6. 物质对某一单色光的吸收系数越大，表明物质的吸光能力越强。（　　）

7. 选择盛放样品溶液和参比溶液的比色皿时只需考虑厚度。（　　）

8. 肉眼观察到的红色是单色光。（　　）

三、填空题

1. 紫外光区的光源用_____，可见光区的光源用_____。

2. 单色器常用的色散元件是_____。

3. 可见光区吸收池用_____，紫外光区吸收池用_____。

4. 分光光度计的类型有_____、_____、_____。

5. UV 定量测定常用的方法有_____、_____、_____。

6. 光子能量 E 与频率 ν 成_____关系，与波长 λ 成_____关系。

7. 紫外吸收光谱曲线以_____为横坐标，以_____为纵坐标，可以描述溶液对不同波长单色光的吸收能力。

8. 紫外光谱法测定物质溶液的吸收度，使其在_____范围内为宜。

9. 溶液吸收某种波长的光，溶液呈现的颜色是_____。

四、简答题

1. 朗伯-比尔定律及适用条件是什么？

2. 在紫外-可见分光光度法中，定性分析和定量分析的依据是什么？

3. 紫外-可见分光光度计主要组成部件及作用是什么？

五、计算题

1. 卡巴克络的分子量为 236，将其配成每 100mL 含 0.4962mg 的溶液，盛于 1cm 吸收池中，在 λ_{max} 355nm 处测得 A 值为 0.557，求卡巴克络的 $E_{1cm}^{1\%}$ 及 ε 值。

2. 称取维生素 C 0.05g 溶于 100mL 的溶液中，再准确量取 2.00mL 稀释至 100mL，取此溶液于 1cm 的吸收池中，在 $\lambda_{max}=245$nm 处测得 A 值为 0.551，求样品中维生素 C 的含量。（$E_{1cm}^{1\%}=560$）

3. 取咖啡酸干燥品 10.00mg，用少量乙醇溶解，转移至 200mL 的容量瓶中，加水至刻度，取此溶液 5.0mL，稀释至 50mL。取此溶液于 1cm 的吸收池中，在 323nm 处测得吸光度为 0.463。已知该波长处咖啡酸的 $E_{1cm}^{1\%}=927.9$，求咖啡酸的含量。

4. 精密称取 0.0500g 样品，置于 250mL 的容量瓶中，加 0.02mol·L^{-1} 的 HCl 溶解，稀释至刻度，准确吸取 2mL，稀释至 100mL。以 0.02mol·L^{-1} HCl 为空白，在 263nm 处用 1cm 的吸收池测得透光率为 41.7%，其 ε 为 12000。被测物的 M 为 100.0，计算 263nm 处的 $E_{1cm}^{1\%}$ 和样品的百分含量。

（本章编写　王艳红）

扫码看解答

第十二章 高效液相色谱法

 ## 知识目标

1. 掌握色谱法的工作原理。
2. 熟悉高效液相色谱法的特点。
3. 了解经典液相色谱柱色谱条件的选择。
4. 掌握高效液相色谱仪的组成及其工作流程。

扫码看课件

 ## 能力目标

1. 能够根据高效液相色谱法操作流程，独立完成检验任务。
2. 能够处理图谱和数据，正确填写记录，完成实验报告。

色谱分析法（chromatography）简称"色谱法"或"层析法"，是一种物理或物理化学的分离分析方法，该法利用某一特定的色谱系统（如薄层色谱、高效液相色谱或气相色谱等系统）进行分离分析，主要用于分析多组分样品。在分析化学、药物分析、生物化学等领域有着非常广泛的应用。

 ## 案例

诺氟沙星含量的测定

诺氟沙星又叫氟哌酸，是一种人工合成的抗细菌药物，也是第一个应用于临床的氟喹诺酮类药物，因其对软骨有一定程度的损伤，所以 18 岁以下禁止服用。《中国药典》（2020 年版）二部采用高效液相色谱法测定其含量。

讨论 什么是高效液相色谱法？应该如何操作？学完本章，相信同学们能够对色谱法以及高效液相色谱法有所了解，也能够根据《中国药典》（2020 年版）章程完成对诺氟沙星等药的含量测定。

第一节 色谱法概论

一、色谱法的基本原理

在色谱系统中，当供试品混合物被流动相带入色谱柱中，不同的组分由于它们之间理化性质的差异，在固定相与流动相两相中存在的量也各不相同。固定相中存在量多的组分，冲洗出柱子所需消耗流动相的量就多，较慢地被从色谱柱中洗脱出来；流动相中存在量多的组分，冲洗出柱子所需消耗流动相的量就少，较快地被从色谱柱中洗脱出来。因此样品中不同的组分由于其在色谱柱上的保留不同，被冲洗出色谱柱所需要的时间也不同，即产生差速迁移，因而被分离。

1. 色谱图及色谱峰

（1）色谱图　我们把混合组分经色谱柱分离，被分离的组分到达检测器，所检测到的响应信号对时间作图得到的曲线称为色谱图（图 12-1）。

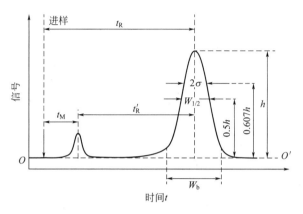

图 12-1　色谱图

（2）基线　在操作条件下，色谱柱后没有组分流出，仅有流动相流出时，检测器响应信号的记录值。基线上下波动称为噪声，上斜或下斜称为漂移。基线水平反应仪器（主要是检测器）的噪声水平。

（3）色谱峰　当某组分从色谱柱流出时，检测器对该组分的响应信号随时间变化所形成的峰形曲线称为该组分的色谱峰。正常色谱峰为对称形正态分布曲线。不正常色谱峰有两种：拖尾峰（tailing peak ）和前延峰（leading peak）。拖尾峰前沿陡峭，后沿平缓；前延峰前沿平缓，后沿陡峭。色谱峰的对称与否可用拖尾因子（tailing factor）来衡量。拖尾因子在 0.95～1.05 之间的色谱峰为对称峰；小于 0.95 者为前延峰；大于 1.05 者为拖尾峰。用下式计算拖尾因子：

$$T = \frac{W_{0.05h}}{2d_1} \tag{12-1}$$

式中，$W_{0.05h}$ 为 5％峰高处的峰宽；d_1 为峰顶在 5％峰高处横坐标平行线的投影点至峰前沿与此平行线交点的距离。

2. 色谱峰高、峰面积和色谱峰区域宽度

（1）峰高（h）　是组分在柱后出现浓度极大值时的检测信号，即色谱峰顶至基线的距离。

（2）峰面积（A）　是色谱曲线与基线间包围的面积，通常用积分的形式得到，是物质的主要定量参数。

（3）色谱峰区域宽度　色谱峰区域宽度是色谱图中很重要的参数，它直接和分离效率有关。描述色谱峰区域宽度有三种参数：

① 标准偏差 δ　它是 0.607 倍峰高处色谱峰宽度的一半（图 12-1）。δ 的大小表示组分离开色谱柱的分散程度。δ 值越大，流出的组分越分散，分离效果越差；反之流出组分越集中，分离效果越好。

② 峰宽 W　通过色谱峰两侧的拐点作切线在基线上的截距。

③ 半高峰宽 $W_{1/2}$　峰高一半处对应的色谱峰宽。

$$W_{1/2} = 2.354\delta \tag{12-2}$$

$W_{1/2}$ 与 W 除可衡量柱效外，还可用于峰面积的计算。

一个组分的色谱峰可用三项参数来描述，即峰高或峰面积（定量参数）、峰位（用保留值表示，定性参数）及色谱峰区域宽度（柱效参数）说明。

3. 保留值

保留值是色谱定性分析的依据，它表示组分在色谱柱中停留的数值，可用时间 t 和消耗流动相的体积 V 来表示，分别称为保留时间和保留体积。组分在固定相中溶解性能越好，或固定相的吸附性能越好，在柱中的滞留时间就越长，消耗流动相的体积就越大。

（1）死时间（t_0）　是不被固定相吸附或溶解的组分从进样开始到出现峰最大值所需要的时间，也就是流动相到达检测器所需要的时间。

（2）保留时间（t_R）　是某组分从进样到在柱后出现浓度极大值时的时间间隔，即从进样开始到某个组分的色谱峰顶点的时间间隔。当操作条件不变时，组分的保留时间为定值，因此保留时间是色谱法的基本定性参数。

（3）调整保留时间（t'_R）　是某组分由于溶解或吸附于固定相，比不溶解或不被吸附的组分在柱中多停留的时间。

$$t'_R = t_R - t_0 \tag{12-3}$$

组分在色谱柱中的保留时间包括了组分在流动相中并随之通过色谱柱所需的时间与在固定相中滞留时间的和，调整保留时间为组分滞留在固定相中的时间。

在实验条件（温度、固定相等）一定时，调整保留时间仅决定于组分的性质，因此调整保留时间为定性的基本参数。同一组分的保留时间受流动相流速的影响，因此又常用保留体积来表示保留值。

（4）死体积（V_0）　是指进样器至检测器的流路中未被固定相占有的空间。死体积是色谱柱中固定相颗粒间间隙、进样器至色谱柱间导管的容积、柱出口导管及检测器的内腔体积的总和。死时间相当于流动相充满死体积所需要的时间。死体积与死时间和流动相流速有如下关系：

$$V_0 = t_0 \times F_C \tag{12-4}$$

（5）保留体积（V_R）　是从进样开始到某组分在柱后出现浓度极大值时需通过色谱柱的流动相的体积。保留体积与保留时间和流动相的流速（F_C，$\mathrm{mL \cdot min^{-1}}$）之间有如下关系：

$$V_R = t_R \times F_C \tag{12-5}$$

流动相流速大，保留时间短，两者的乘积不变，因此 V_R 与流动相的流速无关。

（6）调整保留体积（V'_R）　是由保留体积扣除死体积后的体积。V'_R 与流动相的流速无关，因而也是重要的定性参数之一，公式如下：

$$V'_R = V_R - V_0 = t'_R \times F_C \tag{12-6}$$

（7）相对保留值（r）　是两组分的调整保留值之比，也是色谱系统的选择性指标。组分 2 与组分 1 的相对保留值用下式表示：

$$r_{2,1} = t'_{R2} / t'_{R1} = V'_{R2} / V'_{R1} \tag{12-7}$$

4. 分配系数

色谱分离是基于试样组分在固定相和流动相之间反复多次的分配过程，这种分配过程常用分配系数来描述。

分配系数是指在一定的温度和压力下，达到分配平衡时，待测组分在固定相（s）和流动相（m）中的浓度（c）之比。其表达式为：

$$K = c_s / c_m \tag{12-8}$$

分配系数 K 是由组分、固定相和流动相的性质及温度决定的，是组分的特征常数。当 $K=1$ 时，组分在固定相和流动相中浓度相等；当 $K>1$ 时，组分在固定相中的浓度大于在流动相中的浓度；当 $K<1$ 时，组分在固定相中的浓度小于在流动相中的浓度。

不同物质的分配系数相同时，它们不能分离。色谱柱中不同组分能够分离的先决条件是其分配系数不等。分配系数 K 小的组分，在固定相中停留时间短，较早流出色谱柱；分配系数大的组分，在流动相中的浓度较小，移动速度慢，在柱中停留时间长，较迟流出色谱柱。

两组分分配系数相差越大，两峰分离得就越好。

5. 理论塔板数

塔板理论是色谱学的基础理论，塔板理论将色谱柱看作一个分馏塔，待分离组分在分馏塔的塔板间移动，在每一个塔板内组分分子在固定相和流动相之间形成平衡，随着流动相的流动，组分分子不断从一个塔板移动到下一个塔板，并不断形成新的平衡。一个色谱柱的塔板数越多，则其分离效果就越好。

理论塔板数在柱色谱分析中是用来衡量柱效的重要参数，理论塔板数越大，表示柱效越高。塔板数 n 与 W 和 $W_{1/2}$ 的关系为：

$$n = \frac{L}{H} = 5.54 \left(\frac{t_R}{W_{1/2}} \right)^2 = 16 \left(\frac{t_R}{W} \right)^2 \tag{12-9}$$

上式说明，在 t_R 一定时，若峰越窄，则理论塔板数越大，柱的分离效率就越高，色谱峰越尖锐。因此通常把理论塔板数称为柱效指标。

6. 分离度

分离度是相邻两组分色谱峰保留时间之差与两色谱峰峰宽平均值之比。它能够真实地反映组分在色谱柱中的分离情况，是一个总分离效能指标。公式如下：

$$R = \frac{t_{R_2} - t_{R_1}}{(W_1 + W_2)/2} = \frac{2(t_{R_2} - t_{R_1})}{W_1 + W_2} \tag{12-10}$$

一般来说，当 $R \geqslant 1.5$ 时，两个组分能完全分离，分离度可达 99.7%。通常用 $R=1.5$ 作为相邻两组分已完全分离的标志。

 趣闻轶事

经典柱色谱的发现

1906 年，俄国植物学家茨维特发表关于色谱的论文，论文中描述了把干燥的碳酸钙粉末装入一根细长的玻璃管中，然后把植物叶子的石油醚萃取液倾倒到碳酸钙上，于是萃取液中的色素便被吸附在碳酸钙里，再用纯净的石油醚洗脱被吸附的色素，结果按照吸附顺序观察管内相应的色带（彩色环带柱管）。人们把茨维特开创的方法称作液-固色谱法，这也就是最初的液相色谱，又称经典柱色谱。迄今为止这种分离方法几乎在每一个中药化学实验室仍然存在，它被用于从植物提取物中制备各种单体，不过固定相已发展为各种大孔吸附树脂等。

二、色谱法的分类

1. 按流动相与固定相的物态分类

在色谱法中，固定相可以是固体或液体；流动相可以是气体、液体或超临界流体。按固定相和流动相所处状态，可将色谱法分为以下几类。

（1）气相色谱法（GC）　用气体作流动相的色谱法，根据固定相的状态，又可分为两种：①气-固色谱法（GSC），其固定相为固体吸附剂；②气-液色谱法（GLC），其固定相为涂在载体或毛细管壁上的液体。

（2）液相色谱法（LC）　用液体作流动相的色谱法，根据固定相的状态，又可分为两种：①液-固色谱法（LSC），其固定相为固体吸附剂；②液-液色谱法（LLC），其固定相为涂浸在固体载体上的液体。

（3）超临界流体色谱法（SFC）　用超临界状态的流体作流动相的色谱法。超临界流体是在高于临界压力和临界温度时的一种物质状态，它既不是气体也不是液体，但兼有气体和液体的某些性质。

2. 按分离原理分类

（1）吸附色谱法　根据吸附剂表面对不同组分物理吸附能力的强弱差异进行分离的方法。如：气-固色谱法、液-固色谱法。

（2）分配色谱法　以液体为固定相，利用各组分在固定相中的溶解度不同，所造成的两相间分配系数差异而进行分离的方法。如气-液色谱法、液-液色谱法。

（3）离子交换色谱法（IEC）　以离子交换剂为固定相，以缓冲溶液为流动相，根据不同组分离子对固定相亲和力的差异进行分离的方法。

（4）分子排阻色谱法　以凝胶为固定相的色谱法称为分子排阻色谱法或凝胶色谱法。它是根据高分子样品的分子体积大小的差异进行分离的方法。其中以水溶液作流动相的称为凝胶过滤色谱法（GFC）；以有机溶剂作流动相的称为凝胶渗透色谱法（GPC）。

（5）亲和色谱法（AC）　利用生物大分子如抗原与抗体等相互之间存在专一特殊亲和力，从而进行分离、分析的色谱技术。

（6）手性色谱法（CC）　用于手性药物的分离分析，例如手性衍生化试剂法（CDR）等。

（7）毛细管电泳法（CE）　以高压电场为驱动力，以毛细管为分离通道，依据样品中各组分之间淌度和（或）分配行为上的差异而实现分离的一种液相分离技术。

3. 按操作形式分类

（1）柱色谱法　固定相装于管柱内构成色谱柱，试样沿着一个方向移动而进行分离。按色谱柱的粗细，又可分为填充柱色谱法、毛细管柱色谱法、微填充柱色谱法及制备色谱法等。

（2）平面色谱法　泛指固定相呈平面状的色谱法，包括许多种类型。例如，以滤纸作固定相的载体时，称为纸色谱法（PC）；以涂敷在玻璃板或铝箔板上的吸附剂作固定相时称为薄层色谱法（TLC）；将高分子固定相制成薄膜的平面色谱称为薄膜色谱法（TFC）等。

三、经典液相柱色谱

以液体为流动相的色谱称为液相色谱法。根据操作形式的不同，液相色谱法又可以分为柱色谱法和平面色谱法。在液相色谱中，按照固定相的规格、流动相的驱动力、柱效和分离周期的不同，又可分为经典液相色谱法和现代色谱法。本节主要讨论经典液相柱色谱法。

采用普通规格的固定相，常压输送流动相的液相色谱法为经典液相色谱法，一般不具备在线检测器。1906 年植物学家 Tsweet 进行的色素分离就是最原始和最典型的经典液相柱色谱法。与现代柱色谱法（如高效液相色谱法）相比，经典柱色谱法分离周期比较长，柱效比较低，一般不具有在线检测器。经典液相色谱法设备简单，费用低，可用于中药有效成分的分离纯化、药品的纯度控制等。

1. 分离原理

吸附色谱法是以吸附剂为固定相的色谱法，包括液-固和气-固吸附色谱法。吸附剂装在管状柱内，用液体流动相进行洗脱的色谱法称为液-固吸附柱色谱法。吸附剂是一些多孔性物质，表面具有许多吸附活性中心。这些吸附活性中心的多少即吸附能力的强弱直接影响吸附剂的性能。吸附剂的吸附能力，可用吸附平衡常数 K 衡量。通常极性强的物质其 K 值大，易被吸附剂所吸附，随流动相向前移动的速率就慢，而具有较大的保留值，后流出色谱柱。

2. 吸附剂

吸附剂吸附能力的大小，一是取决于吸附中心（吸附位点）的多少，二是取决于吸附中心与被吸附物形成氢键能力的大小。吸附活性中心越多，形成氢键能力越强，吸附剂的吸附能力越强。常用的吸附剂有硅胶、氧化铝和聚酰胺等。

（1）硅胶　硅胶是具有硅氧交联结构，表面具有许多硅醇基（—Si—OH）的多孔性微粒，硅醇基是硅胶的吸附活性中心。硅醇基以下列 3 种形式存在于硅胶表面：

游离羟基Ⅰ　　　　束缚形Ⅱ　　　　活泼形Ⅲ

由于硅醇基能与极性化合物或不饱和化合物形成氢键而具有吸附性，上述结构吸附活性的大小顺序是：Ⅲ＞Ⅱ＞Ⅰ。因为多数活性羟基存在于硅胶表面较小的孔穴中，所以表面孔穴较小的硅胶吸附性能较强。硅胶表面的羟基若是与水结合成水合硅醇基则失去活性或吸附性。将硅胶加热到 100℃ 左右，结合的水能被可逆地除去（此结合水也称自由水），硅胶又重新恢复吸附能力。所以硅胶的吸附能力与含水量有密切关系，含水量高，吸附能力弱，若自由水含量达 17％ 以上，则吸附能力极低。如果将硅胶在 105～110℃ 加热 30min，则硅胶吸附能力增强；若加热至 500℃，由于硅胶结构内的水（结构水）不可逆地失去，硅醇基结构变成硅氧烷结构，吸附能力显著下降。硅胶具有微酸性，适用于分离酸性和中性物质，如有机酸、氨基酸、甾体等。

（2）氧化铝　氧化铝是一种吸附力较强的吸附剂，具有分离能力强、活性可以控制等优点。色谱用的氧化铝，根据制备时 pH 的不同有碱性、中性和酸性三种类型。一般情况下中性氧化铝使用最多。

碱性氧化铝（pH＝9～10）适用于碱性（如生物碱）和中性化合物的分离，对酸性物质则难分离。酸性氧化铝（pH＝4～5），适用于分离酸性化合物，如酸性色素、某些氨基酸以及对酸稳定的中性物质。中性氧化铝（pH＝7.5）适用于分离生物碱、挥发油、萜类、甾体以及在酸、碱中不稳定的苷类、酯、内酯等化合物。凡是在酸碱性氧化铝上能分离的化合物，中性氧化铝也都能分离，所以使用广泛。

关于氧化铝的吸附机理有多种说法。有人认为是由氧化铝表面上的—OH 引起的吸附，同时，氧化铝又是一种特殊的离子交换剂；相反的观点则认为，氧化铝的吸附活性主要取决于暴露在氧化铝表面上的由 Al—O 键束缚着的 Al 原子或其他阳离子。氧化铝的活性与其含水量密切相关，水分的增加可使活性降低，称为脱活性。

（3）聚酰胺　聚酰胺是一类化学纤维素原料，因这类物质分子中都含有大量的酰胺基团，故统称聚酰胺。色谱用聚酰胺粉是白色多孔的非晶形粉末，不溶于水和一般的有机溶剂，易溶于浓无机酸、酚、甲酸。

聚酰胺具有特异的色谱分辨性能，对极性物质的吸附作用主要是因其分子中存在着许多酰胺基和羰基，两者都易于形成氢键，如酚类（包括黄酮类、鞣质等）和酸类，是以其羟基与酰胺的羰基形成氢键；而硝基化合物和醌类化合物是与酰胺的氨基形成氢键。聚酰胺与这些化合物形成氢键的形式和能力不同，吸附能力也就不同，使各类化合物得到分离。一般来说，具有形成氢键基团较多的物质，其吸附能力较大。除上述三种主要的吸附剂外，硅藻土、天然纤维等也可作为吸附剂。

3. 色谱条件的选择

吸附色谱的洗脱过程是流动相分子与组分分子竞争占据吸附剂表面活性中心的过程。强极性的流动相分子占据吸附中心的能力强，容易将试样分子从活性中心置换，具有强的洗脱作用。极性弱的流动相竞争占据活性中心的能力弱，洗脱作用就弱。因此，为了使试样中吸附能力稍有差异的各组分分离，就必须同时考虑到试样的结构与性质、吸附剂的活性和流动相的极性这三种因素。

（1）被测物质的结构与性质　非极性化合物，如饱和碳氢类，一般不被吸附或吸附不牢，很难发生色谱行为。不同类型的烃类和烷烃上具有的不同基团是判断化合物极性的重要依据，其极性由小到大的顺序是烷烃＜烯烃＜醚类＜硝基＜二甲胺＜酯类＜酮＜醛＜硫醇＜胺类＜酰胺＜醇类＜酚类＜羧酸类。

在判断物质极性大小时，有下列规律可循：①基本母核相同，则分子中基团的极性越强，整个分子的极性也越强；②分子中双键越多，吸附能力越强，共轭双键多吸附力亦增强；③化合物基团的空间排列对吸附性也有影响，如能形成分子内氢键的要比不能形成分子内氢键的相应化合物的极性要弱，吸附能力也弱。

（2）吸附剂的选择　分离极性小的物质，选用吸附能力强的吸附剂；反之，分离极性强的物质，应选用吸附能力弱的吸附剂。

（3）流动相的选择　一般根据极性物质易溶于极性溶剂，非极性物质易溶于非极性溶剂的"相似相溶"的原则来选择流动相。因此，分离极性大的物质应选用极性大的溶剂作为流动相，分离极性小的物质应选用极性小的溶剂作为流动相。常用的流动相极性递增的次序是石油醚＜环己烷＜四氯化碳＜苯＜甲苯＜乙醚＜氯仿＜乙酸乙酯＜正丁醇＜丙酮＜乙醇＜甲醇＜水。

在选择色谱分离条件时，应从上述三因素综合考虑。一般情况下，用硅胶、氧化铝时，若被测组分极性较强，应选用吸附性能较弱的吸附剂，用极性较强的洗脱剂；如被测组分极性较弱，则应选择吸附性强的吸附剂和极性弱的洗脱剂。为了得到极性适当的流动相，在实际工作中常采用多元混合流动相。

用聚酰胺为吸附剂时，一般采用以水为主的混合溶剂为流动相，如不同配比的醇-水、丙酮-水、氨水-二甲基甲酰胺混合溶液等，视具体试样组分而定。

 拓展阅读

有关色谱的期刊和网站

1. 中文期刊

（1）色谱　1984年创刊，现为双月刊，中文核心期刊，现已被国内外多种主要检索刊物和数据库收录。

（2）药物分析杂志　1981 年创刊，2005 年由双月刊改为月刊，中文核心期刊，主要栏目有研究论文、综述等。

（3）分析化学　1972 年创刊，现为月刊，中文核心期刊。

（4）分析实验室　1982 年创刊，现为双月刊，中文核心期刊，教育部优秀期刊。

2. 外文期刊

（1）Chromatographia 德国

（2）Journal of Chromatography A 荷兰

（3）Journal of Chromatography B 荷兰

（4）Journal of Chromatography Science 美国

（5）Biomedical Chromatography 英国

（6）Journal of Liquid Chromatography & Related Techniques 美国

3. 色谱相关网址

色谱世界：http://www.chemalink.net

中国色谱网：http://www.sepu.net/

岛津中国：http://www.shimadzu.com.cn/index.htmL

 提纲挈领

1. 分配系数 K 是由组分、固定相和流动相的性质及温度决定的，是组分的特征常数。分配系数 K 小的组分，较早流出色谱柱；分配系数大的组分，较迟流出色谱柱。

2. 色谱法按流动相与固定相的物态可分为气相色谱法、高效液相色法和超临界流体色谱法；按分离原理可分为吸附色谱法、分配色谱法、离子交换色谱法、分子排阻色谱法、亲和色谱法、手性色谱法和毛细管电泳法；按操作形式可分为柱色谱法和平面色谱法。

3. 吸附色谱法常用的吸附剂有硅胶、氧化铝和聚酰胺等。

第二节　高效液相色谱法

高效液相色谱法（high performance liquid chromatography，HPLC）是在经典液相色谱的基础上，继气相色谱之后，20 世纪 70 年代初期发展起来的一种以液体做流动相的新色谱技术。

一、高效液相色谱法的基本原理

高效液相色谱法是采用高压输液泵将具有不同极性的单一溶剂或不同比例的混合溶剂、缓冲液等流动相泵入装有填充剂（固定相）的色谱柱进行分离测定的色谱方法。经由进样阀注入的供试品由流动相带入柱内，各成分在柱内被分离后，依次进入检测器，由数据处理系统记录色谱信号。

二、高效液相色谱法的特点

1. 高效液相色谱法与经典液相色谱法相比具有的优点

① 经典柱色谱法中的柱子多为一次性使用，且柱体积较大，分离速率慢，每次都要重

新装柱，造成人力、物力及时间上的浪费，而一根 HPLC 柱能重复使用数百次。高效液相色谱柱是以特殊的方法用小粒径（一般为 $3\sim10\mu m$）的填料填充而成，从而使柱效大大提高（每米塔板数可达几万或几十万），分辨率高。

② 流动相采用高压输液泵输送，流速快，分析速率快。

③ 高效液相色谱仪的高重现性和连续的定量检测使得定性和定量分析结果具有较高的准确度和精密度，而柱色谱法及薄层色谱法（TLC）在进行定量分析时影响因素较多，故准确度及重现性均不如高效液相色谱法。

2. 高效液相色谱法与气相色谱法相比，高效液相色谱法具有的优点

① 不受样品挥发度和热稳定性的限制，它非常适合分子量较大、难汽化、不易挥发或对热敏感的物质、离子型化合物及高聚物的分离分析，大约占有机物的 $70\%\sim80\%$，应用范围广。

② 液相色谱通常在室温下操作，较低的温度，一般有利于色谱分离条件的选择。

③ 液相色谱中制备样品简单，回收样品也比较容易，而且回收是定量的，可用于大量制备。

综上所述，高效液相色谱法具有高柱效、高选择性、分析速率快、灵敏度高、重复性好及应用范围广等优点，该法已成为现代分析技术的重要手段之一，目前在化学、化工、医药、生化、环保、农业等科学领域广泛应用。

三、高效液相色谱法的类型

按组分在两相间分离机理分类，高效液相色谱法可分为十余种方法，以下主要介绍液-固色谱法、液-液色谱法、离子交换色谱法和凝胶色谱法。

1. 液-固色谱法（液-固吸附色谱法）

液-固色谱法是利用各组分在固定相上吸附能力的不同而将它们分离的方法。当组分随着流动相通过色谱柱中的吸附剂时，组分分子及流动相分子对吸附剂表面的活性中心发生吸附竞争。组分分子对活性中心的竞争能力的大小决定了它们保留值的大小。被活性中心吸附越强的组分分子越不容易被流动相洗脱，K 值就大；反之 K 值就小。组分之间的 K 值相差越大，分离越容易。吸附剂吸附能力的强弱与吸附剂的比表面积、物理化学性质、组分分子的结构和组成以及流动相的性质等因素有关。

（1）液-固吸附色谱固定相　多数是有吸附活性的吸附剂，常用的有表面多孔型和全多孔微粒型硅胶、氧化铝、分子筛等。

① 表面多孔型　又称薄壳型，是高效液相色谱使用的第一种填料。表面多孔填料的机械强度好，易填充均匀、紧密，渗透性好，柱效高，分离速率快。其主要缺点是因比表面积小，柱容量低，因此允许进样量小。

② 全多孔微粒型　目前广泛使用的有球形和无定形两种，颗粒直径 $3\sim10\mu m$，它具有粒度小，比表面积大（$100\sim600 m^2 \cdot g^{-1}$），孔穴浅，柱效高和柱容量大的优点。

（2）液-固吸附色谱流动相　对流动相的基本要求是试样要能够溶于流动相中，流动相黏度较小，流动相不能影响试样的检测。流动相的选择原则是极性大的试样需用极性强的流动相，极性弱的试样宜用极性较弱的流动相。实际工作中常用两种或两种以上溶剂按不同比例混合作流动相，以提供合适的溶剂强度和 K 值，提高分离的选择性。在分离复杂试样时，可进行梯度洗脱，能提高分离效率，改善峰形，加快分析速度。常用的流动相：甲醇、乙腈等。

2. 液-液色谱法（液-液分配色谱法）

使用将特定的液态物质涂于载体表面或化学键合于载体表面而形成的固定相。分离原理

是根据被分离的组分在流动相和固定相中溶解度不同而分离，分离过程是一个分配平衡过程。溶质在两相间进行分配时，在固定液中溶解度较小的组分较难进入固定液，在色谱柱中向前迁移速率较快；在固定液中溶解度较大的组分容易进入固定液，在色谱柱中向前迁移速率较慢，从而达到分离的目的。

（1）液-液色谱法的固定相　多采用化学键合固定相，以全多孔球形硅胶作载体，与端基含有十八烷基、醚基、苯基、氨基、氰基的硅烷偶联剂进行化学键合，制成非极性的十八烷基键合固定相、弱极性的醚基、苯基键合固定相和极性的氨基、氰基键合固定相。这类化学键合固定相，其表面的特征官能团与硅胶结合得十分牢固，能耐各种溶剂的洗脱，无流失现象，可用于梯度洗脱，传质速率快，在高效液相色谱中获得广泛的应用，尤其是十八烷基硅烷键合硅胶固定相（商品名为 ODS 柱），在液-液分配色谱中广泛应用。

由于化学键合固定相具有不同的极性，当进行分析时，若流动相的极性大于化学键合固定相的极性时，就称作反相液-液色谱；若化学键合固定相的极性大于流动相的极性时，就称作正相液-液色谱。正相色谱适宜于分离极性至中等极性的化合物，反相色谱则适宜于分离非极性或弱极性化合物。因此当使用不同极性的键合固定相时，其选择流动相的原则也不相同。

（2）液-液色谱法的流动相　若进行反相色谱分析，因固定相为十八烷基非极性键合固定相或醚基、苯基弱极性键合固定相，选用的流动相应以强极性的水作为主体，加入甲醇、乙腈、四氢呋喃等作为改性剂，以调节溶剂强度来改善样品中不同组分的分离度。若进行正相色谱分析，因选用了强极性氨基、氰基键合固定相，可以正己烷作为流动相的主体，加入氯仿、二氯甲烷、乙醚等作为改性剂，以调节溶剂强度来改善分离。

液-液色谱法既能分离极性化合物，又能分离非极性化合物，化合物中取代基的数目或性质不同，又或化合物的分子量不同，均可用液-液色谱进行分离。

3. 离子交换色谱法

离子交换色谱法是基于离子交换树脂上可解离的离子与流动相中具有相同电荷的被测离子进行可逆交换，由于被测离子在交换剂上具有不同的亲和力（作用力）而被分离。交换达到平衡时，K 值越大，保留时间越长。

（1）固定相　常用的有两种类型，多孔性树脂与薄壳型树脂。

① 多孔性树脂　极小的球型离子交换树脂，能分离复杂样品，进样量较大；缺点是机械强度不高，耐压能力差。

② 薄壳型离子交换树脂　在玻璃微球上涂以薄层的离子交换树脂，当流动相成分发生变化时，不会膨胀或压缩；缺点是柱子容量小，进样量不宜太多。

（2）流动相　离子交换色谱的流动相最常使用水缓冲溶液，有时也使用有机溶剂如甲醇，或乙醇同水缓冲溶液混合使用，以提供特殊的选择性，并改善样品的溶解度。

离子交换色谱法主要用来分离离子或可解离的化合物，凡是在流动相中能够解离的物质都可以用离子交换色谱法进行分离。此法广泛应用于无机离子、有机化合物和生物物质（如氨基酸、核酸、蛋白质等）的分离。

4. 凝胶色谱法（空间排阻色谱法）

凝胶是一种多孔性的高分子聚合体，表面布满孔隙，能被流动相浸润，吸附性很小。凝胶色谱法的分离机制是根据分子的体积大小和形状不同而达到分离目的。体积大于凝胶孔隙的分子，由于不能进入孔隙而被排阻，直接从表面流过，先流出色谱柱；小分子可以渗入大大小小的凝胶孔隙中而完全不受排阻，然后又从孔隙中出来随载液流动，后流出色谱柱；中等体积的分子可以渗入较大的孔隙中，但受到较小孔隙的排阻，介乎上述两种情况之间。凝胶色谱法是一种按分子尺寸大小的顺序进行分离的一种色谱分析方法。

① 凝胶色谱法的固定相　软质凝胶、半硬质凝胶和硬质凝胶三种。

② 凝胶色谱法的应用特点　适宜于分离分子量较大的化合物，此法保留时间短，色谱峰窄，容易检测，但不能分辨分子大小相近的化合物；因固定相与溶质分子间的作用力极弱，所以柱的使用寿命较长。

四、高效液相色谱仪

图 12-2　高效液相色谱仪

目前常见的高效液相色谱仪生产厂家有国外的 Waters 公司、安捷伦公司、岛津公司等，国内有大连依利特公司、上海分析仪器厂等。无论哪个厂家的高效液相色谱仪，都由高压输液系统、进样系统、分离系统、检测系统、数据记录及处理系统等五大部分组成（图 12-2）。

1. 高压输液系统

高压输液系统由贮液瓶、高压输液泵、梯度洗脱装置和压力表等组成。

（1）贮液瓶　贮液瓶一般由玻璃、不锈钢或氟塑料制成，容量为 1～2L，用来贮存数量足够、符合要求的流动相。

（2）高压输液泵　高压输液泵是高效液相色谱仪中关键部件之一，其功能是将贮液瓶中的流动相以高压形式连续不断地送入液路系统中，从而使样品在色谱柱中完成分离过程。由于液相色谱仪所用色谱柱直径较细，所填固定相粒度很小，因此，对流动相的阻力较大，为了使流动相能较快地流过色谱柱，就需要高压泵注入流动相。

对泵的要求：①能在高压下连续工作，输出压力一般应达到 20～50MPa；②流量范围宽，分析型应在 0.1～10mL·min^{-1} 范围内连续可调，制备型应能达到 100mL·min^{-1}，且流量恒定、无脉动，流量精度高且稳定。此外，还应耐腐蚀，密封性好。高压输液泵，按其性质可分为恒压泵和恒流泵两大类。恒流泵是能给出恒定流量的泵，其流量与流动相黏度和柱渗透无关。恒压泵是保持输出压力恒定，而流量随外界阻力变化而变化，如果系统阻力不发生变化，恒压泵就能提供恒定的流量。目前多用恒流泵中的往复柱塞泵。

为了延长泵的使用寿命和维持其输液的稳定性，操作时需注意下列注意事项：①防止任何固体颗粒进入泵体；②流动相不应含有任何有腐蚀性的物质；③泵工作时要留心防止贮液瓶内的流动相被用尽；④不要超过规定的最高压力，否则会使高压密封环变形，产生漏液；⑤流动相应先进行脱气处理。

（3）梯度洗脱装置　梯度洗脱又称为梯度淋洗或程序洗涤。在气相色谱中，为了改善对宽沸程样品的分离和缩短分析周期，广泛采用程序升温的方法。而在液相色谱中则采用梯度洗脱的方法。在同一个分析周期中，按一定程序不断改变流动相的浓度配比，从而可以使一个复杂样品中的性质差异较大的组分能按各自适宜的容量因子 K 达到良好的分离目的，称为梯度洗脱。

梯度洗脱的优点：缩短分析周期；提高分离能力；改善拖尾峰形；增加灵敏度等。但有时会引起基线漂移。

梯度洗脱装置分为两类：一类是外梯度装置（又称低压梯度），流动相在常温常压下混合，用高压泵压至柱系统，仅需一台泵即可。另一类是内梯度装置（又称高压梯度），将两种溶剂分别用泵增压后，按电器部件设置的程序，注入梯度混合室混合，再输至柱系统。

2. 进样系统

进样系统包括进样口、注射器和进样阀或自动进样器等，它的作用是把分析试样有效地送入色谱柱上进行分离。一般要求进样装置的密封性好，死体积小，重复性好，保证中心进样，进样时对色谱系统的压力、流量影响小。

用六通进样阀进样时，先使阀处于装样位置，用微量注射器将试样注入定量环，然后转动阀芯（由手柄操作）至进样位置，定量环内的试样由流动相带入色谱柱（图 12-3 和图 12-4）。手动进样体积是由定量环的容积严格控制的，因此进样量准确，重复性好。为了确保进样的准确度，装样时微量注射器的体积建议是定量环体积的 3～5 倍。

图 12-3　手动进样器示意图　　　　图 12-4　定量环示意图

除手动进样之外，还有各种形式的自动进样装置，常应用于大数量的试样分析中。此过程设定程序控制进样，同时还能用溶剂清洗进样器。

 课堂互动

手动进样器与自动进样器的优缺点以及应如何选择合适的进样器？

3. 分离系统

分离系统包括色谱柱、柱温箱和连接管等部件。色谱柱一般用内部抛光的不锈钢制成。其内径为 2～6mm，柱长为 10～50cm，填料粒度 3～10μm。柱形多为直形，内部充满微粒固定相（图 12-5）。柱温一般为室温或接近室温，部分试样也可使用柱温箱设置温度。

图 12-5　色谱柱

为了得到较高的柱效，色谱柱的装填常采用匀浆装柱法，即以一种或数种溶剂作为分散、悬浮介质，经超声处理使其微粒在介质中高度分散并呈现悬浮状态，即匀浆。然后在高压下将匀浆压入柱管中，制成既均匀又紧密填充的高效液相色谱柱。填装时的压力由固定相粒度、柱径、柱长等多因素而定。

4. 检测器

检测器是液相色谱仪的关键部件之一，它的作用是把色谱洗脱液中组分的量（或浓度）转变成电信号。对检测器的要求为灵敏度高、重复性好、线性范围宽、死体积小以及对温度和流量的变化不敏感等。在液相色谱中，有两种类型的检测器，一类是专属型检测器，它只能检测某些组分的某一性质，属于此类检测器的有紫外、荧光、电化学检测器等；另一类是通用型检测器，它对试样和洗脱液总的物理和化学性质响应，属于此类检测器的有示差折光检测器、蒸发光散射检测器等。

高效液相色谱法中应用最广泛的为紫外检测器。它具有灵敏度高、噪声低、线性范围宽、对流速和温度的波动不灵敏的优点。但它只能检测有紫外吸收的物质，而且流动相有一定限制，即流动相的截止波长应小于检测波长。紫外检测器包括可变波长检测器和二极管阵列检测器。二极管阵列检测器可将每一个组分的吸收光谱和试样的色谱图结合在一张三维坐标图上，而获得三维光谱——色谱图，吸收光谱用于组分的定性，色谱峰面积用于定量。

 知识链接

蒸发光散射检测器

蒸发光散射检测器（ELSD）是 20 世纪 90 年代出现的最新的通用检测器，但是对于许多色谱工作者来说，它仍是一个新产品。蒸发光散射检测器的出现为没有紫外吸收样品组分的检测提供了新的手段。

蒸发光散射检测器检测原理：样品从色谱柱后流出进入检测器后，经历了雾化、流动相蒸发和激光束检测三个步骤。样品色谱柱流出液进入雾化器形成小液滴，与通入的气体（通常是氮气）混合均匀，经过加热的漂移管，蒸发除去流动相，样品组分形成气溶胶，用强光或激光照射气溶胶，产生光散射，用光电二极管检测散射光。

蒸发光散射检测器与紫外检测器相比较：

① 紫外检测器的主要缺点在于测定无紫外吸收的化合物时灵敏度很低，ELSD 可以检测任何挥发性低于流动相的样品；

② ELSD 为通用型检测器，其检测结果比紫外检测器的检测结果更能代表样品的质量；

③ 紫外检测只能使用无紫外吸收的流动相，ELSD 能与任何的挥发性流动相相容，流动相选择广泛；

④ ELSD 可以检测出紫外检测器检测不出的峰。

5. 数据记录及处理系统

现代高效液相色谱仪的重要特征是色谱工作站可控制仪器。如输液泵可用软件控制流速，在多元溶剂系统中控制溶剂间的比例及混合，可控制程序改变紫外检测器的波长、响应速度等。软件还可控制自动进样装置，准确定时地进样。利用色谱工作站可以实现全系统的自动化控制。

色谱软件的另一应用是采集和分析色谱数据。它能对来自检测器的原始数据进行分析处理，给出所需要的信息。目前的色谱软件都能进行峰宽、峰高、峰面积、对称因子、容量因子、选择性因子和分离度等色谱参数的计算，这对色谱方法的建立非常重要。色谱工作站是数据采集、处理和分析的独立的计算机软件，能适应于各种类型的色谱仪器。

五、工作流程

如图 12-6 所示，贮液瓶中的流动相被高压输液泵吸入，经泵测其压力和流量，导入进样器，经保护柱、分离柱后到检测器进行检测，由数据处理设备处理数据或记录仪记录色谱图。

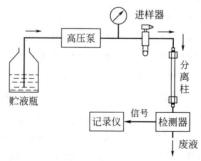

图 12-6　高效液相色谱工作流程示意图

 **学科前沿**

超高效液相色谱法（UPLC）

Waters 公司设计的 Waters ACQUITY UPLC™ 超高效液相色谱系统是分离分析科学的巨大进步。超高效液相色谱仪主要由超高压输液泵、超高效液相色谱柱、快速自动进样器、高速检测器及工作站组成。与传统的 HPLC 相比，UPLC 的速度是 HPLC 的 9 倍、灵敏度是其 3 倍（在分离度保持相同时）、分离度是其 1.7 倍。人们已将 UPLC 应用于新兴的代谢组学的分析及一些生化领域。不难预测，未来会有更高灵敏度、更高选择性、更高通量人工智能的色谱仪器及色谱技术进入世界各地的药物研究实验室。

六、高效液相色谱法的应用

高效液相色谱法为食品、药品分析中常用的定性、定量分析技术，既可用于复杂样品的主成分分析，也可用于这些样品中的痕量成分分析。

1. 定性分析方法

色谱定性分析的最简便方法是保留时间定性法。该法通过在完全相同的色谱条件下比较未知物和已知物的保留时间或它们的化学衍生化产物的保留时间来定性鉴别，其依据的原理是在同一台色谱仪和完全相同的色谱条件下，同一化合物有相同的保留时间。如果仪器运转正常，色谱条件稳定，在同样的色谱条件下，多次测定的保留时间有较好的重复性。除此之外还常用相对保留时间、相对保留值及保留指数等进行定性。

2. 定量分析方法

定量测定时，可根据样品的具体情况采用峰面积法或峰高法，多数情况下习惯采用峰面积进行定量分析。但有时用峰面积定量分析并不是最佳选择，若存在色谱峰严重拖尾、色谱峰有潜在干扰或未与相邻峰完全分离以及流动相流速不稳定等情况建议采用峰高定量。高效液相色谱法的定量分析方法有面积归一化法、外标法、内标法和标准加入法。现重点介绍外标法。

以样品中待测物的对照品作对照物质，对比求算样品含量的方法称为外标法。外标法包括外标工作曲线法、外标一点法及外标两点法等。

（1）外标工作曲线法　该法先用待测物的对照品配制成一系列不同浓度水平的滴定液，然后在与测定样品相同的色谱条件下，等体积准确进样，测得各浓度水平的滴定液色谱峰的响应值，即峰面积或峰高，再以各浓度响应值对待测物的浓度作回归方程，然后在相同的色谱条件下，测定样品溶液中待测物的色谱峰面积或峰高，将其代入回归方程即可求得测定样品溶液的浓度（c_X），也可用峰面积或峰高对滴定液的浓度绘制标准曲线，再根据样品溶液中待测物的面积或峰高在工作曲线上查出样品中待测组分的浓度。

（2）外标一点法　当工作曲线线性良好且通过原点（即截距为零）时，可采用外标一点法定量。该法用某一种浓度水平（c_s）的待测物对照品溶液作对照，等体积准确进样，分别得到对照品溶液和样品溶液中待测物色谱峰面积 A_s 和 A_X，即可求出样品中待测物的浓度（c_X），样品中待测物的浓度以下式计算：

$$c_X = \frac{c_s A_X}{A_s} \tag{12-11}$$

式中，A_X 为供试品的峰面积；c_X 为供试品的浓度；A_s 为待测物质对照品的峰面积；c_s 为待测物质对照品的浓度。

（3）外标两点法　如果工作曲线不通过原点，则需要使用外标两点法进行待测组分含量的测定。它的原理是采用两种浓度的滴定液以求算工作曲线的斜率和截距，进而确定相应的工作曲线，再求出待测组分的含量。

在高效液相色谱中，因进样量较大，而且常采用六通阀定量进样，进样量误差相对较小，因此外标法是高效液相色谱常用定量方法之一。外标法的优点是不需要知道校正因子，只要被测组分出峰、无干扰、保留时间适宜，就可进行定量分析。缺点是进样量必须准确，否则定量误差大。

为了保证定量分析的准确性和重现性，色谱系统应达到一定的要求。《中国药典》（2020年版）规定了系统适用性试验的内容包括色谱柱的理论板数、分离度、灵敏度、拖尾因子和重复性。

 **深度解析**

色谱系统的适用性试验

色谱系统的适用性试验通常包括理论板数、分离度、灵敏度、拖尾因子和重复性等五个参数。按各品种正文项下要求对色谱系统进行适用性试验，即用规定的对照品溶液或系统适用性试验溶液在规定的色谱系统进行试验，必要时，可对色谱系统进行适当调整，以符合要求。

（1）色谱柱的理论板数（n）　用于评价色谱柱的分离效能。由于不同物质在同一色谱柱上的色谱行为不同，采用理论板数作为衡量色谱柱效能的指标时，应指明测定物质，一般为待测物质或内标物质的理论板数。

在规定的色谱条件下，注入供试品溶液或各品种项下规定的内标物质溶液，记录色谱图，量出供试品主成分色谱峰或内标物质色谱峰的保留时间 t_R 和峰宽（W）或半高峰宽（$W_{h/2}$），按 $n=16(t_R/W)^2$ 或 $n=5.54(t_R/W_{h/2})^2$ 计算色谱柱的理论板数。t_R、W、$W_{h/2}$ 可用时间或长度计（下同），但应取相同单位。

（2）分离度（R）　用于评价待测物质与被分离物质之间的分离程度，是衡量色谱系统分离效能的关键指标。可以通过测定待测物质与已知杂质的分离度，也可以通过测定待测物质与某一指标性成分（内标物质或其他难分离物质）的分离度，或将供试品或对照品用适当的方法降解，通过测定待测物质与某一降解产物的分离度，对色谱系统分离效能进行评价与调整。

无论是定性鉴别还是定量测定，均要求待测物质色谱峰与内标物质色谱峰或特定的杂质对照色谱峰及其他色谱峰之间有较好的分离度。除另有规定外，待测物质色谱峰与相邻色谱峰之间的分离度应大于1.5。分离度的计算公式为：

$$R=\frac{2(t_{R2}-t_{R1})}{W_1+W_2}$$

式中，t_{R2} 为相邻两峰中后一峰的保留时间；t_{R1} 为相邻两峰中前一峰的保留时间；W_1 及 W_2 为此相邻两峰的峰宽（如下图）。

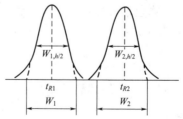

当对测定结果有异议时，色谱柱的理论板数（n）和分离度（R）均以峰宽（W）的计

算结果为准。

（3）灵敏度　用于评价色谱系统检测微量物质的能力，通常以信噪比（S/N）来表示。通过测定一系列不同浓度的供试品或对照品溶液来测定信噪比。定量测定时，信噪比应不小于 10；定性测定时，信噪比应不小于 3。系统适用性试验中可以设置灵敏度实验溶液来评价色谱系统的检测能力。

（4）拖尾因子（T）　用于评价色谱峰的对称性。拖尾因子计算公式为：

$$T = \frac{W_{0.05h}}{2d_1}$$

式中，$W_{0.05h}$ 为 5％峰高处的峰宽；d_1 为峰顶在 5％峰高处横坐标平行线的投影点至峰前沿与此平行线交点的距离（如下图）。

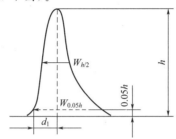

以峰高作定量参数时，除另有规定外，T 值应在 0.95～1.05。

以峰面积作定量参数时，一般的峰拖尾或前伸不会影响峰面积积分，但严重拖尾会影响基线、色谱峰起止的判断及峰面积积分的准确性，此时应在品种正文项下对拖尾因子做出规定。

（5）重复性　用于评价色谱系统连续进样时响应值的重复性能。采用外标法时，通常取各品种项下的对照品溶液，连续进样 5 次，除另有规定外，其峰面积测量值的相对标准偏差应不大于 2.0％；采用内标法时，通常配制相当于 80％、100％和 120％的对照品溶液，加入规定量的内标溶液，配成 3 种不同浓度的溶液，分别至少进样 2 次，计算平均校正因子，其相对标准偏差应不大于 2.0％。

3. 应用示例

（1）阿莫西林的鉴别　在含量测定项下记录的色谱图中，供试品溶液主峰的保留时间应与对照品溶液主峰的保留时间一致。

（2）阿莫西林的含量测定（外标法）

① 色谱条件与系统适用性试验　用十八烷基硅烷键合硅胶为填充剂；以 0.05mol·L^{-1} 磷酸二氢钾溶液（用 2mol·L^{-1} 氢氧化钾溶液调节 pH 值至 5.0）-乙腈（97.5：2.5）为流动相；流速为 1mL·min^{-1}；检测波长为 254nm。理论板数按阿莫西林峰计算应不低于 2000。

② 测定法　取本品约 25mg，精密称定，置 50mL 量瓶中，加流动相溶解并定量稀释至刻度，摇匀，精密量取 20μL 注入液相色谱仪，记录色谱图；另取阿莫西林对照品适量，同法测定。按外标法以峰面积计算出供试品中 $C_{16}H_{19}N_3O_5S$ 的含量。

$$c_X = \frac{c_s A_X}{A_s}$$

式中，A_X 为供试品的峰面积；c_X 为供试品的浓度；A_s 为阿莫西林对照品的峰面积；c_s 为阿莫西林对照品的浓度。

 提纲挈领

1. **高效液相色谱法的特点**　高效液相色谱法具有高柱效、高选择性、分析速率快、灵敏度高、重复性好、应用范围广等优点。

2. 高效液相色谱法的分类及分离机制

① 液-固色谱法（液-固吸附色谱法）　液-固色谱法是利用各组分在固定相上吸附能力的不同而将它们分离的方法。

② 液-液色谱法（液-液分配色谱法）　分离原理是根据被分离的组分在流动相和固定相中溶解度不同而分离，分离过程是一个分配平衡过程。

③ 离子交换色谱法　是基于离子交换树脂上可解离的离子与流动相中具有相同电荷的被测离子进行可逆交换，由于被测离子在交换剂上具有不同的亲和力（作用力）而被分离。

④ 凝胶色谱法　分离机制是根据分子的体积大小和形状不同而达到分离目的。

3. 高效液相色谱仪的结构组成及工作流程

① 高压输液系统　由贮液瓶、高压泵、梯度洗脱装置和压力表。

② 进样系统　进样口、注射器和进样器等。

③ 分离系统　色谱柱、柱温箱和连接管等部件。

④ 检测器类型　紫外、荧光、电化学检测器、示差折光检测器、蒸发光散射检测器等。

⑤ 数据处理系统。

4. 高效液相色谱的定性定量方法

① 定性分析方法　用保留时间、相对保留时间、相对保留值及保留指数定性。

② 定量分析方法　面积归一化法、外标法、内标法和标准加入法。

 达标自测

一、选择题

1. 组分在固定相中的质量为 $m_A(g)$，在流动相中的质量为 $m_B(g)$，而该组分在固定相中的浓度为 $c_A(g \cdot mL^{-1})$，在流动相中浓度为 $c_B(g \cdot mL^{-1})$，则此组分的分配系数是（　　）。

　A. m_A/m_B 　　　　　B. m_B/m_A 　　　　　C. c_B/c_A 　　　　　D. c_A/c_B

2. 吸附作用在下面哪种色谱方法中起主要作用。（　　）

　A. 液-液色谱法 　　　B. 液-固色谱法 　　　C. 键合相色谱法 　　　D. 离子交换法

3. 在正相色谱中，若适当增大流动相极性则（　　）。

　A. 样品的 K 降低，t_R 降低 　　　　　　　B. 样品的 K 增加，t_R 增加

　C. 相邻组分的增加 　　　　　　　　　　　　D. 对基本无影响

4. 液相色谱中通用型检测器是（　　）。

　A. 紫外吸收检测器 　　　　　　　　　　　　B. 示差折光检测器

　C. 热导池检测器 　　　　　　　　　　　　　D. 荧光检测器

5. 高压、高效、高速是现代液相色谱的特点，采用高压主要是由于（　　）。

　A. 可加快流速，缩短分析时间 　　　　　　　B. 高压可使分离效率显著提高

　C. 采用了细粒度固定相 　　　　　　　　　　D. 采用了填充毛细管柱

6. 在液相色谱中，常用作固定相又可用作键合相基体的物质是（　　）。

　A. 分子筛 　　　　　B. 硅胶 　　　　　C. 氧化铝 　　　　　D. 活性炭

7. 在反相色谱法中，若以甲醇-水为流动相，增加甲醇的比例时，组分的分配系数 K 与

保留时间 t_R 的变化为（　　　）。

    A. K 与 t_R 增大　　　　B. K 增大，t_R 减小　　C. K 与 t_R 不变　　　　D. K 与 t_R 减小

    8. 水在下述色谱中，洗脱能力最弱（作为底剂）的是（　　　）。

    A. 正相色谱法　　　　　　　　　　　　　B. 反相色谱法

    C. 吸附色谱法　　　　　　　　　　　　　D. 空间排斥色谱法

    9. 高效液相色谱的简写是（　　　）。

    A. HPLC　　　　　　B. TLC　　　　　　　C. GC　　　　　　　D. GPC

    10. 紫外检测器的简写是（　　　）。

    A. ELSD　　　　　　B. UVD　　　　　　　C. TCD　　　　　　D. FLD

二、判断题

    1. 液-液色谱流动相与被分离物质相互作用，流动相极性的微小变化，都会使组分的保留值出现较大的改变。（　　　）

    2. 检测器性能好坏将对组分分离产生直接影响。（　　　）

    3. 色谱归一化法只能适用于检测器对所有组分均有响应的情况。（　　　）

    4. 高效液相色谱是药学领域中的主流仪器，几乎能够分析 80% 以上的药物。（　　　）

    5. 正相分配色谱的流动相极性大于固定相极性。（　　　）

    6. 示差折光检测器是专属型检测器。（　　　）

    7. 高效液相色谱法采用梯度洗脱，是为了改变被测组分的保留值，提高分离度。（　　　）

    8. 化学键合固定相具有良好的热稳定性，不易吸水，不易流失，可用梯度洗脱。（　　　）

    9. 正相键合色谱的固定相为非（弱）极性固定相，反相色谱的固定相为极性固定相。（　　　）

    10. 超高效液相色谱的色谱柱长度一般比普通高效液相色谱柱要短。（　　　）

三、填空题

    1. 高效液相色谱仪一般可分为 ＿＿＿＿＿＿＿ 、 ＿＿＿＿＿＿＿ 、 ＿＿＿＿＿＿＿ 、 ＿＿＿＿＿＿＿ 和 ＿＿＿＿＿＿＿ 等部分。

    2. 常用的高效液相色谱检测器主要是 ＿＿＿＿＿＿＿ 、 ＿＿＿＿＿＿＿ 、 ＿＿＿＿＿＿＿ 、 ＿＿＿＿＿＿＿ 和 ＿＿＿＿＿＿＿ 检测器等。

    3. 在液-液分配色谱中，对于亲水固定液采用 ＿＿＿＿＿＿＿ 流动相，即流动相的极性 ＿＿＿＿＿＿＿ 固定相的极性称为正相分配色谱。

    4. 高压输液泵是高效液相色谱仪的关键部件之一，按其工作原理分为 ＿＿＿＿＿＿＿ 和 ＿＿＿＿＿＿＿ 两大类。

    5. 以 ODS 键合固定相，甲醇-＿＿＿＿＿＿＿ 为流动相时，该色谱条件为 ＿＿＿＿＿＿＿ 色谱。

    6. 用凝胶为固定相，利用凝胶的 ＿＿＿＿＿＿＿ 与被分离组分分子 ＿＿＿＿＿＿＿ 间的相对大小关系，而分离、分析的色谱法，称为空间排阻（凝胶）色谱法。

    7. 在正相色谱中，极性 ＿＿＿＿＿＿＿ 的组分先出峰，极性 ＿＿＿＿＿＿＿ 的组分后出峰。

    8. 系统适用性试验通常包括 ＿＿＿＿＿＿＿ 、 ＿＿＿＿＿＿＿ 、 ＿＿＿＿＿＿＿ 、 ＿＿＿＿＿＿＿ 、 ＿＿＿＿＿＿＿ 5 个参数。

四、简答题

    1. 简述高效液相色谱法的工作原理。

2. 简述高效液相色谱仪的基本构造及工作流程。

3. 什么是系统适用性试验？包含哪些参数？

4. 高效液相色谱法与经典液相色谱法相比具有哪些优点？

5. 常用的高效液相色谱法的定性定量方法有哪些？

（本章编写　张任男）

扫码看解答

第十三章 气相色谱法

 知识目标

1. 了解气相色谱法的特点、分类、结构、用途。
2. 熟悉气相色谱仪各部件的作用及色谱条件的选择。
3. 掌握气相色谱定性鉴别和定量鉴别的方法及特点。
4. 熟悉气相色谱的标准检验操作流程。

扫码看课件

 能力目标

1. 能熟练运用气相色谱法对物质进行定性鉴别、纯度检查和含量测定。
2. 能熟练使用气相色谱仪并能对仪器进行简单的维护和保养,熟悉常见故障及排除办法。
3. 能正确处理检验图谱和检验数据,正确填写记录,书写报告。

气相色谱法是一种高效、高灵敏度、选择性强、分析速度快的色谱分析方法,可与红光及吸收光谱法或质谱法配合使用,分离分析复杂样品的重要手段。

 案例

表 13-1 为黄芪中有机氯农药残留的检验报告样板。

表 13-1　黄芪中有机氯农药残留的检验报告

检品名称	黄芪	数量	
规格		批号	
产地		检验日期	
检验目的	原药材质量检验	报告日期	
检验依据	黄芪质量标准 TS-03-YL002-00	页次	
检验项目	标准规定		检验结果
有机氯农药残留量	六六六(总 BHC)不得超过千万分之二;滴滴涕(总 DDT)不得过千万分之二;五氯硝基苯(PCNB)不得过千万分之一		
结论:	黄芪质量标准 TS-03-YL002-00		

负责人:　　　　　　　检验人:　　　　　　　复核人:

讨论　在该检验报告中,黄芪中有机氯农药残留量不超过千万分之一或千分之二,那么要用什么方法进行该项指标的测定呢? 在测定过程中用到哪些有关知识和技能呢? 学习气相色谱法后这些问题将迎刃而解。

第一节　概述

气相色谱法 (gas chromatography,GC) 是以气体为流动相的色谱分析方法。气相色谱法是由英国生物学家 Martin 等创建起来的，他们在 1941 年首次提出了用气体做流动相，1952 年 Martin 等第一次用气相色谱法分离测定复杂混合物，1955 年第一台商品气相色谱仪由美国 Perkin Elmer 公司生产问世，用热导池作检测器。1956 年，指导实践的速率理论出现，为气相色谱的发展提供了理论依据。气相色谱法目前已成为分析化学中极为重要的分离分析方法之一，在石油化工、医药化工、环境监测、生物化学等领域得到广泛应用。在药物分析中，气相色谱法已成为药物杂质检查和含量测定、中药挥发油分析、药物的纯化、制备等的一种重要手段。随着色谱理论的逐渐完善和色谱技术的发展，特别是近年来电子计算机技术的应用，为气相色谱法开辟了更加广阔的前景。

一、气相色谱法的分类

气相色谱法按固定相聚集状态不同分为气固色谱和气液色谱。按分离原理，气固色谱属于吸附色谱，气液色谱属于分配色谱。

按色谱操作形式分，气相色谱属于柱色谱，按柱的粗细不同，可分为填充柱色谱法及毛细管柱色谱法两种。填充柱是将固定相填充在金属或玻璃管中（内径 4～6mm），毛细管柱（内径 0.1～0.5mm）可分为开口毛细管柱和填充毛细管柱等。

二、气相色谱法的特点

（1）高灵敏度　由于使用了高灵敏度检测器，气相色谱可检出 $10^{-11}\sim10^{-13}$ g 的物质，可作超纯气体、高分子单体的痕量杂质分析和空气中微量毒物的分析。

（2）高选择性　可有效地分离性质极为相近的各种同分异构体和各种同位素以及极为复杂、难以分离的化合物。例如用空心毛细管柱，一次可以从汽油中检测 168 个碳氢化合物的色谱峰。

（3）高效能　可把组分复杂的样品分离成单组分。

（4）操作简单，速度快　一般分析只需几分钟到几十分钟即可完成，有利于指导和控制生产。

（5）应用范围广　既可分析气体试样，亦可分析易挥发或可衍生转化为易挥发的液体或固体试样，只要沸点在 500℃ 以下，热稳定性好，分子量在 400 以下的物质，原则上都可以采用气相色谱法。

（6）所需试样量少　一般气体样用几毫升，液体试样用几微升或几十微升。

（7）自动化程度高　目前的色谱仪器都带有微机处理，使设备操作及数据处理都实现了自动化，方便使用。

受试样蒸气压限制和定性困难是气相色谱法的两大弱点。

 课堂互动

药物原料药合成过程中乙醇残留检测适合用气相色谱法检测吗？

 提纲挈领

1. 气相色谱按照方式的分类。

2. 气相色谱法的特点：气相色谱法具有高效能、高选择性、高灵敏度、分析速度快、操作简单、应用范围广等优点。

第二节　气相色谱仪

一、气相色谱流程

气相色谱法用于分离分析样品的基本过程如图 13-1。

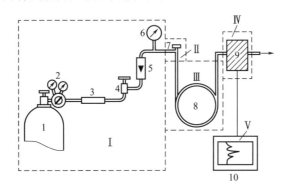

图 13-1　气相色谱流程图
1—高压钢瓶；2—减压阀；3—载气净化干燥管；4—针形阀；5—流量计；
6—压力表；7—进样器；8—色谱柱；9—检测器；10—记录仪

气相色谱过程如图 13-1 所示。由高压钢瓶 1 供给的流动相载气，经减压阀 2 减压后，进入载气净化干燥管 3 以除去载气中的水分，再经针形阀 4 和转子流量计 5 后，以稳定的压力恒定的流速连续流过压力表 6、进样器 7、色谱柱 8，最后放空。汽化室与进样口相接，它的作用是把从进样口注入的液体试样瞬间汽化为蒸气，以便随载气带入色谱柱中进行分离，分离后的样品随载气依次带入检测器，检测器将组分的浓度（或质量）变化转化为电信号，电信号经放大后，由记录仪记录下来，即得色谱图。

二、气相色谱仪

气相色谱仪由五大系统组成：气路系统、进样系统、分离系统、控温系统、检测及记录系统。

（1）气路系统　气相色谱仪具有一个让载气连续运行、管路密闭的气路系统，包括气源、气体净化器、流量控制器和压力调节阀。通过该系统，可以获得纯净的、流速稳定的载气。它的气密性、载气流速的稳定性以及测量流量的准确性，对色谱结果均有很大的影响，因此必须注意控制。

常用的载气有氮气和氢气，也有用氦气、氩气和空气。载气的净化，需经过装有活性炭或分子筛的净化器，以除去载气中的水、氧等不利的杂质。流速的调节和稳定是通过减压阀、稳压阀和针形阀串联使用后达到的。一般载气的变化程度<1%。

（2）进样系统　进样系统包括进样器和汽化室两部分，另有加热系统，保证试样汽化。

进样系统的作用是将液体或固体试样，在进入色谱柱之前瞬间汽化，然后快速定量地转入到色谱柱中。进样的大小，进样时间的长短，试样的汽化速度等都会影响色谱的分离效果和分析结果的准确性和重现性。

① 进样器　液体样品的进样一般采用微量注射器。气体样品的进样常用色谱仪本身配置的推拉式六通阀或旋转式六通阀定量进样。

② 汽化室　为了让样品在汽化室中瞬间汽化而不分解，因此要求汽化室热容大，无催化效应。为了尽量减少柱前谱峰变宽，汽化室的死体积应尽可能小。

 深度解析

手动进样时注意手不要拿注射器的针头和有样品部位、不要有气泡，吸样时要慢、快速排出再慢吸，反复几次，$10\mu L$ 注射器金属针头部分体积 $0.6\mu L$，有气泡也看不到，多吸 $1\sim2\mu L$，把注射器针尖朝上气泡向上走到顶部再推动针杆排除气泡（$10\mu L$ 注射器、带芯子注射器凭感觉），进样速度要快（但不易特快），每次进样保持相同速度，针尖到汽化室中部开始注射样品。

（3）分离系统　分离系统由色谱柱和恒温控制装置组成。色谱柱主要有两类：填充柱和毛细管柱（表 13-2）。

表 13-2　色谱柱分类

类别	材料	形状	长	内径	固定相	特点
填充柱	不锈钢或玻璃	U形、螺旋形	1~5m	2~4mm	固定相填充其内	进样量多,灵敏度高,柱效低。适于含量低,组分少的样品测定
毛细管柱	石英或玻璃	螺旋形	几十米	0.1~0.5mm	内壁涂渍固定相,管中空	柱效高,适于多组分样品分离分析,灵敏度低(20min 分离几十个组分)

色谱柱的分离效果除与柱长、柱径和柱形有关外，还与所选用的固定相和柱填料的制备技术以及操作条件等许多因素有关。

 拓展阅读

安装色谱柱：①安装拆卸色谱柱必须在常温下。②填充柱有卡套密封和垫片密封，卡套分三种，金属卡套，塑料卡套，石墨卡套，安装时不易拧得太紧。垫片式密封每次安装色谱柱都要换新的垫片（岛津色谱是垫片密封）。

（4）控温系统　温度直接影响色谱柱的选择分离、检测器的灵敏度和稳定性。控温系统主要是对色谱柱炉、汽化室、检测室的温度进行控制。色谱柱的温度控制方式有恒温和程序升温两种。对于沸点范围很宽的混合物，一般采用程序升温法进行。程序升温指在一个分析周期内柱温随时间由低温向高温作线性或非线性变化，以达到用最短时间获得最佳分离的目的。

（5）检测及记录系统　根据检测原理的差别，气相色谱检测器可分为浓度型和质量型两类。

浓度型检测器测量的是载气中组分浓度的瞬间变化，即检测器的响应值正比于组分的浓度。如热导检测器（TCD）、电子捕获检测器（ECD）。

质量型检测器测量的是载气中所携带的样品进入检测器的速度变化，即检测器的响应信号正比于单位时间内组分进入检测器的质量。如氢焰离子化检测器（FID）和火焰光度检测器（FPD）。

记录系统是一种能自动记录由检测器输出的电信号的装置，包括放大器、记录仪、数据处理装置。

 课堂互动

你能说出在气相色谱仪的结构组成中哪些是核心关键部件吗？

提纲挈领

1. 气相色谱法分离分析样品的基本过程

基本过程　载气（高压钢瓶）──→减压阀（减压）──→载气净化干燥管（除去载气中的水分）──→针型阀控制其压力和流量──→进样器（包括汽化室）──→注入试样进入进样器──→由载气携带进入分离柱──→依次分离──→检测器检测──→数据处理设备处理数据、记录仪记录色谱图。

2. 气相色谱仪的结构组成

① 载气系统　包括气源、气体净化装置、气体流速控制装置和测量装置。

② 进样系统　包括进样器、汽化室、加热系统等。

③ 分离系统　包括色谱柱、恒温控制装置等部件。

④ 检测系统　包括检测器、控温装置等。

⑤ 记录系统　包括放大器、记录仪、数据处理装置等。

第三节　固定相和流动相

气相色谱法根据所用的固定相不同，可以分为两种，用固体吸附剂作固定相的叫气固色谱，用涂有固定液的载体作固定相的叫气液色谱。

一、气液色谱固定相

气液色谱的固定相是由固定液和载体组成。载体是一种惰性固体颗粒，用作支持物。固定液是均匀涂渍在载体上的高沸点的物质，在色谱操作条件下为液体。分离机制为分配色谱。

1. 固定液

（1）对固定液的要求　固定液一般为高沸点的有机物，能作固定相的有机物必须具备下列条件：①热稳定性好，在操作温度下，不发生聚合、分解或交联等现象，且有较低的蒸气压，以免固定液流失。通常，固定液有一个"最高使用温度"。②化学稳定性好，固定液与样品或载气不能发生不可逆的化学反应。③固定液的黏度和凝固点低，以便在载体表面能均匀分布。④各组分必须在固定液中有一定的溶解度，否则样品会迅速通过柱子，难以使组分分离。

 课堂互动

色谱分离时柱温高于固定液"最高使用温度"会导致什么后果？

（2）固定液的分类　目前用于气相色谱的固定液有700余种，一般按其化学结构类型和极性进行分类，以便总结出一些规律供选用固定液时参考。

① 按固定液的化学结构分类　把具有相同基团的固定液排在一起，然后按基团的类型不同分类，可分为烃类、硅氧烷类、聚醇和聚酯等。这样就便于按组分与固定液"结构相似"原则选择固定液时参考。

② 按固定液的相对极性分类　极性是固定液重要的分离特性，按相对极性分类是一种简便而常用的方法。

（3）固定液的选择　固定液的选择（表13-3），一般根据"相似相溶"的原则。

表 13-3   固定液的选择

分离非极性物质	一般选用非极性固定液	试样中各组分按沸点次序先后流出色谱柱,沸点低的先流出
分离极性物质	一般选用极性固定液	按极性顺序分离,极性差异大的先流出
分离极性和非极性混合物	极性固定液	非极性组分先出峰
	非极性固定液	极性组分先出峰
能形成氢键的物质	选用极性或氢键固定液	按形成氢键的能力大小分离,不易形成氢键的组分先流出

 课堂互动

气相色谱分离醇类混合物,应该选用什么极性固定液,为什么?

2. 载体

载体是固定液的支持骨架,使固定液能在其表面上形成一层薄而匀的液膜,一般是化学惰性的多孔性微粒。

（1）对载体的要求   ①具有多孔性,即比表面积大,孔径分布均匀;②表面没有吸附性能（或很少）;③化学惰性好,热稳定性好;④粒度均匀,具有一定的机械强度。

（2）载体的种类及性能   载体可以分成两类:硅藻土型和非硅藻土型。硅藻土型载体是天然硅藻土经 900℃煅烧、粉碎、过筛后而获得的具有一定粒度的多孔性颗粒。按其制造方法的不同,可分为红色载体和白色载体两种。

红色载体是天然硅藻土中含有的铁在煅烧后形成氧化铁颗粒而呈红色。其机械强度大,孔径小,比表面积大,约为 $4.0 m^2 \cdot g^{-1}$,表面吸附性较强,有一定的催化活性,适用于涂渍高含量固定液,常与非极性固定液配伍,分离非极性化合物。白色载体是天然硅藻土在煅烧时加入少量碳酸钠之类的助熔剂,使氧化铁转化为白色的铁硅酸钠而使硅藻土呈白色。白色载体由于助溶剂的存在形成疏松颗粒,表面孔径较粗,为 $8 \sim 9 \mu m$。比表面积小,只有 $1.0 m^2 \cdot g^{-1}$。适用于涂渍低含量固定液,常与极性固定液配伍,分离极性化合物。

（3）硅藻土载体的预处理   普通硅藻土载体的表面并非完全惰性,而是具有硅醇基（Si—OH）,并有少量的金属氧化物,分别会与易形成氢键的化合物及酸碱作用。用这种固定相分析样品,将会造成色谱峰的拖尾。为此,在涂渍固定液前,应对载体进行预处理,使其表面钝化。常用的预处理方法有:

① 酸洗法（除去碱性基团）   用 $6 mol \cdot L^{-1}$ HCl 浸泡 $20 \sim 30 min$,除去载体表面的铁等金属氧化物。酸洗载体用于分析酸性化合物。

② 碱洗法（除去酸性基团）   用 5% 氢氧化钾-甲醇溶液浸泡或回流,除去载体表面的 Al_2O_3 等酸性作用点。用于分析胺类等碱性化合物。

③ 硅烷化法（消除氢键结合力）   将载体与硅烷化试剂反应,除去载体表面的硅醇基。主要用于分析形成氢键能力较强的化合物,如醇、酸及胺类等。

④ 釉化法   表面玻璃化、堵微孔。

二、气固色谱固定相

用气相色谱分析永久性气体及气态烃时,常采用固体吸附剂作固定相。在固体吸附剂上,永久性气体及气态烃的吸附性差别较大,故可以得到满意的分离。

（1）常用的固体吸附剂   主要有强极性的硅胶,弱极性的氧化铝,非极性的活性炭和特殊作用的分子筛等。

（2）人工合成的固定相   作为有机固定相的高分子多孔微球的是人工合成的多孔共聚

物，它既是载体又起固定相的作用，可在活化后直接用于分离，也可作为载体在其表面涂渍固定液后再使用。

由于是人工合成的，可控制其孔径的大小及表面性质。如圆柱形颗粒容易填充均匀，数据重现性好。在无液膜存在时，没有"流失"问题，有利于大幅度程序升温。这类高分子多孔微球特别适用于有机物中痕量水的分析，也可用于多元醇、脂肪酸、腈类和胺类的分析。

高分子多孔微球分为极性和非极性两种：①非极性的是由苯乙烯、二乙烯苯共聚而成。②极性的是在苯乙烯、二乙烯苯共聚物中引入极性基团。

三、流动相

气相色谱中的流动相为气体，称为载气。常用的载气有氦气、氢气、氮气、氩气和二氧化碳等，应用最多的是氢气和氮气。选用何种载气、如何纯化，主要取决于选用的检测器、色谱柱及分析要求。

 ## 提纲挈领

1. 气液色谱的固定相是由固定液和载体组成，对固定液要求、固定液的分类、固定液的选择原则；对载体的要求，载体的种类、载体的预处理。
2. 气固色谱固定相种类。
3. 气相色谱常用的载气。

第四节　检测器

检测器是一种将载气里被分离组分的量转变为相应的电信号的装置。近年来，由于痕量分析的需要，高灵敏度的检测器不断出现，大大促进了气相色谱的应用和发展。目前已有几十种检测器，其中最常用的是氢火焰离子化检测器（FID）、热导检测器（TCD）、电子捕获检测器（ECD）、火焰光度检测器（FPD）和热离子化检测器（TID）等。

根据检测器的输出信号与组分含量间的关系不同，可分为浓度型和质量型检测器两大类。浓度型检测器测量的是载气中组分浓度的瞬间变化，即检测器的响应值正比于组分的浓度，与单位时间内进入检测器的质量无关，如热导检测器（TCD）、电子捕获检测器（ECD）。质量型检测器测量的是载气中所携带的样品进入检测器的质量流速变化，即检测器的响应信号正比于单位时间内组分进入检测器的质量，如氢焰离子化检测器（FID）和火焰光度检测器（FPD）。

一、检测器的性能指标

一个优良的检测器应具有以下几个性能指标：灵敏度高；检出限低；死体积小；响应迅速；线性范围宽和稳定性好、噪声低。通用性检测器要求适用范围广；选择性检测器要求选择性好。

（1）灵敏度　当一定浓度或一定质量的组分进入检测器，产生一定的响应信号 R。以进样量 c（单位：$mg \cdot cm^{-3}$ 或 $g \cdot s^{-1}$）对响应信号（R）作图得到一条通过原点的直线。直线的斜率就是检测器的灵敏度（S）。因此，灵敏度可定义为信号（R）对进入检测器的组分量（c）的变化率：

$$S = \Delta R / \Delta c \qquad (13\text{-}1)$$

灵敏度常用两种方法表示，对于浓度型的检测器，用 S_c 表示，质量型检测器用 S_m 表示。S_c 为 1mL 载气携带 1mg 某组分通过检测器时，产生的电压，单位为 $mV \cdot mL \cdot mg^{-1}$；$S_m$ 为每秒钟有 1g 某组分被载气携带通过检测器，所产生的电压或电流值，单位为 $mV \cdot s \cdot g^{-1}$ 或 $A \cdot s \cdot g^{-1}$。

（2）噪声和漂移　无样品通过检测器时，由仪器本身和工作条件等的偶然因素引起的基线起伏称为噪声（noise，N）。噪声的大小用测量基线波动的峰对峰的最大宽度来衡量，单位一般用 mV 或 A 表示。漂移（drift，d）通常指基线在单位时间内单方向缓慢变化的幅值，单位为 $mV \cdot h^{-1}$。

（3）检测限　灵敏度不能全面表明一个检测器的优劣，因为它没有反应检测器的噪声水平。信号可以被放大器任意放大，使灵敏度增高，但噪声也同时放大，弱信号仍然难以辨认。因此评价检测器不能只看灵敏度，还要考虑噪声的大小。检测限或称为敏感度，能从这两方面来说明检测器的性能。

某组分的峰高恰为噪声峰高的 2 倍时，单位时间内引入检测器的该组分的质量（单位：$g \cdot s^{-1}$）或单位体积载气中所含该组分的量（$mg \cdot L^{-1}$）称为检测限（D），低于此限的组分峰将被噪声所淹没，而检测不出来。计算公式如下：

$$D = 2N/S \tag{13-2}$$

无论哪种检测器，检测限都与灵敏度成反比，与噪声成正比。检测限不仅决定于灵敏度，而且受限于噪声，所以它是衡量检测器性能的综合指标。

（4）最小检测量　最小检测量指某组分的峰高恰为噪声峰高的 2 倍时，色谱体系（由柱、汽化室、记录仪和连接管道等组成一个色谱体系）所需的进样量。最小检测量和检测限是两个不同的概念。检测限只用来衡量检测器的性能；而最小检测量不仅与检测器性能有关，还与色谱柱效及操作条件有关。

（5）线性范围　检测器的线性范围是指在检测器呈线性时最大和最小进样量之比，或最大允许进样量（浓度）与最小检测量（浓度）之比。

（6）响应时间　响应时间是指进入检测器的某一组分的输出信号达到其值的 63% 所需的时间。一般小于 1s。

 课堂互动

假如你是一个公司的仪器设备员，你会选择色谱仪的检测器吗？

二、检测器

（1）热导池检测器（TCD）热导池检测器是根据被测组分与载气的热导率的不同来检测组分的浓度变化的。是一种结构简单，性能稳定，线性范围宽，对无机、有机物质都有响应，灵敏度适中的检测器，因此在气相色谱中广泛应用。灵敏度低，噪声大是其缺点。

通常载气与样品的热导率相差越大，灵敏度越高。由于被测组分的热导率一般都比较小，故应选用热导率高的载气。常用载气的热导率大小顺序为 $H_2 > He > N_2$。因此在使用热导池检测器时，为了提高灵敏度，一般选用 H_2 为载气。

当桥电流和钨丝温度一定时，如果降低池体的温度，将使得池体与钨丝的温差变大，从而可提高热导池检测器的灵敏度。但是，检测器的温度应略高于柱温，以防组分在检测器内冷凝。

（2）氢火焰离子化检测器　氢火焰离子化检测器（FID）简称氢焰检测器。它是以氢气和空气燃烧的火焰作为能源，利用含碳化合物在火焰中燃烧产生离子，在外加的电场作用下，使离子形成离子流，根据离子流产生的电信号强度，检测被色谱柱分离出的组分。它具有结构简单，灵敏度高，死体积小，响应快，稳定性好的特点，是目前常用的检测器之一。但是，它仅对含碳有机化合物有响应，对某些物质，如永久性气体、水、一氧化碳、二氧化碳、氮的氧化物、硫化氢等不产生信号或者信号很弱。

 知识拓展

氢气和空气的比例对 FID 检测器的影响，氢气和空气的比例应为 1∶10，当氢气比例过大时 FID 检测器的灵敏度急剧下降，在使用色谱时别的条件不变的情况下，灵敏度下降要检查一下氢气和空气流速。氢气和空气中有一种气体不足，点火时会发出"砰"的一声，随后就灭火，一般当你点火点着就灭，再点还着随后又灭是氢气量不足。

（3）电子捕获检测器　电子捕获检测器（ECD）在应用上仅次于热导池和氢火焰的检测器。它只对具有电负性的物质，如含有卤素、硫、磷、氮的物质有响应，且电负性越强，检测器灵敏度越高。它是一个具有高灵敏度和高选择性的检测器，它经常用来分析痕量的具有电负性元素的组分，如食品、农副产品的农药残留量，大气、水中的痕量污染物等，电子捕获检测器是浓度型检测器，其线性范围较窄，因此，在定量分析时应特别注意。

（4）火焰光度检测器　火焰光度检测器（FPD）又叫硫磷检测器。它是一种对含硫、磷的有机化合物具有高选择性和高灵敏度的检测器。检测器主要由火焰喷嘴、滤光片、光电倍增管构成。根据硫、磷化合物在富氢火焰中燃烧时，生成化学发光物质，并能发射出特征频率的光，记录这些特征光谱，即可检测硫、磷化合物。

 课堂互动

检测牛奶中含氯农药的残留，你知道用哪种检测器合适吗？

 提纲挈领

1. 检测器的性能指标：包括检测器的灵敏度、噪声和漂移、检测限、最小检测量、线性范围和响应时间等。

2. 气相色谱常用的检测器：热导池检测器、氢火焰离子化检测器、电子捕获检测器、火焰光度检测器。

第五节　实验条件的选择

在气相色谱中，除了要选择合适的固定液之外，还要选择分离时的最佳条件，以提高柱效能，增大分离度，满足分离的需要。

一、载气及其线速的选择

根据 van Deemter 方程（1956 年由荷兰学者范第姆特提出）的数学简化式为：

$$H = A + B/u + Cu \tag{13-3}$$

最佳线速和最小板高可以通过 $H = A + B/u + Cu$ 进行微分后求得。当 u 值较小是，分子扩散项 B/u 将成为影响色谱峰扩张的主要因素，此时，宜采用分子量较大的载气（N_2、Ar），以使组分在载气中有较小的扩散系数。另一方面，当 u 较大时传质项 Cu 将是主要控制因素。此时宜采用分子量较小，具有较大扩散系数的载气（H_2、He），以改善气相传质。当然，还需考虑与所用的检测器相适应。

二、柱温的选择

柱温是一个重要的色谱操作参数，它直接影响分离效能和分析速度。柱温不能高于固定液的最高使用温度，否则会造成固定液大量挥发流失。某些固定液有最低操作温度。一般地说，操作温度至少高于固定液的熔点，以使其有效地发挥作用。降低柱温可使色谱柱的选择性增大，但升高柱温可以缩短分析时间，并且可以改善气相和液相的传质速率，有利于提高效能。所以，这两方面的情况均需考虑。

在实际工作中，一般根据试样的沸点选择柱温、固定液用量及载体的种类。对于宽沸程混合物，一般采用程序升温法进行。

三、柱长和内径的选择

由于分离度正比于柱长的平方根，所以增加柱长对分离是有利的。但增加柱长会使各组分的保留时间增加，延长分析时间。因此，在满足一定分离度的条件下，应尽可能使用较短的柱子。

增加色谱柱的内径，可以增加分离的样品量，但由于纵向扩散路径的增加，会使柱效降低。

 课堂互动

增加柱长可提高分离，增加柱径可以增加分离样品量，在实际工作中，是不是柱子越长、越粗就越好呢？为什么？

四、载体的选择

根据范氏速率理论方程式可知，载体的粒度直接影响涡流扩散和气相传质阻力，间接地影响液相传质阻力。随着载体粒度的减小，柱效将明显提高，但粒度过细，阻力将明显增加，使柱压降增大，给操作带来不便。因此，一般根据柱径选择载体的粒度，保持载体的直径约为柱内径的 $1/20\sim1/25$ 为宜。

五、进样时间和进样量

进样速度必须很快，因为当进样时间太长时，试样原始宽度将变大，色谱峰半峰宽随之变宽，有时甚至使峰变形。一般地，进样时间应在 1s 以内。

色谱柱有效分离试样量，随柱内径、柱长及固定液用量不同而异。柱内径大，固定液用量高，可适当增加试样量。但进样量过大，会造成色谱柱超负荷，柱效急剧下降，峰形变宽，保留时间改变。理论上允许的最大进样量是使下降的塔板数不超过 10%。总之，最大允许的进样量，应控制在使峰面积和峰高与进样量呈线性关系的范围内。

六、汽化温度的选择

汽化温度一般选择在试样沸点或稍高于试样沸点处，以保证试样在极短的时间内快速、完全地汽化。经验上说，汽化温度比其沸点高 5～10℃，比其柱温高 10～50℃。进样量很多时，汽化温度比其沸点高 20～60℃，比其柱温高 30～70℃。理想的汽化室温度应通过实验得出。

七、检测器温度的选择

检测器温度通常等同于柱温或稍高一点。检测器温度太高，将会产生湍流，不利于分离组分的正常检测；太低，有可能导致分离组分在此冷凝，不利于检测。

 提纲挈领

1. 气相色谱提高柱效，增加分离度，实验条件选择。
2. 各项实验条件选择原理及注意事项。

第六节　定性方法与定量方法

一、定性分析方法

气相色谱分析的优点是能对多种组分的混合物进行分离分析，缺点是难以对未知物定性，需要已知纯物质或有关的色谱定性参考数据，才能进行定性鉴别。近年来，气相色谱与质谱、红外光谱联用技术的发展，为未知试样的定性分析提供了新的手段。

（1）已知物对照法　在相同的操作条件下，分别测出已知物和未知试样的保留值，在未知试样色谱图中对应于已知物保留值的位置上若有峰出现，则判定试样可能含有此已知物成分，否则就不存在这种组分。

如果试样组分较复杂，峰间的距离较近，或操作条件不易控制稳定，要准确确定保留值有一定困难。这时最好将已知物加到未知试样中混合进样，若带定性组分峰比不加已知物时的峰高相对增大了，则表示原试样中可能含有该已知物的成分。

（2）利用相对保留值　对于一些组分较简单的已知范围的混合物，在无已知物的情况下，可用此法定性。将所得各组分的相对保留时间与色谱手册数据对比定性。$r_{2,1}$ 的数值只决定于组分的性质、柱温与固定液的性质，与固定液的用量、柱长、流速及填充情况无关。

（3）两谱联用定性　气相色谱对于多组分复杂混合物的分离效率很高，定性却很困难。红外吸收光谱、质谱及核磁共振谱等是鉴别未知结构的有力工具，却要求所分析的试样成分尽可能地单一。因此把气相色谱法作为分离手段，把红外吸收光谱、质谱及核磁共振谱等作为鉴定工具，两者取长补短，这种方法称为两谱联用。

 课堂互动

气相色谱法定性鉴别时，在相同实验条件下，保留时间一致的两种化合物一定是同一种物质，这种说法可靠吗？为什么？

二、定量分析方法

气相色谱法对于多组分混合物既能分离，又能提供定量数据，迅速方便，定量精密度为 $1\%\sim2\%$。在实验条件恒定时，峰面积与组分的含量呈正比，因此可以利用峰面积定量，正常峰也可用峰高进行定量。

1. 定量校正因子

色谱的定量分析是基于被测物质的量与其峰面积呈正比的关系。但由于同一检测器对不同物质具有不同响应值，因此我们不能用峰面积直接计算物质的量，要引入校正因子：

$$f_i = m_i / A_i \qquad (13\text{-}4)$$

式中，f_i 称绝对校正因子，也就是单位峰面积所代表物质的质量。测定绝对校正因子需要准确知道进样量，这是比较困难的。在实际工作中，往往使用相对校正因子 f'_i，即为物质 i 和标准物质 s 的绝对校正因子之比：

$$f'_i = \frac{f_i}{f_s} = \frac{m_i / A_i}{m_s / A_s} \qquad (13\text{-}5)$$

式中，下标 i，s 分别代表被测物和标准物质。

2. 定量方法

色谱定量分析方法分为归一化法、外标法、内标法、内标校正曲线和内标对比法等。

（1）面积归一化法　假设试样中有 n 个组分，每个组分的质量分别为 m_1，m_2，……，m_n 各组分含量的总和 m 为 100%，其中组分 i 的含量 w_i 可按下式计算：

$$w_i = \frac{m_i}{m} \times 100\% = \frac{m_i}{m_1 + m_2 + \cdots + m_n} \times 100\% = \frac{A_i f_i}{A_1 f_1 + A_2 f_2 + \cdots + A_n f_n} \times 100\%$$
$$(13\text{-}6)$$

若各组分的 f 值相近或相同，例如同系物中沸点接近的各组分，则式（13-6）可简化为：

$$w_i = \frac{A_i}{A_1 + A_2 + \cdots + A_1 + \cdots + A_n} \times 100\% \qquad (13\text{-}7)$$

该法的优点是简便、定量结果与进样量无关，操作条件变化时对结果影响较小。缺点是要求在一个分析周期内混合物各组分都必须流出色谱柱，且在色谱图上显示色谱峰。

（2）外标法　是以对照品的量对比求算试样含量的方法。只要待测组分出峰、无干扰、保留时间适宜，即可用外标法进行定量分析。外标法可分为校正曲线法、外标一点法、外标两点法，常用外标一点法。

外标一点法的操作是用一种浓度的 i 组分的对照液进样，取峰面积的平均值，与试样液在相同条件下进样所得峰面积按下式计算质量分数：

$$w_{m_i} = m_s \times \frac{A_i}{A_s} \qquad (13\text{-}8)$$

式中，m_i 与 A_i 分别代表试样中所含 i 组分的质量及相应的峰面积；m_i 与 A_s 分别代表对照液中所含 i 组分的质量及相应的峰面积。

外标法的优点是操作计算简便，不必用校正因子，不加内标物，应用广泛。分析结果的准确度主要取决于进样量的重复性和操作条件的稳定程度。

（3）内标法（internal stoundard methed）　当只需测定试样中某几个组分，而且试样中所有组分不能全都出峰时，可采用此法。

所谓内标法是将一定量的纯物质作为内标物，加入准确称取的试样中，根据被测物和内标物的质量及其在色谱图上相应的峰面积比，求出某组分的含量。例如要测定试样中组分 i（质量为 m_i）的质量分数 w_i，可于试样中加入质量为 m_s 的内标物，试样质量为 m，则：

$$m_i = f_i A_i \qquad m_s = f_s A_s$$

$$\frac{m_i}{m_s} = \frac{A_i f_i}{A_s f_s}$$

$$m_i = \frac{A_i f_i}{A_s f_s} \times m_s$$

$$w_i = \frac{m_i}{m} \times 100\% = \frac{A_i f_i}{A_s f_s} \times \frac{m_s}{m} \times 100\% \qquad (13\text{-}9)$$

由上式可知，本法是以待测组分和内标物的峰面积比求算试样含量的方法。内标法主要优点：由于操作条件变化而引起的误差，都将同时反映在内标物及预测组分上而得到抵消，所以可以得到较准确的结果。

内标物的选择很重要，其选择的基本原则是：①内标物应是试样中不存在的纯物质；②加入量应接近于被测组分；③内标物色谱峰位于被测组分色谱峰附近或几个被测组分峰中间，并与这些组分峰完全分离；④注意内标物与待测组分的物理及物理化学性质相近。

 课堂互动

你能说出归一化法、外标法和内标法的优缺点吗？实际工作中你会选择吗？

 深度解析

样品的测定一般步骤

（1）仪器系统适用性试验　符合《中国药典》（2020 年版）或部颁标准各品种项下的要求。

（2）供试品及对照品溶液的配制　精密称取供试品和对照品各 2 份，按各品种项下的规定方法，准确配制供试品溶液和对照品溶液，按规定用内标法或外标法进行测定。

（3）预实验　初次测定该品种时，可先经预试验以确定仪器参数，根据预实验情况，可适当调节柱温、载气流速、进样量、进样口和检测器温度等，使色谱峰的保留时间、分离度、峰面积或峰高的测量能符合要求。

（4）正式测定　正式测定时，每份校正因子测定溶液（或对照品溶液）各进样 2 次，2 份共 4 个校正因子相应值的平均偏差不得大于 2.0％。多份供试品测定时，每隔 5 批应再进对照品 2 次，供试品测定完毕，最后再进对照品 2 次，核对系统适用性指标有无改变。

（5）原始记录　气相色谱分析的原始记录，除按一般药品检验记录的要求外，应注明仪器型号、色谱柱型号、规格及批号；进样品、柱温箱及检测器温度，载气流速和压力，进样体积，进样方式，并附色谱图集打印结果。

三、气相色谱法应用及实例

气相色谱法广泛应用于药物分析中，可用于药品的鉴别、纯度检查、含量测定及有机溶剂残留量的控制，也用于中药成分研究、制剂分析、治疗药物监测和药物代谢研究等。

1. 气相色谱法测定头孢匹胺中的残留溶剂

头孢匹胺是第三代头孢菌素类广谱抗生素，可进一步加工成钠盐或直接用于临床，对革兰氏阳性菌、阴性菌及厌氧菌均有强大的抗菌活力，对 β-内酰胺酶稳定性好，有良好的临床价值。由于各厂生产的头孢匹胺采用工艺中均使用有机溶剂，因而需对有机溶剂的残留量进行控制。

① 色谱条件　用涂渍 PEG20M 的填充玻璃柱，以氮气为载气，流量 $10\text{mL}\cdot\text{min}^{-1}$，进样口温度 210℃，柱温 100℃，氢火焰离子化检测器温度 250℃。

② 测定法　称取正丁醇适量，加水制成 $50\mu\text{g}\cdot\text{mL}^{-1}$ 的溶液，作为内标液。精密称取丙酮对照品约 100mg、乙腈对照品约 8mg 和二甲基甲酰胺对照品约 18mg 置于 100mL 量瓶中，加内标液溶解并稀释至刻度，摇匀，作为对照品溶液。精密称取头孢匹胺供试品约 1g，置具塞试管中，准确加入内标液 5mL，强力振摇 5min，过滤，取续滤液作为供试品溶液。分别精密量取对照品溶液和供试品溶液 $1\mu\text{L}$，注入气相色谱仪，记录色谱图，用内标法以峰面积计算。

2. 气相色谱法测定丙戊酰胺含量（抗癫痫药）

（1）**色谱条件**　色谱柱 2.0m×3mm ID 玻璃柱，固定液为 15％FFAP，载体为 Chromosorb W（AW-DMCS）80～100 目，气体流速氮气为 40mL·min^{-1}；空气 0.5kg·cm^{-2}，氢气 0.6kg·cm^{-2}，柱温 160℃，进样口和检测器温度均为 230℃，检测器：FID，量程 102，衰减 8，低速 3mm·min^{-1}，进样量为 2μL。

（2）**试剂**

① 对照品　丙戊酰胺。

② 内标物　正辛酸，色谱纯；溶剂：三氯甲烷，分析纯。

（3）**内标溶液的配制**　精密称取正辛酸 1.0g，置于 100mL 容量瓶中，加三氯甲烷溶解并稀释至刻度摇匀。

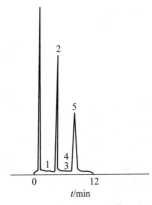

图 12-2　丙戊酰胺色谱图
1—丙戊酸；2—未知峰；3—正辛酸
（内标）；4—未知峰；
5—2-丙基戊酰胺

（4）**滴定液的配制**　精密称取在 80℃ 干燥至恒重的丙戊酰胺对照品 240mg、200mg、160mg，分别置于 25mL 的容量瓶中，加内标液 20mL 溶解，并用三氯甲烷稀释至刻度，摇匀。

（5）**测定方法**　分别取上述 3 种不同浓度的滴定液 2μL，每个浓度样品连续测定 5 次，定量采用内标法，以丙戊酰胺标准液与内标液正辛酸的峰面积比计算平均定量校正因子。3 种不同浓度样品的平均值为 1.0480，相对标准偏差为 0.51％。色谱图见图 12-2。

3. 有关物质检查

在塑料加工生产过程中，常使用一些有机溶剂，由于这些有机溶剂沸点较低，极易挥发，易对作业者的呼吸器官乃至全身造成危害。如在涂渍磁带过程中，经常使用的丁酮、甲基异丁酮、环己酮和甲苯，这 4 种物质均对人体有害。由于该 4 种物质性质极其相似，普通化学方法难以分离，因而采用气相色谱法选择合适条件，能将 4 者很好地分离检测。

四、实例分析

 案例

阿米卡星中溶剂残留的检测（甲醇、乙醇、丙酮和乙腈的检测）

取本品约 0.5g，精密称定，置于顶空瓶中，精密加入水 5mL 使溶解，密封瓶口，作为供试品溶液；精密称取甲醇、乙醇、丙酮和乙腈适量，加水制成每 1mL 约含甲醇 0.3mg、乙醇 0.5mg、丙酮 0.5mg 和乙腈 0.041mg 的混合溶液，精密量取 5mL，置于顶空瓶中，密封瓶口，作为对照品溶液。照残留溶剂测定法测定，色谱柱为以 6％氰丙基苯基-94％二甲基聚硅氧烷为固定液（或极性相近的固定液）的毛细管柱（30.0m×0.53mm×3.0μm）；柱温：程序升温，初始温度 40℃，维持 9min，以 35℃·min^{-1} 升至 160℃，维持 3min；检测器为氢火焰离子化检测器（FID），检测器温度为 250℃；进样口温度为 140℃；柱流速为 4.0mL·min^{-1}；分流比为 1:1。顶空进样，顶空瓶平衡温度为 80℃，平衡时间为 45min，进样体积为 1.0mL。取对照品溶液顶空进样，各主峰之间的分离度均应符合规定。分别取供试品溶液与对照品溶液顶空进样，记录色谱图，按外标法以峰面积计算，甲醇、乙醇、丙酮、乙腈含量均应符合规定。

检验流程：

（一）接受检验任务，仔细阅读质量标准

1. 检测对象

阿米卡星中残留的甲醇、乙醇、丙酮和乙腈。

2. 检验方法

气相色谱法外标法。

3. 色谱条件

色谱柱：以 6％氰丙基苯基-94％二甲基聚硅氧烷为固定液（或极性相近固定液）的毛细管柱（30.0m×0.53mm×3.0μm）；

柱温：程序升温，初始温度 40℃，维持 9min，以 35℃•min^{-1}升至 160℃，维持 3min；

检测器：氢火焰离子化检测器（FID）；

检测器温度：250℃；

进样口温度：140℃；

流速：4.0mL•min^{-1}；分流比为 1：1；

进样方式：顶空进样；

进样量：1.0mL；

顶空瓶平衡温度：80℃。

4. 溶液的制备

（1）供试品溶液　取阿米卡星约 0.5g，精密称定，置于顶空瓶中，精密加入水 5mL 使溶解，密封瓶口。

（2）对照品溶液　精密称取甲醇、乙醇、丙酮和乙腈适量，加水制成每 1mL 约含甲醇 0.3mg、乙醇 0.5mg、丙酮 0.5mg 和乙腈 0.041mg 的混合溶液，精密量取 5mL，置顶空瓶中，密封瓶口。

（二）准备试验

1. 基础知识

（1）顶空进样　顶空进样法是气相色谱法特有的一种进样方法，适用于挥发性大的组分分析。其原理是将待测样品置入一密闭的容器中，通过加热升温使挥发性组分从样品基体中挥发出来，在气液（或气固）两相中达到平衡，直接抽取顶部气体进行色谱分析，从而检验样品中挥发性组分的成分和含量。使用顶空进样技术可以免除冗长烦琐的样品前处理过程，避免有机溶剂对分析造成的干扰、减少对包谱柱及进样口的污染。该仪器可以和国内外各种型号的气相色谱仪相连接。

（2）程序升温　是指色谱柱的温度按照组分沸程设置的程序连续地随时间线性或非线性逐渐升高，使柱温与组分的沸点相互对应，以使低沸点组分和高沸点组分在色谱柱中都有适宜的保留、色谱峰分布均匀且峰形对称。各组分的保留值可用色谱峰最高处的相应温度即保留温度表示。

2. 准备试验

（1）按照色谱条件准备仪器，开机，设定相应参数，平衡仪器。

（2）按照"溶液制备"方法准备供试液和对照液。

（三） 色谱分析过程

1. 系统适用性试验

（1）定义　用规定的对照品对仪器进行试验和调整，应达到规定的要求。

（2）指标　n 符合规定要求；$R \geqslant 1.5$；$RSD \leqslant 2.0\%$；T 在 $0.95 \sim 1.05$ 之间。

（3）操作　取对照液连续进样 5 针，计算 f_i 及 5 针的平均值、n、R、T、RSD，看是否符合要求。

（4）目的　验证系统的可靠性、稳定性、重复性。

2. 空白试验

（1）目的　验证系统是否清洗干净。

（2）要求　色谱图应该为一条平直的直线（除溶剂峰外）。

（3）操作　清洗进样器和进样口，取溶剂溶液进样针，直至色谱图为一条平直的直线（除溶剂峰外）。

3. 样品分析

取供试液进样，得色谱图，进行图谱积分处理，按照所得峰面积用外标法计算杂质含量。

 课堂互动

如何用外标法计算含量？

（四） 记录与报告

需要填写的记录：

① 气相色谱仪使用记录；

② 天平使用记录；

③ 阿米卡星中残留的甲醇、乙醇、丙酮和乙腈的测定记录。

记录与报告的格式参见"现代仪器分析技术实训教程"。

 提纲挈领

1. 定性分析方法：已知物对照法、利用相对保留值、两谱联用定性。

2. 定量分析方法
$$
\begin{cases}
\text{面积归一化法} \quad w_i = \dfrac{A_i f_i}{A_1 f_1 + A_2 f_2 + \cdots + A_n f_n} \times 100\% \\[2ex]
\text{外标法} \quad w_i = m_s \times \dfrac{A_i}{A_s} \\[2ex]
\text{内标法} \quad w_i = \dfrac{A_i f_i}{A_s f_s} \times \dfrac{m_s}{m} \times 100\%
\end{cases}
$$

3. 应用：药物的鉴别、溶剂残留检测、含量测定。

 拓展阅读

气相色谱法常见问题及解决方法

1. 峰丢失

可能的原因及应采用的排除方法：①注射器有毛病，用新注射器验证；②未接进检测器，或检测器不起作用，检查设定值；③进样温度太低，检查温度，并根据需要调整；④柱箱温度太低，检查温度，并根据需要调整；⑤无载气流，检查压力调节器，并检查泄漏，验证柱进品流速；⑥柱断裂，假如柱断裂是在柱进口端或检测器末端，是可以补救的，切掉柱断裂部分，重新安装。

2. 前沿峰

①柱超载，减少进样量；②两个化合物共洗脱，降低灵敏度和减少进样量，使温度降低10～20℃，以使峰分开；③样品冷凝，检查进样口和柱温，如有必要可升温；④样品分解，采用失活化进样器衬管或调低进样器温度。

3. 拖尾峰

①进样器衬套或柱吸附活性样品：更换衬套。如不能解决问题，就将柱进气端切掉1～2圈，再重新安装；②柱或进样器温度太低：升温（不要超过柱最高温度）。进样器温度应比样品最高沸点高25℃；③两个化合物共洗脱：降低灵敏度，减少进样量，使温度降低10～20℃，以使峰分开；④柱损坏：更换柱；⑤柱污染：从柱进口端切掉1～2圈，再重新安装。

4. 只有溶剂峰

① 注射器有毛病　用新注射器验证。

② 不正确的载气流速（太低）　检查流速，如有必要，调整之。

③ 样品太稀　注进已知样品以得出良好结果。假如结果很好，就降低灵敏度或加大进样量。

④ 柱箱温度过高　检查温度，并根据需要调整。

⑤ 柱不能从溶剂峰中解析出组分　将柱更换成较厚涂层或不同极性。

⑥ 载气泄漏：检查泄漏处（用肥皂水）。

⑦ 样品被柱或进样器衬套吸附：更换衬套。如不能解决问题，就从柱进口端切掉1～2圈，并重新安装。

5. 宽溶剂峰

① 由于柱安装不当，在进样口产生死体积：重新安装柱。

② 进样技术差（进样太慢）：采用快速平稳进样技术。

③ 进样器温度太低：升高进样器温度。

④ 样品溶剂与检测相互影响（二氯甲烷/ECD）：更换样品溶剂。

⑤ 柱内残留样品溶剂：更换样品溶剂。

⑥ 隔垫清洗不当：调整或清洗。

⑦ 分流比不正确（分流排气流速不足）：调整流速。

6. 假峰

① 柱吸附样品，随后解吸：更换衬管，如不能解决问题，就从柱进样口端切掉1～2圈，再重新安装。

② 注射器污染：用新注射器及干净的溶剂试一试，如假峰消失，就将注射器冲洗几次。

③ 样品量太大：减少进样量。

④ 进样技术差（进样太慢）：采用快速平稳的进样技术。

7. 以往工作良好的柱出现未分辨峰

① 柱温不对：检查并调整温度。

② 不正确的载气流速：检查并调整流速。

③ 样品进样量太大：减少样品进样量。

④ 进样技术水平太差（进样太慢）：采用快速平稳进样技术。

⑤ 柱和衬套污染：更换衬套。如不能解决问题，就从柱进口端切掉 $1\sim2$ 圈，并重新安装。

8. 基线不规则或不稳定

① 柱流失或污染：更换衬套。如不能解决问题，就从柱进口端切掉 $1\sim2$ 圈，并重新安装。

② 检测器或进样器污染：清洗检测器和进样器。

③ 载气泄漏：更换隔垫，检查柱泄漏。

④ 载气控制不协调：检查载所源压力是否充足。如压力 $\leqslant500$ psi（1psi＝6.895kPa），请更换气瓶。

⑤ 载气有杂质或气路污染：更换气瓶，使用载气净化装置清洁金属管。

⑥ 载气流速不在仪器最大/最小限定范围之内（包括 FID 用氢气和空气）：丈量流速，并根据使用手册技术指标，予以验证。

⑦ 检测器出毛病：参照仪器使用手册进行检查。

⑧ 进样器隔垫流失：老化或更换隔垫。

 达标自测

一、选择题

1. 在色谱分析中，用于定量的参数是（　　）。

A. 保留时间　　　　　B. 调整保留值　　　　　C. 峰面积　　　　　D. 半峰宽

2. 塔板理论不能用于（　　）。

A. 塔板数计算　　　　　　　　　　　　B. 塔板高度计算

C. 解释色谱流出曲线的形状

D. 解释色谱流出曲线的宽度与哪些因素有关

3. 在气-固色谱分析中，色谱柱内装入的固定相为（　　）。

A. 一般固体物质　　　B. 载体　　　　　C. 载体＋固定液　　　D. 固体吸附剂

4. 当载气线速越小，范式方程中，分子扩散项 B 越大，所以应选下列气体中哪一种作载气最有利？（　　）

A. H_2　　　　　　　B. He　　　　　　　C. Ar　　　　　　　D. N_2

5. 试指出下述说法中，哪一种是错误的？（　　）

A. 根据色谱峰的保留时间可以进行定性分析

B. 根据色谱峰的面积可以进行定量分析

C. 色谱图上峰的个数一定等于试样中的组分数

D. 色谱峰的区域宽度体现了组分在柱中的运动情况

6. 气相色谱法常用的载气是（　　）。

A. N_2　　　　　　　B. H_2　　　　　　C. O_2　　　　　　D. He

7. 试指出下列说法中，哪一个是错误的？（　　）

A. 固定液是气相色谱法固定相

B. N_2、H_2 等是气相色谱流动相

C. 气相色谱法主要用来分离沸点低，热稳定性好的物质

D. 气相色谱法是一个分离效能高，分析速度快的分析方法

8. 在气-液色谱法中，首先流出色谱柱的组分是（　　）。

A. 溶解能力小　　　B. 吸附能力小　　　C. 溶解能力大　　　D. 吸附能力大

二、填空题

1. 按流动相的物态可将色谱法分为_____和_____。前者的流动相为_____，后者的流动相为_____。

2. 气相色谱常用的检测器有_____，_____，_____和_____。

3. 气相色谱仪由如下五个系统构成：_____，_____，_____，_____，_____。

三、简答题

1. 组分 A、B 在某气液色谱柱上的分配系数分别为 495 和 467。试问在分离时哪个组分先流出色谱柱。

2. 为什么说分离度 R 可以作为色谱柱的总分离效能指标？

3. 气相色谱定性的依据是什么？主要有哪些定性方法？

4. 如何选择气液色谱固定液？

5. 气相色谱定量的依据是什么？为什么要引入定量校正因子？有哪些主要的定量方法？各适于什么情况？

6. 在气固色谱中，简述载体的种类、对载体的要求及常见载体的处理方法。

四、计算题

1. 在一根长 3m 的色谱柱上，分析某试样时，得两个组分的调整保留时间分别为 13min 及 16min，后者的峰底宽度为 1min，计算：

(1) 该色谱柱的有效塔板数；

(2) 两组分的相对保留值；

(3) 如欲使两组分的分离度 $R=1.5$，需要有效塔板数为多少？此时应使用多长的色谱柱？

2. 对只含有乙醇、正庚烷、苯和乙酸乙酯的某化合物进行色谱分析，其测定数据如下：

化合物	乙醇	正庚烷	苯	乙酸乙酯
$A_i/\text{kg·cm}^{-2}$	5.0	9.0	4.0	7.0
f_i^1	0.64	0.70	0.78	0.79

计算各组分的质量分数。

3. 用甲醇作内标，称取 0.0573g 甲醇和 5.8690g 环氧丙烷试样，混合后进行色谱分析，测得甲醇和水的峰面积分别为 164mm^2 和 186mm^2，校正因子分别为 0.59 和 0.56。

计算环氧丙烷中水的含量。

（本章编写　邱召法）

扫码看解答

附　录

附录1　分析化学中常见计量单位和符号

量的名称	量的符号	量的定义	单位名称	单位符号
原子量	A_r	元素的平均原子质量与核素^{12}C原子质量1/12之比	无量纲	1
分子量	M_r	物质的分子和特定单元的平均质量与核素^{12}C原子质量1/12之比	无量纲	1
物质的量	n	物质的数量多少	摩[尔]	mol
摩尔质量	M	质量(m)除以物质的量(n),即$M = m/n$	千克每摩[尔]或克每摩[尔]	$kg·mol^{-1}$或$g·mol^{-1}$
摩尔体积	V_m	体积(V)除以物质的量(n),即$V_m = V/n$	立方米每摩[尔]或升每摩[尔]	$m^3·mol^{-1}$或$L·mol^{-1}$
密度	ρ	质量(m)除以体积(V),即$\rho = m/V$	千克每立方米或克每毫升	$kg·m^{-3}$或$g·mL^{-1}$
B的质量浓度	ρ_B	溶质B的质量(m_B)除以溶液总体积(V),即$\rho_B = m_B/V$	千克每升、克每毫升、毫克每升或微克每升等	$kg·L^{-1}$、$g·mL^{-1}$、$mg·L^{-1}$或$\mu g·L^{-1}$等
B的物质的量浓度	c_B	B的物质的量(n_B)除以混合物的体积(V),即$c_B = n_B/V$	摩[尔]每立方米、摩[尔]每升或毫摩[尔]每升等	$mol·m^{-3}$、$mol·L^{-1}$或$mmol·L^{-1}$等
溶质B的质量摩尔浓度	b_B	溶液中溶质B物质的量(n_B)除以溶剂的质量(m_A),即$b_B = n_B/m_A$	摩[尔]每千克、摩[尔]每克或毫摩[尔]每克等	$mol·kg^{-1}$、$mol·g^{-1}$或$mmol·g^{-1}$等
B的质量分数	ω_B	B的质量(m_B)与混合物的质量($m_总$)之比,即$\omega_B = m_B/m_总$	无量纲	1或%
B的体积分数	φ_B	溶质B的体积(V_B)与溶液总体积(V)之比,即$\varphi_B = V_B/V$	无量纲	1或%
B的摩尔分数	x_B	B的物质的量(n_B)与混合物的各组分的物质的量总和($n_总$)之比,即$x_B = n_B/n_总$	无量纲	1
溶质B的摩尔比	r_B	B的物质的量(n_B)与溶剂的物质的量(n_A)之比,即$r_B = n_B/n_A$	无量纲	1
质子数(原子序数)	Z	原子核中的质子数目	无量纲	1

续表

量的名称	量的符号	量的定义	单位名称	单位符号
中子数	N	原子核中的中子数目	无量纲	1
核子数(质量数、核素)	A	原子核中的核子数目,即质子数和中子数的总和	无量纲	1
离子的电荷数	z	离子电荷与元电荷之比	无量纲	1
电荷量	Q	电流对时间的积分	库[仑]	C
解离度	α	解离的分子数与分子总数之比	无量纲	1
电解质电导率	κ, σ	电流密度(j)除以电场强度(E),即$\kappa = j/E$	西[门子]每米	$S \cdot m^{-1}$
摩尔电导率	Λ_m	电导率(k)除以物质的量浓度(c),即$\Lambda_m = k/c$	西[门子]二次方米每摩[尔]	$S \cdot m^2 \cdot mol^{-1}$
热导率	$\lambda(k)$	面积热流量除以温度梯度	瓦[特]每米开[尔文]	$W \cdot m^{-1} \cdot K^{-1}$
介电常数	ε	$\varepsilon = D/E, E$ 为电场强度	[法]拉每米	$F \cdot m^{-1}$
电导	G	$G = 1/R$	西[门子]	S
波长	λ	在周期波传播方向上,同一瞬间两相邻同相位点之间的距离	米、微米、纳米等	m、μm、nm 等
波数	σ	$\sigma = 1/\lambda$	每米	m^{-1}

附录2　常见国际单位制中用于构成十进倍数和分数单位的词头（SI 词头）

所表示的因数	词头符号	词头中文名称	词头英文名称
10^6	M	兆	mega
10^3	k	千	kilo
10^2	h	百	hecto
10	da	十	deca(deka)
10^{-1}	d	分	deci
10^{-2}	c	厘	centi
10^{-3}	m	毫	milli
10^{-6}	μ	微	micro
10^{-9}	n	纳[诺]	nano
10^{-12}	p	皮[可]	pico

附录 3 常见化合物的分子量

分子式	化合物	分子量	分子式	化合物	分子量
$AgCl$	氯化银	143.32	$MgCl_2$	氯化镁	95.21
$AgNO_3$	硝酸银	169.87	$MgCO_3$	碳酸镁	84.31
Al_2O_3	三氧化铝	101.96	MgO	氧化镁	40.30
As_2O_3	三氧化砷	197.84	$Mg(OH)_2$	氢氧化镁	58.32
$BaSO_4$	硫酸钡	233.39	$NaBr$	溴化钠	102.89
$CaCO_3$	碳酸钙	100.09	$NaCl$	氯化钠	58.44
CaO	氧化钙	56.08	Na_2CO_3	碳酸钠	105.99
$CuSO_4 \cdot 5H_2O$	结晶硫酸铜	249.68	$NaHCO_3$	碳酸氢钠	84.01
FeO	氧化亚铁	71.85	$NaOH$	氢氧化钠	40.00
Fe_2O_3	氧化铁	159.69	NH_4Cl	氯化铵	53.49
$FeSO_4 \cdot 7H_2O$	七水硫酸亚铁	278.01	$NH_3 \cdot H_2O$	氨水	35.05
HCl	盐酸	36.46	Zn	锌	65.39
HNO_3	硝酸	63.02	ZnO	氧化锌	81.39
H_2O_2	过氧化氢	34.01	CH_3COOH	乙酸	60.05
H_2SO_4	硫酸	98.09	$H_2C_2O_4 \cdot 2H_2O$	草酸	126.07
$K_2Cr_2O_7$	重铬酸钾	294.18	$KHC_8H_4O_4$	邻苯二甲酸氢钾	204.44
KI	碘化钾	166.00	$C_6H_8O_6$	维生素C	176.12
$KMnO_4$	高锰酸钾	158.03	$C_9H_8O_4$	阿司匹林	180.15

附录 4 常见难溶化合物的溶度积常数

分子式	化合物	K_{sp}	分子式	化合物	K_{sp}
$AgBr$	溴化银	5.35×10^{-13}	CuS	硫化铜	1.27×10^{-36}
$AgCl$	氯化银	1.77×10^{-10}	$Fe(OH)_2$	氢氧化亚铁	4.87×10^{-17}
$AgCNO$	氰酸银	1.2×10^{-16}	$Fe(OH)_3$	氢氧化铁	2.34×10^{-38}
Ag_2CO_3	碳酸银	8.45×10^{-12}	FeS	硫化亚铁	6.30×10^{-18}
Ag_2CrO_4	铬酸银	1.12×10^{-12}	Hg_2Cl_2	氯化亚汞	1.45×10^{-18}
AgI	碘化银	8.51×10^{-17}	$MgCO_3$	碳酸镁	2.24×10^{-11}
Ag_2S	硫化银	6.3×10^{-50}	$Mg(OH)_2$	氢氧化镁	1.8×10^{-11}
Ag_2SO_4	硫酸银	1.4×10^{-5}	$PbCl_2$	氯化铅	1.6×10^{-5}
$Al(OH)_3$	氢氧化铝	1.3×10^{-33}	$PbCO_3$	碳酸铅	7.4×10^{-14}
$AgSCN$	硫氰酸银	1.0×10^{-12}	PbS	硫化铅	8.0×10^{-28}
$BaCO_3$	碳酸钡	2.58×10^{-9}	PbI_2	碘化铅	7.1×10^{-9}
$BaSO_4$	硫酸钡	1.07×10^{-10}	$Pb(OH)_2$	氢氧化铅	1.2×10^{-15}
$CaCO_3$	碳酸钙	4.96×10^{-9}	$Zn(OH)_2$	氢氧化锌	1.2×10^{-17}
CaC_2O_4	草酸钙	2.34×10^{-9}	ZnS	硫化锌	1.2×10^{-23}

附录 5　常见金属配合物的稳定常数

配离子	$K_稳$	$\log K_稳$	配离子	$K_稳$	$\log K_稳$
$[Ag(CN)_2]^-$	1.3×10^{20}	20.1	AgY^{3-}	2.1×10^7	7.32
$[Ag(NH_3)_2]^-$	1.1×10^7	7.04	AlY^-	1.3×10^{16}	16.1
$[Ag(SCN)_2]^-$	3.7×10^7	7.57	CaY^{2-}	1.0×10^{11}	11.0
$[Co(NH_3)_6]^{2+}$	1.3×10^5	5.11	CdY^{2-}	2.5×10^{16}	16.4
$[Co(NH_3)_6]^{3+}$	2.0×10^{35}	35.3	CoY^{2-}	2.0×10^{16}	16.3
$[Cu(CN)_4]^{2-}$	2.0×10^{30}	30.3	FeY^{2-}	2.0×10^{14}	14.3
$[Cu(en)_2]^{2+}$	1.0×10^{21}	21.0	FeY^-	1.6×10^{24}	24.2
$[Cu(NH_3)_4]^{2+}$	2.1×10^{13}	13.3	HgY^{2-}	6.3×10^{21}	21.8
$[Fe(CN)_6]^{4-}$	1.0×10^{35}	35.0	MgY^{2-}	4.4×10^8	8.64
$[Fe(CN)_6]^{3-}$	1.0×10^{42}	42.0	MnY^{2-}	6.3×10^{13}	13.8
$[Fe(C_2O_4)_3]^{3-}$	2.0×10^{20}	20.3	NiY^{2-}	4.0×10^{18}	18.6
$[Pb(CH_3COO)_4]^{3-}$	2.0×10^8	8.30	PbY^{2-}	2.0×10^{18}	18.3
$[Ni(CN)_4]^{2-}$	2.0×10^{31}	31.3	SnY^{2-}	1.3×10^{22}	22.1
$[Zn(NH_3)_4]^{2+}$	2.9×10^7	7.46	ZnY^{2-}	2.5×10^{16}	16.4

附录 6　常见质子酸碱的解离常数

分子式	化合物	K_a（或 K_b）	pK_a（或 pK_b）
无机酸			
H_3BO_3	硼酸	$K_a = 7.3 \times 10^{-10}$	9.14
H_2CO_3	碳酸	$K_{a1} = 4.30 \times 10^{-7}$	6.37
		$K_{a2} = 5.61 \times 10^{-11}$	10.25
HCN	氢氰酸	$K_a = 4.93 \times 10^{-10}$	9.31
HF	氢氟酸	$K_a = 3.53 \times 10^{-4}$	3.45
H_3PO_4	磷酸	$K_{a1} = 7.52 \times 10^{-3}$	2.12
		$K_{a2} = 6.23 \times 10^{-8}$	7.21
		$K_{a3} = 2.2 \times 10^{-13}$	12.66
H_2S	氢硫酸	$K_{a1} = 9.5 \times 10^{-8}$	7.02
		$K_{a2} = 1.3 \times 10^{-14}$	13.9
NH_4^+		$K_a = 5.68 \times 10^{-10}$	9.25
有机酸			
HCOOH	甲酸	$K_a = 1.77 \times 10^{-4}$	3.75
CH_3COOH	乙酸	$K_a = 1.76 \times 10^{-5}$	4.75
$H_2C_2O_4$	草酸	$K_{a1} = 6.5 \times 10^{-2}$	1.19
		$K_{a2} = 6.1 \times 10^{-5}$	4.21
$C_4H_4O_4$	顺丁烯二酸	$K_{a1} = 1.42 \times 10^{-2}$	1.83
		$K_{a2} = 8.57 \times 10^{-7}$	6.06

续表

分子式	化合物	K_a(或 K_b)	pK_a(或 pK_b)
有机酸			
C_6H_5COOH	苯甲酸	$K_a=6.46\times10^{-5}$	4.19
C_6H_5OH	石炭酸	$K_a=1.14\times10^{-10}$	10.0
$C_6H_8O_7$	枸橼酸	$K_{a1}=1.1\times10^{-3}$	2.96
		$K_{a2}=4.1\times10^{-5}$	4.39
		$K_{a3}=2.1\times10^{-6}$	5.68
$C_7H_6O_3$	水杨酸	$K_{a1}=1.07\times10^{-3}$	2.97
		$K_{a2}=4\times10^{-14}$	13.40
$C_6H_3N_3O_7$	苦味酸	$K_a=4.2\times10^{-1}$	0.38
碱			
Ac^-		$K_b=5.68\times10^{-10}$	9.25
$NH_3\cdot H_2O$	氨水	$K_b=1.76\times10^{-5}$	4.75
CO_3^{2-}		$K_{b1}=1.78\times10^{-4}$	3.75
HCO_3^-		$K_{b2}=2.33\times10^{-8}$	7.63
en	乙二胺	$K_b=8.5\times10^{-5}$	4.07
$C_6H_5NH_2$	苯胺	$K_b=4.26\times10^{-10}$	9.37
C_6H_5N	吡啶	$K_b=2.21\times10^{-10}$	9.65

附录 7　常见电极电对的标准电极电位

电极反应	电极电位 $\varphi^{\ominus}/V$	电极反应	电极电位 $\varphi^{\ominus}/V$
$Li^++e \Longrightarrow Li$	-3.042	$Cu^{2+}+e \Longrightarrow Cu^-$	0.519
$K^++e \Longrightarrow K$	-2.925	$Cu^++e \Longrightarrow Cu$	0.52
$Ba^{2+}+2e \Longrightarrow Ba$	-2.9	$I_2(固)+2e \Longrightarrow 2I^-$	0.5345
$Sr^{2+}+2e \Longrightarrow Sr$	-2.89	$I_3^-+2e \Longrightarrow 3I^-$	0.545
$Ca^{2+}+2e \Longrightarrow Ca$	-2.87	$H_3AsO_4+2H^++2e \Longrightarrow HAsO_2+2H_2O$	0.559
$Na^++e \Longrightarrow Na$	-2.71	$MnO_4^-+e \Longrightarrow MnO_4^{2-}$	0.564
$Mg^{2+}+2e \Longrightarrow Mg$	-2.37	$MnO_4^-+2H_2O+3e \Longrightarrow MnO_2+4OH^-$	0.588
$Al^{3+}+3e \Longrightarrow Al$	-1.66	$Hg_2SO_4(固)+2e \Longrightarrow 2Hg+SO_4^{2-}$	0.6151
$Mn^{2+}+2e \Longrightarrow Mn$	-1.182	$2HgCl_2+2e \Longrightarrow Hg_2Cl_2(固)+2Cl^-$	0.63
$Se+2e \Longrightarrow Se^{2-}$	-0.92	$O_2(气)+2H^++2e \Longrightarrow H_2O_2$	0.682
$Cr^{2+}+2e \Longrightarrow Cr$	-0.91	$BrO^-+H_2O+2e \Longrightarrow Br^-+2OH^-$	0.76
$Zn^{2+}+2e \Longrightarrow Zn$	-0.763	$Fe^{3+}+e \Longrightarrow Fe^{2+}$	0.771
$AsO_4^{3-}+2H_2O+2e \Longrightarrow AsO_2^-+4OH^-$	-0.67	$Hg_2^{2+}+2e \Longrightarrow 2Hg$	0.793
$SO_3^{2-}+3H_2O+4e \Longrightarrow S+6OH^-$	-0.66	$Ag^++e \Longrightarrow Ag$	0.7995
$2SO_3^{2-}+3H_2O+4e \Longrightarrow S_2O_3^{2-}+6OH^-$	-0.58	$NO_3^-+2H^++e \Longrightarrow NO_2+H_2O$	0.8
$HPbO_2^-+H_2O+2e \Longrightarrow Pb+3OH^-$	-0.54	$Hg^{2+}+2e \Longrightarrow Hg$	0.845

续表

电极反应	电极电位 $\varphi^{\ominus}/V$	电极反应	电极电位 $\varphi^{\ominus}/V$
$Sb+3H^++3e \Longrightarrow SbH_3$	-0.51	$Cu^{2+}+I^-+e \Longrightarrow CuI(固)$	0.86
$H_3PO_3+2H^++2e \Longrightarrow H_3PO_2+H_2O$	-0.5	$H_2O_2+2e \Longrightarrow 2OH^-$	0.88
$2CO_2+2H^++2e \Longrightarrow H_2C_2O_4$	-0.49	$ClO^-+H_2O+2e \Longrightarrow Cl^-+2OH^-$	0.89
$S+2e \Longrightarrow S^{2-}$	-0.48	$NO_3^-+3H^++2e \Longrightarrow HNO_2+H_2O$	0.94
$Fe^{2+}+2e \Longrightarrow Fe$	-0.44	$HIO+H^++2e \Longrightarrow I^-+H_2O$	0.99
$Cd^{2+}+2e \Longrightarrow Cd$	-0.403	$HNO_2+H^++e \Longrightarrow NO(气)+H_2O$	1
$As+3H^++3e \Longrightarrow AsH_3$	-0.38	$VO_2^++2H^++e \Longrightarrow VO^{2+}+H_2O$	1
$SeO_3^{2-}+3H_2O+4e \Longrightarrow Se+6OH^-$	-0.366	$NO_2+H^++e \Longrightarrow HNO_2$	1.07
$Co^{2+}+2e \Longrightarrow Co$	-0.277	$ClO_4^-+2H^++2e \Longrightarrow ClO_3^-+H_2O$	1.19
$H_3PO_4+2H^++2e \Longrightarrow H_3PO_3+H_2O$	-0.276	$IO_3^-+6H^++5e \Longrightarrow 1/2I_2+3H_2O$	1.2
$Ni^{2+}+2e \Longrightarrow Ni$	-0.246	$O_2(气)+4H^++4e \Longrightarrow 2H_2O$	1.229
$AgI(固)+e \Longrightarrow Ag+I^-$	-0.152	$MnO_2(固)+4H^++2e \Longrightarrow Mn^{2+}+2H_2O$	1.23
$Sn^{2+}+2e \Longrightarrow Sn$	-0.136	$Cr_2O_7^{2-}+14H^++6e \Longrightarrow 2Cr^{3+}+7H_2O$	1.33
$Pb^{2+}+2e \Longrightarrow Pb$	-0.126	$ClO_4^-+8H^++7e \Longrightarrow 1/2Cl_2+4H_2O$	1.34
$O_2+H_2O+2e \Longrightarrow HO_2^-+OH^-$	-0.067	$Cl_2(气)+2e \Longrightarrow 2Cl$	1.3595
$2H^++2e \Longrightarrow H_2$	0	$BrO_3^-+6H^++6e \Longrightarrow Br^-+3H_2O$	1.44
$AgBr(固)+e \Longrightarrow Ag+Br^-$	0.071	$HIO+H^++e \Longrightarrow 1/2I_2+H_2O$	1.45
$S_4O_6^{2-}+2e \Longrightarrow 2S_2O_3^{2-}$	0.08	$ClO_3^-+6H^++6e \Longrightarrow Cl^-+3H_2O$	1.45
$Hg_2Br_2+2e \Longrightarrow 2Hg+2Br^-$	0.1395	$PbO_2(固)+4H^++2e \Longrightarrow Pb^{2+}+2H_2O$	1.455
$Sn^{4+}+2e \Longrightarrow Sn^{2+}$	0.154	$ClO_3^-+6H^++5e \Longrightarrow 1/2Cl_2+3H_2O$	1.47
$SO_4^{2-}+4H^++2e \Longrightarrow SO_2(水)+H_2O$	0.17	$HClO+H^++2e \Longrightarrow Cl^-+H_2O$	1.49
$SbO^++2H^++3e \Longrightarrow Sb+H_2O$	0.212	$MnO_4^-+8H^++5e \Longrightarrow Mn^{2+}+4H_2O$	1.51
$AgCl(固)+e \Longrightarrow Ag+Cl^-$	0.2223	$BrO_3^-+6H^++5e \Longrightarrow 1/2Br_2+3H_2O$	1.52
$HAsO_2+3H^++3e \Longrightarrow As+2H_2O$	0.248	$HBrO+H^++e \Longrightarrow 1/2Br_2+H_2O$	1.59
$Hg_2Cl_2(固)+2e \Longrightarrow 2Hg+2Cl^-$	0.2676	$Ce^{4+}+e \Longrightarrow Ce^{3+}$	1.61
$BiO^++2H^++3e \Longrightarrow Bi+H_2O$	0.32	$HClO+H^++e \Longrightarrow 1/2Cl_2+H_2O$	1.63
$Cu^{2+}+2e \Longrightarrow Cu$	0.337	$HClO_2+H^++e \Longrightarrow HClO+H_2O$	1.64
$Fe(CN)_6^{3-}+e \Longrightarrow Fe(CN)_6^{4-}$	0.36	$MnO_4^-+4H^++3e \Longrightarrow MnO_2(固)+2H_2O$	1.695
$HgCl_4^{2-}+2e \Longrightarrow Hg+4Cl^-$	0.48	$H_2O_2+2H^++2e \Longrightarrow 2H_2O$	1.77

参 考 文 献

[1] 李发美. 分析化学. 7版. 北京：人民卫生出版社，2011.

[2] 张威. 仪器分析. 2版. 北京：化学工业出版社，2020.

[3] 蔡自由，黄月君. 分析化学. 北京：中国医药科技出版社，2015.

[4] 黄若峰. 分析化学. 北京：国防科技大学出版社，2014.

[5] 朱爱军. 分析化学基础. 北京：人民卫生出版社，2016.

[6] 石宝豂，宋守正. 基础化学. 北京：人民卫生出版社，2016.

[7] 孙莹，吕洁. 药物分析. 北京：人民卫生出版社，2013.

[8] 谢庆娟，李维斌. 分析化学. 北京：人民卫生出版社，2013.

[9] 郭旭明，韩建国. 仪器分析. 北京：化学工业出版社，2014.

[10] 张晓敏. 仪器分析. 杭州：浙江大学出版社，2012.

[11] 商传宝，华美玲. 无机化学. 北京：化学工业出版社，2013.

[12] 聂英斌. 无机及分析化学. 北京：化学工业出版社，2016.

[13] 国家药典委员会. 中华人民共和国药典 [M]. 北京：中国医药科技出版社，2020.

元素周期表

IUPAC 2013

图例说明

s区元素	p区元素
d区元素	ds区元素
f区元素	稀有气体

氧化态(红色的为放射性元素)
未列入：常见的为红色)

以 $^{12}C=12$ 为基准的原子量
(注＊的是半衰期最长同位
素的原子量)

示例说明

95	原子序数
Am	元素符号(红色的为放射性元素)
镅＾	元素名称(注＊的为人造元素)
5f⁷7s²	价层电子构型
243.06138(2)＊	

+2 +3 +4 +5 +6 (氧化态)

电子层																		电子层

周期 / 族	1 IA	2 IIA	3 IIIB	4 IVB	5 VB	6 VIB	7 VIIB	8	9 VIIIB(VIII)	10	11 IB	12 IIB	13 IIIA	14 IVA	15 VA	16 VIA	17 VIIA	18 VIIIA(0)
1	**H** 氢 1s¹ 1.008																	**He** 氦 1s² 4.0026(2)
2	**Li** 锂 2s¹ 6.94	**Be** 铍 2s² 9.012183(5)											**B** 硼 2s²2p¹ 10.81	**C** 碳 2s²2p² 12.011	**N** 氮 2s²2p³ 14.007	**O** 氧 2s²2p⁴ 15.999	**F** 氟 2s²2p⁵ 18.998403163(6)	**Ne** 氖 2s²2p⁶ 20.1797(6)
3	**Na** 钠 3s¹ 22.98976928(2)	**Mg** 镁 3s² 24.305											**Al** 铝 3s²3p¹ 26.98153857	**Si** 硅 3s²3p² 28.085	**P** 磷 3s²3p³ 30.973761998(5)	**S** 硫 3s²3p⁴ 32.06	**Cl** 氯 3s²3p⁵ 35.45	**Ar** 氩 3s²3p⁶ 39.948(1)
4	**K** 钾 4s¹ 39.0983(1)	**Ca** 钙 4s² 40.078(4)	**Sc** 钪 3d¹4s² 44.955908(5)	**Ti** 钛 3d²4s² 47.867(1)	**V** 钒 3d³4s² 50.9415(1)	**Cr** 铬 3d⁵4s¹ 51.9961(6)	**Mn** 锰 3d⁵4s² 54.938044(3)	**Fe** 铁 3d⁶4s² 55.845(2)	**Co** 钴 3d⁷4s² 58.933194(4)	**Ni** 镍 3d⁸4s² 58.6934(4)	**Cu** 铜 3d¹⁰4s¹ 63.546(3)	**Zn** 锌 3d¹⁰4s² 65.38(2)	**Ga** 镓 4s²4p¹ 69.723(1)	**Ge** 锗 4s²4p² 72.630(8)	**As** 砷 4s²4p³ 74.921595(6)	**Se** 硒 4s²4p⁴ 78.971(8)	**Br** 溴 4s²4p⁵ 79.904	**Kr** 氪 4s²4p⁶ 83.798(2)
5	**Rb** 铷 5s¹ 85.4678(3)	**Sr** 锶 5s² 87.62(1)	**Y** 钇 4d¹5s² 88.90584(2)	**Zr** 锆 4d²5s² 91.224(2)	**Nb** 铌 4d⁴5s¹ 92.90637(2)	**Mo** 钼 4d⁵5s¹ 95.95(1)	**Tc** 锝 4d⁵5s² 97.90721(3)＊	**Ru** 钌 4d⁷5s¹ 101.07(2)	**Rh** 铑 4d⁸5s¹ 102.90550(2)	**Pd** 钯 4d¹⁰ 106.42(1)	**Ag** 银 4d¹⁰5s¹ 107.8682(2)	**Cd** 镉 4d¹⁰5s² 112.41444)	**In** 铟 5s²5p¹ 114.818(1)	**Sn** 锡 5s²5p² 118.710(7)	**Sb** 锑 5s²5p³ 121.760(1)	**Te** 碲 5s²5p⁴ 127.60(3)	**I** 碘 5s²5p⁵ 126.90447(3)	**Xe** 氙 5s²5p⁶ 131.293(6)
6	**Cs** 铯 6s¹ 132.90545196(6)	**Ba** 钡 6s² 137.327(7)	57~71 **La~Lu** 镧系	**Hf** 铪 5d²6s² 178.49(2)	**Ta** 钽 5d³6s² 180.94788(2)	**W** 钨 5d⁴6s² 183.84(1)	**Re** 铼 5d⁵6s² 186.207(1)	**Os** 锇 5d⁶6s² 190.23(3)	**Ir** 铱 5d⁷6s² 192.217(3)	**Pt** 铂 5d⁹6s¹ 195.084(9)	**Au** 金 5d¹⁰6s¹ 196.966569(5)	**Hg** 汞 5d¹⁰6s² 200.592(3)	**Tl** 铊 6s²6p¹ 204.38	**Pb** 铅 6s²6p² 207.2(1)	**Bi** 铋 6s²6p³ 208.98040(1)	**Po** 钋 6s²6p⁴ 208.98243(2)＊	**At** 砹 6s²6p⁵ 209.98715(5)＊	**Rn** 氡 6s²6p⁶ 222.01758(2)＊
7	**Fr** 钫 7s¹ 223.01974(2)＊	**Ra** 镭 7s² 226.02541(2)＊	89~103 **Ac~Lr** 锕系	**Rf** 𬬻＾ 6d²7s² 267.122(4)＊	**Db** 𬭊＾ 6d³7s² 270.131(4)＊	**Sg** 𬭳＾ 6d⁴7s² 269.129(3)＊	**Bh** 𬭛＾ 6d⁵7s² 270.133(2)＊	**Hs** 𬭶＾ 6d⁶7s² 270.134(2)＊	**Mt** 鿏＾ 6d⁷7s² 278.156(5)＊	**Ds** 𫟼＾ 6d⁸7s² 281.165(4)＊	**Rg** 𬬭＾ 281.166(6)＊	**Cn** 鿔＾ 285.177(4)＊	**Nh** 鿭＾ 286.182(5)＊	**Fl** 𫓧＾ 289.190(4)＊	**Mc** 镆＾ 289.194(6)＊	**Lv** 𫟷＾ 293.204(4)＊	**Ts** 鿬＾ 293.208(6)＊	**Og** 鿫＾ 294.214(5)＊

★ 镧系

57 **La** 镧 5d¹6s² 138.90547(7)	58 **Ce** 铈 4f¹5d¹6s² 140.116(1)	59 **Pr** 镨 4f³6s² 140.90766(2)	60 **Nd** 钕 4f⁴6s² 144.242(3)	61 **Pm** 钷＾ 4f⁵6s² 144.91276(2)＊	62 **Sm** 钐 4f⁶6s² 150.36(2)	63 **Eu** 铕 4f⁷6s² 151.964(1)	64 **Gd** 钆 4f⁷5d¹6s² 157.25(3)	65 **Tb** 铽 4f⁹6s² 158.92535(2)	66 **Dy** 镝 4f¹⁰6s² 162.500(1)	67 **Ho** 钬 4f¹¹6s² 164.93033(2)	68 **Er** 铒 4f¹²6s² 167.259(3)	69 **Tm** 铥 4f¹³6s² 168.93422(2)	70 **Yb** 镱 4f¹⁴6s² 173.045(10)	71 **Lu** 镥 4f¹⁴5d¹6s² 174.9668(1)

★ 锕系

89 **Ac** 锕＊ 6d¹7s² 227.02775(2)＊	90 **Th** 钍 6d²7s² 232.0377(4)	91 **Pa** 镤 5f²6d¹7s² 231.03588(2)	92 **U** 铀 5f³6d¹7s² 238.02891(3)	93 **Np** 镎＾ 5f⁴6d¹7s² 237.04817(2)＊	94 **Pu** 钚＾ 5f⁶7s² 244.06421(4)＊	95 **Am** 镅＾ 5f⁷7s² 243.06138(2)＊	96 **Cm** 锔＾ 5f⁷6d¹7s² 247.07035(3)＊	97 **Bk** 锫＾ 5f⁹7s² 247.07031(4)＊	98 **Cf** 锎＾ 5f¹⁰7s² 251.07959(3)＊	99 **Es** 锿＾ 5f¹¹7s² 252.0830(3)＊	100 **Fm** 镄＾ 5f¹²7s² 257.09511(5)＊	101 **Md** 钔＾ 5f¹³7s² 258.09843(3)＊	102 **No** 锘＾ 5f¹⁴7s² 259.10100(7)＊	103 **Lr** 铹＾ 5f¹⁴6d¹7s² 262.110(2)＊